高等职业教育"十二五"规划教材

计算机网络技术

主　编　顾可民　　王晓丹
参　编　白闻多　　葛砚龙　　吕小刚　　杨　宁

机械工业出版社

本书主要内容包括：计算机网络概述，数据通信基础，TCP/IP 体系结构，局域网，广域网，网络操作系统，网络互联及设备，Internet 技术基础，计算机网络安全，交换机、路由器配置基础。

本书的特点是淡化理论，强化技能，内容安排上体现渐进性、实用性和互动性。本书既可作为高职高专计算机相关专业的教材，也可作为广大计算机爱好者的参考用书。

本书配有电子课件，选用本书的老师可以登录机械工业出版社教材服务网（www. cmpedu. com）下载，或发送电子邮件到 cmpgaozhi@ sina. com 索取。咨询电话：010-88379375。

图书在版编目（CIP）数据

计算机网络技术/顾可民，王晓丹主编. —北京：机械工业出版社，2011. 2

高等职业教育"十二五"规划教材

ISBN 978-7-111-33367-8

Ⅰ. ①计⋯　Ⅱ. ①顾⋯②王⋯　Ⅲ. ①计算机网络 – 高等学校：技术学校 – 教材　Ⅳ. ①TP393

中国版本图书馆 CIP 数据核字（2011）第 020298 号

机械工业出版社（北京市百万庄大街22 号　邮政编码 100037）
策划编辑：王玉鑫　责任编辑：李大国　版式设计：霍永明
责任校对：姜　婷　封面设计：王伟光　责任印制：杨　曦
北京四季青印刷厂印刷（三河市杨庄镇环伟装订厂装订）
2011 年 5 月第 1 版第 1 次印刷
184mm×260mm · 16 印张 · 393 千字
0001－4000 册
标准书号：ISBN 978-7-111-33367-8
定价：29. 00 元

前　　言

　　随着计算机和互联网技术的不断发展，网络通信技术已经渗透到各个领域，正在改变着人们的工作方式与生活方式，并进一步促进人类信息化的发展。

　　高等职业教育是以能力培养为目标的专业技术教育，要求高职学生在了解必备的理论基础知识的基础上，应具备较强的实际应用和操作能力。因此，本书的编写宗旨是：以实践为主线，介绍各种计算机网络的特性、安装、调试，及相关设备的管理和使用方法，重点培养学生的实际动手能力。在编写过程中，结合高职高专教育的特点，力求做到网络理论以够用为原则，并以实际工作中需要的技术、操作和使用为主体，注重理论与实践相结合，突出先进性和实用性，可操作性强。计算机网络的飞速发展使得新的网络技术和标准不断问世，因此，在本书内容的安排上，主要讲述的是技术问题，使学生在把握技术的现状和发展趋势的同时，掌握必要的网络基础知识和操作技能。在语言叙述上，注重概念清晰、逻辑性强、通俗易懂、便于自学。在体系结构上，力求安排合理、重点突出、难点分散、便于掌握。

　　本书主要内容包括：计算机网络概述，数据通信基础，TCP/IP 体系结构，局域网，广域网，网络操作系统，网络互联及设备，Internet 技术基础，计算机网络安全，交换机、路由器配置基础。全书紧密结合当前网络技术的发展现状，介绍了网络的基本概念、基本原理，以及计算机网络发展的最新技术。

　　为培养学生的实际动手能力，本书还设有实训内容，并在各章后面附有一定数量的习题。

　　本书由沈阳师范大学职业技术学院顾可民、王晓丹主编，白闻多、葛砚龙、吕小刚、杨宁参编，其中，第 1～8 章由顾可民、王晓丹编写，第 9、10 章由白闻多、葛砚龙编写，吕小刚、杨宁参与实训内容的编写。

　　由于编者水平有限，加之时间仓促，书中难免存在缺点和不足之处，敬请各位专家和读者指正。

编　者

目　　录

第 1 章

计算机网络概述

【学习目标】

1）掌握计算机网络的定义及分类。

2）了解计算机网络的功能。

3）掌握计算机网络的基本组成与结构。

4）掌握计算机网络体系结构的概念。

5）了解 OSI 参考模型的七层结构。

6）掌握计算机网络的拓扑结构。

7）掌握计算机网络的主要传输介质及各类传输介质的性能。

1.1　计算机网络的发展

1.1.1　计算机网络的发展过程

自 1946 年世界上第一台数字电子计算机问世以来，在其后的近十年中，计算机和通信并没有什么关系。1954 年，人们制造出了终端，并利用这种终端将穿孔卡片上的数据从电话线路上发送到远地的计算机。此后，又有了电传打字机，用户可以在远地的电传打字机上键入程序，而计算出来的结果又可以从计算机传回到电传打字机并打印出来。计算机与通信技术的结合就这样开始了。现代的计算机网络技术起始于 20 世纪 60 年代末，当时，美国国防部要求计算机科学家为无限量的计算机通信找到某种途径，使任何一台计算机都无需充当"中枢"。当时美苏关系紧张，不知将来是否会爆发核大战，而防务战略家认为，一个中枢控制的网络遭到核攻击的可能性防不胜防，于是美国国防部于 1969 年出资研究开发 ARPA-Net，该网络被设计成可在计算机间提供许多路线（在计算机术语中称为路由）的网络。到 20 世纪 80 年代末，有数百万计算机和数千网络使用 TCP/IP，而且正是从它们的相互连网开始，现代网络才得以诞生。

计算机网络诞生于 20 世纪 50 年代中期，20 世纪 60 ~ 70 年代是广域网从无到有并得到大发展的年代；20 世纪 80 年代局域网取得了长足的进步，已日趋成熟；进入 20 世纪 90 年代，一方面广域网和局域网紧密结合使得企业网络迅速发展；另一方面建造了覆盖全球的信息网络 Internet，为在 21 世纪进入信息社会奠定了基础。

计算机网络的发展经历了一个从简单到复杂再到简单（入网容易、使用简单、网络应用大众化）的过程。计算机网络的发展经过了四代：

1. 第一代计算机网络——面向终端的计算机网络

面向终端的计算机网络是具有通信功能的主机系统，即所谓的联机系统。这是计算机网络发展的第一阶段，被称为第一代计算机网络。

1954 年，收发器（Transceiver）终端出现，实现了将穿孔卡片上的数据从电话线上发送到远地的计算机。用户可在远地的电传打字机上键入自己的程序，计算机计算出来的结果从计算机传送到远地的电传打字机上打印出来。计算机网络的概念也就这样产生了。

20 世纪 60 年代初，美国建成了全国性航空飞机订票系统，用一台中央计算机连接 2000 多个遍布全国各地的终端，用户通过终端进行操作。这些应用系统的建立，构成了计算机网络的雏形。

在第一代计算机网络中，计算机是网络的中心和控制者，终端围绕中心计算机分布在各处，而计算机的任务是进行成批处理。

面向终端的计算机网络采用了多路复用器（MUX）、线路集中器、前端控制器等通信控制设备连接多个终端，如图 1-1 所示，使昂贵的通信线路为若干个分布在同一远程地点的相近用户分时共享使用。

2. 第二代计算机网络——共享资源的计算机网络

多台主计算机通过通信线路连接起来，相互共享资源，如图 1-2 所示。这样就形成了以共享资源为目的的第二代计算机网络。

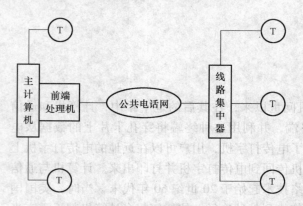

图 1-1　面向终端的计算机网络

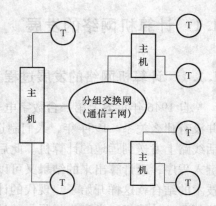

图 1-2　以资源共享为目的的计算机网络

第二代计算机网络的典型代表是 ARPA 网络（ARPANet）。ARPA 网络的建成标志着现代计算机网络的诞生。ARPA 网络的试验成功使计算机网络的概念发生了根本性的变化，很多有关计算机网络的基本概念都与 APRA 网络的研究成果有关，如分组交换、网络协议、资源共享等。

3. 第三代计算机网络——标准化的计算机网络

20 世纪 70 年代以后，局域网得到了迅速发展。美国 Xerox、DEC 和 Intel 三公司推出了以 CSMA/CD 介质访问技术为基础的以太网（Ethernet）产品。其他大公司也纷纷推出自己的产品。但各家网络产品在技术、结构等方面存在着很大差异，没有统一的标准，因而给用户带来了很大的不便。

　　1974 年，IBM 公司宣布了网络标准按分层方法研制的系统网络体系结构（SNA）。网络体系结构的出现，使得一个公司所生产的各种网络产品都能够很容易的互连成网，而不同公司生产的产品，由于网络体系结构不同，则很难相互连通。

　　1984 年，国际标准化组织（ISO）正式颁布了一个使各种计算机互连成网的标准框架——开放系统互连参考模型（Open System Interconnection Reference Model，OSI/RM 或 OSI）。20 世纪 80 年代中期，ISO 等机构以 OSI 模型为参考，开发制定了一系列协议标准，形成了一个庞大的 OSI 基本协议集。OSI 标准确保了各厂家生产的计算机和网络产品之间的互连，推动了网络技术的应用和发展。这就是所谓的第三代计算机网络。

　　4. 第四代计算机网络——国际化的计算机网络

　　20 世纪 90 年代，计算机网络发展成了国际化的计算机网络——互联网（Internet），如图 1-3 所示。计算机网络技术和网络应用得到了迅猛的发展。

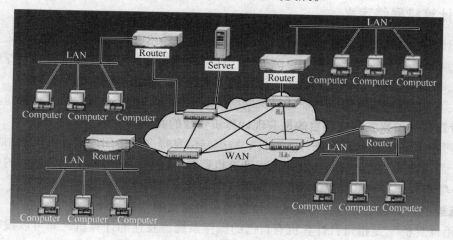

图 1-3　国际化计算机网络

　　Internet 最初起源于 ARPANet。由 ARPANet 研究而产生的一项非常重要的成果就是 TCP/IP（Transmission Control Protocol/Internet Protocol，传输控制协议/互联协议），使得连接到网上的所有计算机能够相互交流信息。1986 年建立的美国国家科学基金会网络（NSFNet）是 Internet 发展的一个里程碑。

1.1.2　计算机网络的发展趋势

　　目前计算机网络的发展正处于第四阶段。这一阶段计算机网络发展的空间更为广阔，互联网技术得到了最大程度的普及，Internet 成为覆盖全球的信息基础设施之一。它像是一个庞大的远程计算机网络，用户可以利用 Internet 实现全球范围的电子邮件发送、信息查询、语音与图像通信服务等功能。实际上 Internet 是一个用路由器实现多个远程网和局域网互连的国际网，到 1998 年连入 Internet 的计算机数量已达 4000 万台之多。它对推动世界经济、社会、科学、文化的发展产生不可估量的作用。在互联网发展的同时，高速与智能网的发展也引起人们越来越多的注意。高速网络技术的发展表现在宽带综合业务数据网（B-ISDN）、帧中继、异步传输模式（ATM）、高速局域网、交换局域网与虚拟网络上。随着网络规模的增大与网络服务功能的增多，各国正在开展智能网络（Intelligent Network，IN）的研究。

计算机网络的发展趋势可归纳为以下三点：

（1）向开放式的网络体系结构发展　使不同软硬件环境、不同网络协议的网络可以互相连接，真正达到资源共享、数据通信和分布处理的目标。

（2）向高性能发展　追求高速度、高可靠性和高安全性，采用多媒体技术，提供文本、图像、声音、视频等综合性服务。

（3）向智能化发展　提高网络性能和提供网络综合的多功能服务，并更加合理地进行各种网络业务的管理，真正以分布和开放的形式向用户提供服务。

1.2　计算机网络的基本概念

1.2.1　计算机网络定义

关于计算机网络的定义业界没有统一的标准，这里给出一种比较被认可的定义：将分布在不同的地理位置上的具有独立工作能力的计算机、终端及其附属设备用通信设备和通信线路连接起来，再配有网络软件，以实现计算机资源共享的系统，称为计算机网络。

资源共享观点的定义符合目前计算机网络的基本特征，主要表现在以下几方面。

1. 计算机网络建立的主要目的是实现计算机资源的共享

计算机资源主要指计算机硬件、软件、数据与信息等。网络用户不但可以使用本地计算机资源，而且可通过网络访问连网的远程计算机资源，还可以调用网中几台不同的计算机共同完成一项任务。一般将实现计算机资源共享作为计算机网络的最基本特征。

2. 互连的计算机是分布在不同地理位置的多台独立的"自治计算机"

"自治计算机"是指每台计算机有自己的操作系统，互连的计算机之间可以没有明确的主从关系，每台计算机既可以连网工作，也可以脱机独立工作，连网计算机可以为本地用户服务，也可以为远程网络用户提供服务。

判断计算机是否互连成计算机网络，主要看它们是不是独立的"自治计算机"。如果两台计算机之间有明确的主从关系，其中一台计算机能强制另一台计算机开启与关闭，或者控制另一台计算机，那么其中一台计算机就不是"自治计算机"了。

3. 互连网计算机之间的通信必须遵循共同的网络协议

计算机网络是由多个互连的节点组成的。节点之间要进行有条不紊的数据交换，就要求每个节点必须遵守一些事先规定的约定和通信规则，这些约定和通信规则就是通信协议。这与人们之间的对话一样，要么大家都说汉语，要么大家都说英语，如果一个人说汉语，一个人说英语，那么就需要找一个翻译，否则这两个人将无法进行交流。

1.2.2　计算机网络分类

计算机网络的分类方法有多种。其中最主要的是以下两种分类方法：按网络传输技术分类和按网络覆盖范围分类。

（一）按网络传输技术分类

网络所采用的传输技术决定了网络的主要技术特点，因此根据网络所采用传输技术对网络进行分类是一种很重要的方法。

在通信技术中，通信信道的类型有两类：广播通信信道与点对点通信信道。在广播通信信道中，多个节点共享一个通信信道，一个节点广播信息，其他节点必须接收信息；而在点对点通信信道中，一条通信线路只能连接一对节点，如果两个节点之间没有直接连接的线路，那么它们只能通过中间节点转接。

显然，网络要通过通信信道完成数据传输任务，网络所采用的传输技术也只可能有两类：广播方式与点对点方式。因此，相应的计算机网络也可以分为两类：广播式网络（Broadcast Networks）和点对点式网络（Point-to-Point Networks）。

1. 广播式网络

在广播式网络中，所有连网计算机都共享一个公共通信信道。当一台计算机利用共享通信信道发送报文分组时，所有其他的计算机都会"收听"到这个分组。由于发送的分组中带有目的地址与源地址，接收到该分组的计算机将检查目的地址是否与本节点地址相同。如果被接收报文分组的目的地址与本节点地址相同，则接收该分组，否则丢弃该分组。显然，在广播式网络中，发送的报文分组的目的地址可以有 3 类：单一节点地址、多节点地址与广播地址。

2. 点对点式网络

与广播式网络相反，在点对点式网络中，每条物理线路连接一对计算机。假如两台计算机之间没有直接连接的线路，那么它们之间的分组传输就要通过中间节点的接收、存储与转发。由于连接多台计算机之间的线路结构比较复杂，因此，从源节点到目的节点可能存在多条路由。采用分组存储转发与路由选择机制是点对点式网络与广播式网络的重要区别之一。

（二）按网络覆盖范围分类

计算机网络按照其覆盖的范围进行分类，可以很好地反映不同类型网络的技术特征。由于网络覆盖的地理范围不同，它们所采用的传输技术也就不同，因而形成了不同的网络技术特点与网络服务功能。

按覆盖的地理范围划分，计算机网络可以分为以下 3 类：

1. 局域网

局域网（Local Area Network，LAN）用于将有限范围内（如一个实验室、一幢大楼、一个校园）的各种计算机、终端与外部设备互连成网。局域网按照采用的技术、应用范围和协议标准的不同可以分为共享局域网与交换局域网。局域网技术发展非常迅速，并且应用日益广泛，是计算机网络中最为活跃的领域之一。

从局域网应用的角度来看，局域网的技术特点主要表现在以下几个方面：

1）局域网覆盖有限的地理范围，它适用于机关、校园、工厂等有限范围内的计算机、终端与种类信息处理设备连网的需求。

2）局域网提供高数据传输速率（10Mbit/s～10Gbit/s）、低误码率的高质量数据传输环境。

2. 城域网

城市地区网络常简称为城域网（Metropolitan Area Network，MAN）。城域网是介于广域网与局域网之间的一种高速网络。城域网设计的目标是要满足几十公里范围内的大量企业、机关、公司的多个局域网互连的需求，以实现大量用户之间的数据、图形与视频等多种信息的传输功能。

3. 广域网

广域网（Wide Area Network，WAN）也称为远程网。它所覆盖的地理范围从几十公里到几千公里。广域网覆盖一个国家、地区或横跨几个洲，形成国际性的远程网络。广域网的通信子网主要使用分组交换技术。广域网的通信子网可以利用公用分组交换网、卫星通信网和无线分组网。它将分布在不同地区的计算机系统互连起来，达到资源共享的目的。

随着网络技术的发展，LAN 和 MAN 的界限越来越模糊。各种网络技术的统一已成为发展趋势。

1.2.3 计算机网络组成与结构

早期的计算机网络主要是广域网。本节所讨论的计算机网络的组成与结构，主要是针对广域网。

由于计算机网络的基本功能分为数据处理与数据通信两大部分，因此它所对应的结构必然也分成两个部分：负责数据处理的计算机与终端设备；负责数据通信的通信控制处理机（Communication Control Processor，CCP）与通信线路。

从计算机网络组成的角度看，典型的计算机网络按其逻辑功能可以分为"资源子网"和"通信子网"两部分，图 1-4 表示了计算机网络的组成结构。

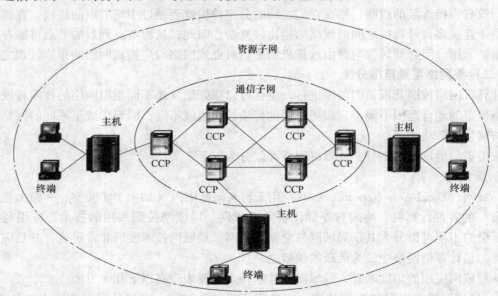

图 1-4 计算机网络结构示意图——资源子网和通信子网

（一）资源子网

1. 资源子网的组成

资源子网由拥有资源的主计算机、请求资源的用户终端、终端控制器、连网的外设、各种软件资源与信息资源等组成。

（1）主计算机　主计算机简称为主机（Host），可以是大型机、中型机、小型机、工作站或微型机。主机是资源子网的主要组成单元，它通过高速通信线路与通信子网的通信控制处理机相连接，而普通用户终端则通过主机连入网内。主机主要为本地用户访问网络上其他主机设备与资源提供服务，同时也要为中远程网络用户共享本地资源提供服务。随着微型机的广泛应用，连入计算机网络的微型机数量也日益增多，它们也可以作为一种类型的主机直接通过通信控制处理机连入网内，或通过连网的大、中、小型计算机系统间接连入网内。

（2）终端　终端（Terminal）是用户访问网络的界面。终端一般是指没有存储与处理信息能力的简单输入/输出设备，也可以是带有微处理机的智能终端。智能终端除具有输入、输出信息的功能外，本身还具有存储与处理信息的能力。各类终端既可以通过主机连入网内，也可以通过终端控制器、报文分组处理装置或通信控制处理机连入网内。

（3）网络中的共享设备　网络共享设备一般是指计算机的外部设备，如网络打印机、扫描仪等。

2. 资源子网的基本功能

资源子网负责全网的数据处理业务，并向网络用户提供各种网络资源与网络服务。

（二）通信子网

1. 通信子网的组成

通信子网按功能可以分为数据交换和数据传输两部分。通信子网由通信控制处理机、通信线路与信号交换设备组成。

（1）通信控制处理机　通信控制处理机在网络拓扑结构中被称为网络节点。它是一种在数据通信系统中专门负责网络中数据通信、传输和控制的专门计算机或具有同等功能的计算机部件。它一般由配置了通信控制功能的软件和硬件的小型机、微型机承担。一方面，它作为与资源子网的主机、终端的连接接口，将主机和终端连入网内；另一方面，它又作为通信子网中的分组存储转发节点，完成分组的接收、校验、存储和转发等功能，实现将源主机报文准确发送到目的主机的作用。在早期的 ARPANet 中，承担通信控制处理机功能的设备是接口报文处理机（Interface Message Processor，IMP）。

（2）通信线路　通信线路即通信介质。通信线路为通信控制处理机与通信控制处理机、通信控制处理机与主机之间提供数据通信的通道。计算机网络既可以采用多种通信线路，如电话线、双绞线、同轴电缆、光导纤维电缆（简称光纤）等有线通信线路来组成通信信道，也可以使用无线通信、微波与卫星通信等无线通信线路来组成通信信道。

需要指出的是，广域网可以明确地划分出资源子网与通信子网，而局域网由于采用的工作原理与结构的限制，则不能明确地划分出子网的结构。

（3）信号交换设备　信号变换设备的功能是根据不同传输系统的要求对信号进行变换。例如，实现数字信号与模拟信号之间变换的调制解调器、无线通信的发送和接收设备以及光纤中使用的光—电信号之间的变换和收发设备等。

2. 通信子网的基本功能

通信子网提供网络通信功能，完成全网主机之间的数据传输、交换和控制等通信任务，负责全网的数据传输、转发及通信处理等工作。

随着微型机和局域网的广泛应用，现代网络结构已经发生变化。大量的微型机通过局域网连入广域网，而局域网、广域网与广域网的互连是通过路由器实现的。图 1-5 给出了现代计算机网络的结构示意图。

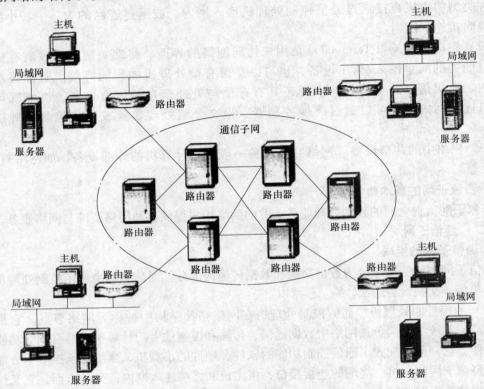

图 1-5　现代计算机网络的结构示意图

1.2.4　计算机网络的功能和特点

（一）计算机网络的主要功能和特点

计算机网络的功能和特点主要表现在硬件资源共享、软件资源共享和用户间信息交换三个方面。

1. 硬件资源共享

可以在全网范围内提供对处理资源、存储资源、输入输出资源等昂贵设备的共享，如具有特殊功能的处理部件、高分辨率的激光打印机、大型绘图仪、巨型机以及大容量的外部存储器等，从而使用户节省投资，也便于集中管理和均衡分担负荷。

2. 软件资源共享

互联网上的用户可以远程访问各类大型数据库，可以通过网络下载某些软件到本地机上使用，可以在网络环境下访问一些安装在服务器上的公用网络软件，可以通过网络登录到远程计算机上使用该计算机上的软件，从而避免了软件研制上的重复劳动以及数据资源的重复存储，也便于集中管理。

3. 用户间信息交换

计算机网络为分布在各地的用户提供了强有力的通信手段。用户可以通过计算机网络传送电子邮件、发布新闻消息和进行电子商务活动。

计算机网络为分布在各地的用户提供了强有力的人际通信手段，通过计算机网络传送电子邮件和发布新闻消息已经得到了普遍的应用。当生活在不同地方的许多个人进行合作时，若其中一个人修改了某些文件，那么其他人通过网络立即可看到这个变化，从而大大地缩短了过去靠信件来往所需要的时间。效率的提高可以轻易地实现过去绝无可能的合作。

（二）计算机网络的其他功能和特点

计算机网络在其他方面的功能和特点表现在提高系统可靠性、节省费用、便于扩充、分组负荷及协同处理等方面。这些方面的功能和特点本身也是相辅相成的，下面将分别介绍。

1. 提高系统可靠性

计算机网络拥有可替代的资源，从而提高了整个系统的可靠性。例如，存储在某一台计算机中的文件被破坏了，则在网络中的其他计算机就可承担起它的处理任务，虽然有时性能会降低一些，但系统不会崩溃。这种在故障情况下仍可降格运行的性能对某些如军事、银行、实时控制等可靠性要求高的应用场合是非常重要的。

2. 节省费用

小型计算机比大型计算机有更高的性能价格比。例如，大型计算机的速度和处理能力可能是微型计算机的数十倍，但价格可能在千倍以上。一百个用户每人拥有一台微型计算机，互连成网络而共享某些资源，就比他们分时共享一台大型计算机的资源要合算得多，既方便又省费用。这好比用三匹普通的马联合起来拉一辆重马车会比购买一匹昂贵的超级马来拉更划算。

3. 便于扩充

随着工作负荷的不断增长，计算机系统需要不断扩充。单个计算机系统扩充到某种极限时，就不得不以更大的计算机来取代它。计算机网络中的主机资源是通过通信线路松耦合互连的，不受共享存储器、内部系统总线互连等紧耦合系统所受到的能力限制，易于扩充。

4. 分组负荷

计算机网络可以在各资源主机间分担负荷，使得在某时刻负荷特重的主机可将任务送给远地空闲的计算机去处理。尤其对于地理跨度大的远程网，还可利用时间差来均衡日夜负荷的不均现象。

5. 协同处理

在网络操作系统的合理调度和管理下，一个计算机网络中的各个主机可以通过协同工作来解决一个依靠单台计算机无法解决的问题。计算机支持下的协同工作（Computing Supported Cooperative Work，CSCW）是计算机应用的一个重要研究方向。

1.2.5　网络体系结构与协议

(一) 网络体系结构的基本概念

1. 计算机网络的体系结构

由计算机网络及其部件所完成功能的精确定义，即从功能的角度描述，计算机网络的结构是层次和协议的集合。

2. 计算机网络协议

所谓计算机网络协议，就是通信双方事先约定的通信规则的集合。一个网络协议主要包含以下三个要素：

语法（Syntax）：即数据与控制信息的结构和格式，包括数据格式、编码及信号电平等。

语义（Semantics）：是用于协调和差错处理的控制信息，如需要发出何种控制信息、完成何种动作以及做出何种应答等。

时序（Timing）：即对有关事件实现顺序的详细说明，如速度匹配、排序等。

3. 系统和实体

网络中系统和实体总是联系在一起的。系统是指网络中有"自治"能力的计算机或交换设备，从拓扑学的角度看，又称为节点。实体是指能够发送和接收信息的任何东西，包括软件实体和硬件实体。对等实体是指同一层次的实体。

4. 接口和服务

接口是相邻两层之间的边界，底层通过接口为上层提供服务，上层通过接口使用底层提供的服务。上层叫服务的使用者，底层叫服务的提供者。

5. 服务访问点

服务访问点（SAP）是相邻两层实体之间通过接口调用服务或提供服务的联系点。每个SAP都有一个唯一标识它的地址。

6. 协议数据单元

协议数据单元（PDU）指对等实体之间通过协议传送的数据单元。PDU由上层的服务数据单元SDU和其分段的协议控制信息（Protocol Control Information，PCI）组成。

7. 接口数据单元

接口数据单元（IDU）是相邻层次之间通过接口传递的数据单元。

8. 服务和协议的关系

服务是由一系列的服务原语组成的，它相当于层次的接口，表示底层为上层提供哪些操作功能。至于如何实现这些功能，服务并不考虑。

协议是同一层次对等实体之间，有关协议数据单元的格式、意义以及控制规则的集合。实体使用协议的最终目的是为了实现它所要提供的服务。

(二) OSI/RM

1. OSI 网络参考模型的产生

计算机网络是由多种计算机和各类终端通过通信线路连接起来的系统。由于计算机型号不一，终端类型各异，加之线路类型、连接方式、同步制度、通信方式的不同，给网络中各节点间的通信带来许多不便。网络系统为实现彼此间的通信，需要有支持计算机间各节点间通信的硬件和软件。通常，同种机的通信硬件易于标准化，但异种机通信硬件的研制工作就

2.2.2　异步传输与同步传输

数字通信中必须解决的一个重要问题，就是要求通信的收发双方在时间基准上保持一致。即接收方必须知道它所接收的数据每一位的开始时间与持续时间，这样才能正确地接收发送方发来的数据。

1. 异步传输方式

异步传输的工作原理是：每个字节作为一个单元独立传输，字节之间的传输间隔任意，如图 2-6 所示。

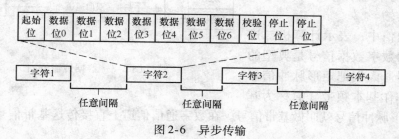

图 2-6　异步传输

2. 同步传输

同步传输方式不是对每个字节单独进行同步，而是对一组字符组成的数据块进行同步，如图 2-7 所示。

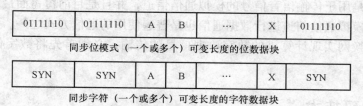

图 2-7　同步传输

2.2.3　数据传输方向

数据通信按照信号传送方向与时间的关系，可以分为三种：单工通信、半双工通信和全双工通信。

1. 单工通信

如图 2-8a 所示，在单工通信方式中，信号只能向一个方向传输，任何时候都不能改变信号的传送方向。只能向一个方向传送信号的通信信道，只能用于单工通信方式中。

2. 半双工通信

如图 2-8b 所示，在半双工通信方式中，信号可以双向传送，但必须是交替进行，一个时间只能向一个方向传送。可以双向传送信号，但必须交替进行的通信信道，只能用于半双工通信方式中。

3. 全双工通信

如图 2-8c 所示，在全双工通信方式中，信号可以同时双向传送。只有可以双向同时传送信号的通信信道，才能实现全双工通信，自然也就可以用于单工或半双工通信。

2.2.4 基带传输与频带传输

数据信号的传输方法有基带传输和频带传输（又称宽带传输）两种。在计算机网络中，频带传输是指计算机信息的模拟传输，基带传输是指计算机信息的数字传输。

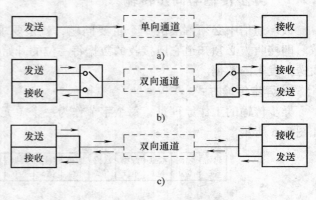

图2-8 数据传输方向

1. 基带传输

在数据通信中，表示计算机二进制比特序列的数字数据信号是典型的矩形脉冲信号。人们把矩形脉冲信号的固有频带称作基本频带（简称为基带）。这种矩形脉冲信号就叫做基带信号。在数字通信信道上直接传送基带信号的方法称为基带传输。

基带传输在基本不改变数字数据信号波形的情况下直接传输数字信号，具有速率高和误码率低等优点，在计算机网络通信中被广泛采用。

2. 频带传输

电话交换网是用于传输语音信号的模拟通信信道，并且是目前覆盖面最广的一种通信方式。因此，利用模拟通信信道进行数据通信也是普遍使用的通信方式之一。为了利用模拟语音通信的电话交换网实现计算机的数字数据信号的传输，必须首先将数字信号转换成模拟信号。

2.3 数据编码技术

2.3.1 数据编码类型

在计算机中数据是以离散的二进制0、1比特序列方式表示的。计算机数据在传输过程中的数据编码类型，主要取决于它采用的通信信道所支持的数据通信类型。

根据数据通信类型，网络中常用的通信信道分为两类：模拟通信信道与数字通信信道。相应的用于数据通信的数据编码方式也分为两类：模拟数据编码与数字数据编码。

2.3.2 数据编码方法

1. 模拟数据编码方法

电话通信信道是典型的模拟通信信道，它是目前世界上覆盖面最广、应用最普遍的一类通信信道。无论网络与通信技术如何发展，电话仍然是一种基本的通信手段。传统的电话通信信道是为传输语音信号设计的，只适用于传输音频范围为300~3400Hz的模拟信号，无法直接传输计算机的数字信号。为了利用模拟语音通信的电话交换网实现计算机的数字数据信号的传输，必须首先将数字信号转换成模拟信号。

我们将发送端数字数据信号变换成模拟数据信号的过程称为调制（Modulation），将调制设备称为调制器（Modulator）；将接收端把模拟数据信号还原成数字数据信号的过程称为解调（Demodulation），将解调设备称为解调器（Demodulator）；将同时具备调制与解调功能的设备，就被称为调制解调器（Modem）。

2. 数字数据编码方法

在数据通信技术中，我们将利用模拟通信信道通过调制解调器传输模拟数据信号的方法称为频带传输，将利用数字通信信道直接传输数字数据信号的方法称为基带传输。

频带传输的优点是可以利用目前覆盖面最广、普遍应用的模拟语音通信信道。用于语音通信的电话交换网技术成熟并且造价较低，但其缺点是数据传输速率与系统效率较低。基带传输在基本不改变数字数据信号频带（即波形）的情况下直接传输数字信号，可以达到很高的数据传输速率和系统效率。因此，基带传输是目前迅速发展与广泛应用的数据通信方式。

在基带传输中，数字数据信号的编码方式主要有以下几种，如图2-9所示。

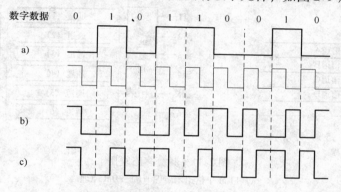

图 2-9　数字数据信号的编码方式

a）NRZ 编码　b）曼彻斯特编码　c）差分曼彻斯特编码

（1）非归零码　非归零（Non Return to Zero，NRZ）码可以规定用负电平表示逻辑"0"，用正电平表示逻辑"1"，也可以有其他表示方法。

（2）曼彻斯特（Manchester）编码　每个比特的中间有一次电平跳变，可以把"0"定义为由高电平到低电平的跳变，"1"定义为由低电平到高电平的跳变。

（3）差分曼彻斯特（Difference Manchester）编码　差分曼彻斯特编码是对曼彻斯特编码的改进。"0"和"1"是根据两比特之间有没有跳变来区分的。如果下一个数是"0"，则在两比特中间有一次跳变；如果下一个数据是"1"，则在两比特中间没有电平跳变。

2.4　多路复用技术

多路复用技术能把多个信号组合在一条物理信道上进行传输，使多个计算机或终端设备共享信道资源，提高信道的利用率。特别是在远距离传输时，可大大节省电缆的成本、安装与维护费用。这种技术要用到两种设备：多路复用器和多路分配器。多路复用器（Multiplexer）在发送端根据某种约定的规则把多个低带宽的信号复合成一个高带宽的信号；多路分配器（Demultiplexer）在接收端根据同一规则把高带宽信号分解成多个低带宽信号，如图 2-10 所示。多路复用器和多路分配器统称多路器（MUX）。多路复用技术通常有频分多路复用、时分多路复用、波分多路复用和码分多路复用等。下面介绍两种基本的多路复用技术：频分多路复用和时分多路复用。

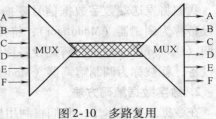

图 2-10　多路复用

2.4.1　频分多路复用

频分多路复用（Frequency Division Multiplexing，FDX）就是将具有一定带宽的信道分割为若干个有较小频带的子信道，每个子信道供一个用户使用。这样在信道中就可同时传送多个不同频率的信号。

采用频分多路复用时数据在各子信道上是并行传输的。由于各子信道相互独立，故一个信道发生故障时不影响其他信道，如图 2-11 所示。

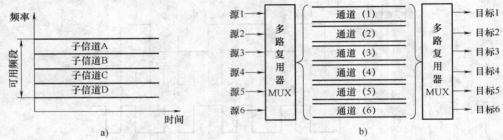

图 2-11　频分多路复用
a）FDM 子信道示意图　b）FDM 原理

频分多路技术早已用在无线电广播系统中，在有线电视系统（CATV）中也使用频分多路技术。一根 CATV 电缆的带宽大约是 500MHz，可传送 80 个频道的电视节目，每个频道 6MHz 的带宽中又进一步划分为声音子通道、视频子通道以及彩色子通道。每个频道两边都留有一定的警戒频带，防止相互串扰。

2.4.2　时分多路复用

时分多路复用（Time Division Multiplexing，TDM）是将一条物理信道的传输时间分成若干个时间片轮流地给多个信号源使用，每个时间片被复用的一路信号占用。这样，当有多路信号准备传输时，一个信道就能在不同的时间片传输多路信号，如图 2-12 所示。

采用时分多路复用的典型实例：

1）美国 AT &T 信道上的载波就是采用脉码调制（PCM）和时分多路复用技术（TDM）使 24 路采样声音信号复用一个通道。

工作原理：将一条路线按时分划分为 24 个信道，每信道按 125μs 的间隔采样各自的模拟信号、用 128 级量化的 PCM 脉冲编码为 8 位（7 位为数据，1 位为控制信号）。传输速率 $= (24 \times 8 + 1)/(125 \times 10^{-6})$ Mbit/s $= 1.544$ Mbit/s。

2）欧洲的 CITT 标准的 E 信道的载波也是采用脉码调制技术与时分多路复用技术。其

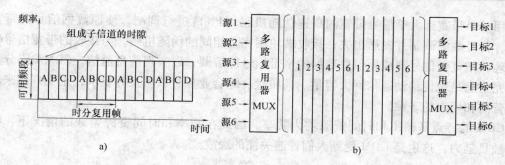

图 2-12 时分多路复用

a）TDM 子信道示意图 b）TDM 原理

帧结构：开始 8 位同步信号 + 8 位信令位 + 30 路 8 位数据信号 = 256 位。传输速率 = $256/(125 \times 10^{-6})$ Mbit/s = 2.048 Mbit/s。

2.4.3 波分多路复用

波分多路复用（Wavelength Division Multiplexing，WDM）是指在一根光纤上使用不同的波长同时传送多路光波信号的一种技术。通过 WDM，可使原来在一根光纤上只能传输一个光载波的单一光信道，变成可传输多个不同波长光载波的光信道，使得光纤的传输能力成倍增加，也可以利用不同波长沿不同方向传输来实现单根光纤的双向传输。WDM 应用于光纤信道。

波分复用一般应用波分割复用器和解复用器（也称合波/分波器），分别置于光纤两端，实现不同光波的耦合与分离。这两个器件的原理是相同的。波分复用器是一种将终端设备上的多路不同单波长光纤信号连接到单光纤信道的技术。

波分复用的技术特点与优势如下：

1）可灵活增加光纤传输容量。

2）同时传输多路信号。

3）成本低、维护方便。

4）可靠性高，应用广泛。

2.4.4 码分多路复用（CDM）

码分多路复用（Code Division Multiplexing，CDM）则是一种用于移动通信系统的新技术，笔记本电脑和掌上电脑等移动性计算机的连网通信将会大量使用码分多路复用技术。码分多路复用技术的基础是微波扩频通信。扩频通信的特征是使用比发送的数据速率高许多倍的伪随机码对载荷数据的基带信号的频谱进行扩展，形成宽带低功率频谱密度的信号来发射。

CDMA 技术是在 FDM 和 TDM 的基础上发展起来的。FDM 的特点是信道不独占，而时间资源共享，每一子信道使用的频带互不重叠；TDM 的特点是独占时隙，而信道资源共享，每一个子信道使用的时隙不重叠；CDMA 的特点是所有子信道在同一时间可以使用整个信道进行数据传输，它在信道与时间资源上均为共享，因此，信道的效率高，系统的容量大。CDMA 的技术原理是基于扩频技术，如图 2-13 所示，需传送的具有一定信号带宽的信息、数据用一个带宽远大于信号带宽的高速伪随机码（PN）进行调制，使原数据信号的带宽被扩展，再经载波调制并发送出去；接收端使用完全相同的伪随机码，与接收的带宽信号作相关处理，把宽带信号换成原信息数据的窄带信号即解调，以实现信息通信。CDMA 码分多路技术完全满足现代移动通信网大容量、高质量、综合业务、软切换等要求，正受到越来越多的运营商和用户的青睐。

　　CDM 的特点是频率和时间资源均为共享，因此在频率和时间资源紧缺的情况下，CDM技术独具魅力，这也是 CDM 受到人们普遍关注的缘故。

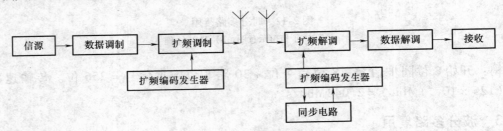

图 2-13　扩频通信原理

2.5　数据交换技术

　　一个通信网络由许多交换节点互连而成。信息在这样的网络中传输就像火车在铁路网络中运行一样，经过一系列交换节点（车站），从一条线路交换到另一条线路，最后才能到达目的地。交换节点转发信息的方式就是所谓交换方式。电路交换、报文交换和分组交换是三种最基本的交换方式。

2.5.1　电路交换

　　电路交换方式把发送方和接收方用一系列链路直接连通，如图 2-14 所示。电话交换系统就是采用这种交换方式。当交换机收到一个呼叫后就在网络中寻找一条临时通路供两端的用户通话，这条临时通路可能要经过若干个交换局的转接，并且一旦建立就成为这一对用户之间的临时专用

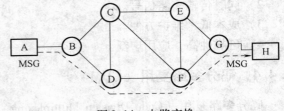

图 2-14　电路交换

通路，别的用户不能打断，直到通话结束才拆除连接。

2.5.2　报文交换

　　这种方式不要求在两个通信节点之间建立专用通路。当一个节点发送信息时，它把要发送的信息组织成一个数据包——报文，该报文中某个约定的位置含有目标节点的地址。完整的报文在网络中一站一站地传送，每一个节点接收整个报文，检查目标节点地址，然后根据网络中的交通情况在适当的时候转发到下一个节点，经过多次的存储—转发，最后到达目标节点，如图 2-15 所示。

报文交换的优点是不需建立专用链路，线路利用率较高。当然，这些优点是由通信中的传输时延换来的。例如，电子邮件（E-mail）系统适合采用报文交换方式，因为传统的邮政系统本来就是这种交换方式。

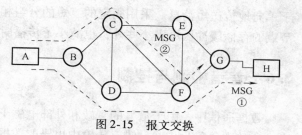

图 2-15　报文交换

2.5.3　分组交换

在这种交换方式中数据包有固定的长度，因而交换节点只要在内存中开辟一个小的缓冲区就可以了。进行分组交换时，发送节点先要对传送的信息分组，对各个分组编号，加上源地址和目标地址以及约定的分组头信息，这个过程叫做信息的打包。数据分组交换的过程如图 2-16 所示。一次通信中的所有分组在网络中传播有两种方式：一种叫数据报（Datagram），另一种叫虚电路（Virtual Circuit）。

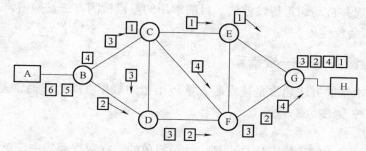

图 2-16　分组交换

1. 数据报

类似于报文交换，每个分组在网络中的传播路径完全是由网络当时的状况随机决定的。因为每个分组都有完整的地址信息，如果不出意外的话都可以到达目的地，但是到达目的地的顺序可能和发送的顺序不一致。有些早发的分组可能在中间某段交通拥挤的线路上耽搁了，比后发的分组到得迟，目标主机必须对收到的分组重新排序才能恢复原来的信息。一般来说在发送端要有一个设备对信息进行分组和编号，在接收端也要有一个设备对收到的分组拆去头尾并重排顺序，具有这些功能的设备叫做分组拆装设备（Packet Assembly and Disassembly device，PAD），通信双方各有一个。

2. 虚电路

类似于电路交换，这种方式要求在发送端和接收端之间建立一条逻辑连接。在会话开始时，发送端先发送一个要求建立连接的请求消息，这个请求消息在网络中传播，途中的各个交换节点根据当时的交通状况决定取哪条线路来响应这一请求，最后到达目的端。如果目的端给予肯定的回答，则逻辑连接就建立了。逻辑连接建立后，发送端发出的一系列分组都走这同一条通路，直到会话结束，拆除连接。当然它涉及更多的技术，需要更大的开销，没有数据报方式灵活，效率也不如数据报方式高。虚电路可以是暂时的，即会话开始建立，会话结束拆除，这叫做虚呼叫；也可以是永久的，即通信双方一开机就自动建立，直到一方（或同时）关机才拆除，这叫做永久虚电路。

虚电路适合于交互式通信，这是它从电路交换那里继承来的优点，数据报方式则更适合于单向地传送短消息。采用固定的、短的分组相对于报文交换是一个重要的优点，除了交换节点的存储缓冲区可以小些外，也减小了传播时延。

2.6　差错检测与控制

数据通信中，由于信号的衰减和外部电磁干扰，接收端收到的数据与发送端发送的数据不一致的现象称为传输差错。传输中出错的数据是不可用的，不知道是否有错的数据同样是不可用的。判断数据经传输后是否有错的手段和方法称为差错检测，确保传输数据正确的方法和手段称为差错控制。如何才能够发现、检测差错，对差错进行纠正，从而把差错限制在数据传输所允许的范围内呢？有两种方法：检错码和纠错码。检错码为每个传输的分组加上一定的冗余信息，接收端可以根据这些冗余信息发现传输差错，但是不能确定是哪个或哪些位出错，并且自己不能够纠正传输差错；纠错码为每个传输的分组加上足够的冗余信息，以便在接收端能发现并自动纠正传输差错。目前常用的差错检测方法是检错码，包括奇偶校验码和 CRC 循环冗余校验码。

2.6.1　差错检测方法——检错码

网络中纠正出错的方法通常是让发送方重传出错的数据。所以，通常差错检测更重要，下面是常用的两种差错检测方法。

1. 奇偶校验

奇偶校验是最常用的检错方法，也是一种最简单的、在数据通信中广泛采用的编码。其原理是在面向字节的数据通信中，在每个字节的尾部都加上 1 个校验位，构成一个带有校验位的码组，使得码组中"1"的个数成为偶数（称为偶校验）或使得码组中"1"的个数成为奇数（称为奇校验），并把整个码组一起发送出去，一个数据段以字节为单位加上校验码后连续传输。接收端收到信号之后，对每个码组检查其中"1"的个数是否为偶数（偶校验）或码组中"1"的个数是否为奇数（奇校验），如果检查通过就认为收到的数据正确；接收端检查不符合偶数或奇数规律时就判为出错，并发送一个信号给发送端，要求重发该段数据。

这种方法简单实用，但只能对付少量的随机性错误，检错能力较低。奇偶校验码还可分为垂直奇（偶）校验、水平奇（偶）校验和水平垂直奇（偶）校验（方阵码）。

（1）水平奇/偶校验码　信息字段以字符为单位，校验字段仅含一个位称为校验位，使用七单位的 ASCII 码来构造成八单位的检错码时若采用奇/偶校验，校验位的取值应使整个码字包括校验位中为 1 的比特个数为奇数或偶数。通常在异步传输方式中采用偶校验，同步传输方式中采取奇校验。

例：信息字段　　　　奇校验码　　　　偶校验码
　　0110001　　　01100010　　　01100011

（2）垂直奇/偶校验码（组校验）　被传输的信息进行分组，并排列为若干行和列。组中每行的相同列进行奇/偶校验，最终产生由校验位形成的校验字符（校验行），并附加在信息分组之后传输。

例：4 个字符（4 行）组成一信息组

其垂直奇/偶校验码为：

0111001	0010101	0101011	1010101	0101101
第 1 字符	第 2 字符	第 3 字符	第 4 字符	奇校验字符

（3）水平垂直奇/偶校验码（方阵校验）

例：4 行 7 列信息组，其水平垂直偶校验码为：

0111001　0

0010101　1

0101011　0

1010101　0

1010010　1　偶校验字符

奇偶校验能够检测出信息传输过程中的部分误码（1 位误码能检出，2 位及 2 位以上误码不能检出），同时，它不能纠错。在发现错误后，只能要求重发。但由于其实现简单，仍得到了广泛使用。奇偶校验码多用于计算机硬件中，遇到麻烦时能够重新操作或者通过简单的错误检测。例如 SCSI 总线使用奇偶校验位检测传输错误，许多微处理器的指令高速缓存中也用到奇偶校验保护。

2. 循环冗余校验

循环冗余校验（Cyclic Redundancy Check，CRC）是一种比较复杂的校验方法。此方法将整个数据块看成是一个连续的二进制数据，从代数的角度将整个数据块看成是一个报文码多项式。除以另一个称为"生成多项式"的多项式。CRC 码由两部分组成，前面是信息码，即需要校验的信息，后面是校验码，如果 CRC 码共长 n 个 bit，信息码长 k 个 bit，就称为 (n, k) 码。

在代数编码理论中，将一个码组表示为一个多项式，码组中各码元当作多项式的系数。例如 1100101 表示为：

$$1 \cdot x^6 + 1 \cdot x^5 + 0 \cdot x^4 + 0 \cdot x^3 + 1 \cdot x^2 + 0 \cdot x + 1，即 x^6 + x^5 + x^2 + 1。$$

设编码前的原始信息多项式为 $P(x)$，$P(x)$ 的最高幂次加 1 等于 k；生成多项式为 $G(x)$，$G(x)$ 的最高幂次等于 r；CRC 多项式为 $R(x)$；编码后的带 CRC 的信息多项式为 $T(x)$，则发送方编码方法为：将 $P(x)$ 乘以 x^r（即对应的二进制码序列左移 r 位），再用"模二算法"除以 $G(x)$，则所得余式即为 $R(x)$。

所谓"模二算法"，是指在进行加减法运算过程中不进位也不借位，而是直接用对应位相减，即

$$1 - 1 = 0 \quad 0 - 0 = 0 \quad 0 - 1 = 1 \quad 1 - 0 = 1$$

例如，在普通的除法运算中，由于 101 < 110，所以在上商的时候，不能上 1，而模二除法则不需要考虑这一点，只要是位数达到除数的位数就可以上商。

接收方解码方法：将 $T(x)$ 除以 $G(x)$，如果余数为 0，则说明传输中无错误发生，否则说明传输有误。

假设我们要发送的数据比特序列是 110011（$k = 6$），选定的生成多项式比特序列为 11001（$r = 4$），则 CRC 码的生成步骤为：

1）将发送数据比特序列对应的多项式乘以 x^4（即对应的二进制码序列左移 4 位），那么产生的乘积所对应的二进制比特序列为 1100110000。

2）将乘积用生成多项式比特序列去除，按模二算法应为

3）将余数比特序列加到乘积中，得

$$
\underbrace{1\ 1\ 0\ 0\ 1\ 1}_{\substack{\text{发送数据}\\\text{比特序列}}}\qquad\underbrace{1\ 0\ 0\ 1}_{\substack{\text{CRC校验码}\\\text{比特序列}}}
$$

带CRC校验码的
发送数据比特序列

4）如果数据在传输的过程中没有发生错误，接收端收到的带有 CRC 校验码的数据比特序列一定能被相同的生成多项式整除，即

$$
11001\ \big/\ \overline{\begin{array}{l}100001\\1100111001\\\underline{11001}\\\\\quad\ \ \underline{11001}\\\quad\ \ \underline{11001}\\\qquad\qquad\ 0\end{array}}
$$

在发送报文时，将相除的结果的余数作为校验码附在报文之后发送出去。接收端接收后先对传输过来的码字用同一个生成多项式去除，若能除尽（即余数为 0）则说明传输正确；若除不尽，则传输有错，要求发送方重发。

使用 CRC 校验，可查出所有的单位错和双位错，以及所有具有奇数位的差错和所有长度少于生成多项式串长度的实发错误，能查出 99% 以上更长位的突发性错误，误码率低，因此得到广泛的应用。但 CRC 校验码的生成和差错检测需要用到复杂的计算，用软件实现比较麻烦，而且速度慢，目前已经有相应的硬件来实现这一功能。

为了能对不同场合下的各种错误模式进行校验，已经提出了几种 CRC 生成多项式的国际标准，主要有

CRC-12　　　$G(x) = x^{12} + x^{11} + x^3 + x^2 + x + 1$

CRC-16　　　$G(x) = x^{16} + x^{15} + x^2 + 1$

CRC-CCITT　　$G(x) = x^{16} + x^{12} + x^5 + 1$

CRC-32　$G(x) = x^{32} + x^{26} + x^{23} + x^{22} + x^{16} + x^{12} + x^{11} + x^{10} + x^8 + x^7 + x^5 + x^4 + x^2 + x + 1$

其中，CRC-32 在局域网中普遍使用。

2.6.2　差错控制方法

在计算机通信中，主要有以下三种差错控制方式。

1. 反馈重发纠错方式

反馈重发纠错方式的工作原理是：发送端对发送序列进行差错编码，即能够检测出错误的校验序列。接收端将根据校验序列的编码规则判断是否有传输错误，并把判决结果通过反

馈信道传回给发送端。若无错,接收端确认接收;若有错,则接收端拒收,并通知发送端,发送端将重新发送序列,直到接收端接收正确为止。

2. 前向纠错方式

前向纠错方式中,发送端对数据进行检错和纠错编码,接收端收到这些编码后,进行译码,译码不但能发现错误,而且能自动地纠正错误,因而不需要反馈信道。这种方式的缺点是译码设备复杂,并且纠错码的冗余码元较多,故效率较低。

3. 混合纠错方式

混合纠错方式是前向纠错和反馈重发纠错两种方式的结合。在这种纠错方式中,发送端编码具有一定的纠错能力,接收端对收到的数据进行检测。如发现有错并未超过纠错能力,则自动纠错;如超过纠错能力则发出反馈信息,命令发送端重发。

本 章 小 结

计算机网络是计算机技术与通信技术结合的产物,主要研究计算机中数字数据的传输交换、存储以及处理的理论、方法和技术。计算机处理的是数字数据,计算机之间的通信也以传递数字数据为主。网络中应用的是数据通信,因此研究计算机网络,首先要研究数据通信技术。本章重点介绍了数据通信的基本概念、数据通信方式、数据编码技术、多路复用技术、数据交换技术及差错控制技术。

习 题 2

1. 信号是数据的电编码或电磁编码,分为 (   ) 和 (   ) 两种。
2. 数据通信可以有 (   )、(   ) 和 (   ) 三种通信方式。
3. 数据通信按传输方式可分为 (   ) 和 (   )。
4. 数据通信中,信道复用技术常用的两种分别是 (   ) 和 (   )。
5. 把计算机输出的信号转换成普通双绞线线路上能传输的信号的设备是 (   )。
6. 画出 011101010 的曼彻斯特编码和差分曼彻斯特编码的波形 (设初始为高电平)。
7. 数据分为模拟数据和数字数据,说出两者最根本的区别。
8. 什么是信道带宽、信道容量?
9. 什么是半双工通信?
10. 画出典型的通信系统模型。
11. 带宽为 3kHz,信噪比为 20dB,若传送二进制信号则可达到的最大数据速率是多少?
12. 采用生成多项式 $x^6 + x^4 + x + 1$ 发送的报文到达接收方为 101011000110,所接收的报文是否正确?试说明理由。
13. 设输入信息码字多项式为 $M(x) = x^6 + x^5 + x^3 + x + 1$(信息码字为 1101011);预先约定的生成多项式为 $G(x) = x^4 + x^2 + x + 1$,试用长除法求出传送多项式 $R(x)$ 及其对应的发送代码。

第 3 章

TCP/IP 体系结构

【学习目标】

1) 掌握 TCP/IP 参考模型的层次。
2) 了解 TCP/IP 参考模型各层的功能及协议。
3) 掌握 IP 地址的概念、分类及划分子网的方法。
4) 了解 IPv6 地址体系结构。

3.1 TCP/IP 参考模型层次及功能

3.1.1 TCP/IP 参考模型的层次

TCP/IP 参考模型和 OSI 参考模型一样采用了层次结构的理论，但两者在层次划分上有很大的区别。概括地说，Internet 上使用的通信协议——TCP/IP 与 OSI 相比，简化了高层的协议及层次（会话层和表示层），将其融合到了应用层，使得通信的层次减少，提高了通信的效率。同时在最低层定义了网络接口层，与 OSI 参考模型的最低两层数据链路层和物理层相对应。

OSI参考模型		TCP/IP参考模型
应用层		应用层
表示层		
会话层		
传输层		传输层
网络层		互连层
数据链路层		网络接口层
物理层		

图 3-1 TCP/IP 参考模型与 OSI 参考模型

TCP/IP 参考模型可以分为以下四个层次：

1) 应用层（Application Layer）。
2) 传输层（Transport Layer）。
3) 互连层（Internet Layer）。
4) 网络接口层（Network Interface Layer）。

3.1.2 TCP/IP 参考模型各层功能及协议

TCP/IP 参考模型的应用层与 OSI 应用层相对应；TCP/IP 参考模型的传输层与 OSI 参考模型的传输层相对应；TCP/IP 参考模型的互连层与 OSI 参考模型的网络层相对应；TCP/IP 参考模型的网络接口层与 OSI 参考模型的数据链路层和物理层相对应。在 TCP/IP 参考模型中，对 OSI 参考模型的表示层、会话层没有对应的协议。

1. 网络接口层

在 TCP/IP 参考模型中，网络接口层是最低层。该层负责通过网络改善和接收 IP 数据报、数据帧的发送和接收。

TCP/IP 本身并未定义该层的协议，而由参与互连的各网络使用自己的物理层和数据链路层协议，然后与 TCP/IP 的网络接口层进行连接，这体现了 TCP/IP 的兼容性与适应性，也为 TCP/IP 的成功奠定了基础。TCP/IP 参考模型允许主机连入网络时使用多种协议，包括各种物理网络协议，如局域网 Ethernet 协议、Token Ring 协议、分组交换网的 X.25 协议等。

2. 互连层

在 TCP/IP 参考模型中，互连层是第二层，它相当于 OSI 参考模型网络层的无连接网络服务。负责将源主机的报文分组发送到目的主机，源主机与目的主机可以在同一网络上，也可以在不同的网络上。

（1）互连层的主要功能包括以下几点

1）处理来自传输层的分组发送请求。在收到分组发送请求之后，将分组装入 IP 数据报，填充报头，选择改善路径，然后将数据报发送到相应的网络输出线。

2）处理接收的数据报。在接收到其他主机发送的数据报之后，检查目的地址，如果需要转发，则选择发送路径，转发出去；如果目的地址为本节点 IP 地址，则除去报头，将分组交送传输层处理。

3）处理互连的路径、流量控制与拥塞问题。

（2）互连层的主要协议

1）网际协议（IP）：负责在主机和网络之间寻址和路由数据包。

2）地址解析协议（ARP）：获得同一物理网络中的硬件主机地址。

3）网际控制消息协议（ICMP）：发送消息，并报告有关数据包的传送错误。

4）互连组管理协议（IGMP）：被 IP 主机拿来向本地多路广播路由器报告主机组成员。

互连层的协议将数据包封装成 Internet 数据报，并运行必要的路由算法。

3. 传输层

在 TCP/IP 参考模型中，传输层是第三层，它负责在应用进程之间的端—端通信。传输层的主要目的是：在互联网中源主机与目的主机的对等实体间建立用于会话的端—端连接。从这一点上讲，TCP/IP 参考模型的传输层与 OSI 参考模型的传输层功能是相似的。

在 TCP/IP 参考模型的传输层，定义了以下两种协议：

1）传输控制协议（Transport Control Protocol，TCP）。

2）用户数据报协议（User Datagram Protocol，UDP）。

TCP 是一种可靠的面向连接的协议，它允许将一台主机的字节流（Byte Stream）无差错地传送到目的主机。TCP 将应用层的字节流分成多个字节段（Byte Segment），然后将字节段传送到互连层，发送到目的主机。当互连层将接收到的字节段传送给传输层时，传输层再将多个字节段还原成字节流传送到应用层。TCP 具有流量控制功能，协调收发双方的发送与接收速度，以达到正确传输的目的。TCP 适用于一次传输大批数据的情况，并适用于要求得到响应的应用程序，为应用程序提供可靠的通信连接。

UDP 是一种不可靠的无连接协议，它主要用于不要求分组顺序到达的传输中，分组传输顺序检查与排序由应用层完成，适合于一次传输少量数据。

4. 应用层

在 TCP/IP 参考模型中，应用层是最高层，对应于 OSI 参考模型的最高层，包括了所有的高层协议，并且总是不断有新的协议加入。应用程序通过这一层访问网络，为用户提供所需各种服务。应用层主要协议见表 3-1。

表 3-1　应用层主要协议

序号	协议名称	英文描述	功能说明
1	网络终端协议	Telnet	用于实现互联网中远程登录功能
2	文件传输协议	FTP（File Transfer Protocol）	用于实现互联网中交互式文件传输功能
3	简单邮件传输协议	SMTP（Simple Mail Transfer Protocol）	用于实现互联网中电子邮件传输功能
4	域名系统	DNS（Domain Name System）	用于实现网络设备名称到 IP 地址映射的网络服务
5	简单网络管理协议	SNMP（Simple Network Management Protocol）	用于管理与监视网络设备
6	路由信息协议	RIP（Routing Information Protocol）	用于在网络设备之间交换路由信息
7	网络文件系统	NFS（Network File System）	用于网络中不同主机之间的文件共享
8	超文本传输协议	HTTP（Hyper Text Transfer Protocol）	用于 WWW 服务

应用层协议可以分为三类：依赖于面向连接的 TCP；依赖于面向连接的 UDP；既可依赖于 TCP，也可依赖于 UDP 的协议。其中，依赖 TCP 的协议主要有网络终端协议（Telnet）、电子邮件协议（SMTP）、文件传输协议（FTP）等；依赖 UDP 的协议主要有简单网络管理协议（SNMP）等；既依赖 TCP 又依赖 UDP 的协议主要有域名系统（DNS）等。

5. 协议栈的概念

按照层次结构思想对计算机网络模块化的研究，其结果是形成了一组从上到下单向依赖关系的协议栈（Protocol Stack），也叫做协议族。TCP/IP 参考模型与 TCP/IP 协议栈之间的关系如图 3-2 所示。

地址解析协议（ARP/RARP）并不属于单独的一层，它介于物理地址

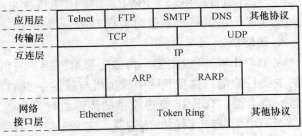

图 3-2　TCP/IP 参考模式与协议栈的关系

与 IP 地址间，起着屏蔽物理地址细节的作用。IP 可以建立在 ARP/RARP 上，也可以直接建立在网络硬件接口协议上，IP 横跨整个层次。TCP、UDP 都要通过 IP 来发送、接收数据。TCP 提供可靠的、面向连接的服务，而 UDP 则提供简单的无连接服务。

3.2　IP 地址

IP 地址是 TCP/IP 协议栈中的 IP 为标识主机而采取的地址格式。该地址格式用 32 位

（4 字节）无符号二进制数表示，是互联网上通用的地址。IP 地址由 IP 地址管理机构进行统一的管理和分配，以保证互联网上运行的设备（如主机、路由器等）不会产生地址冲突。

3.2.1　IP 地址编址方法

1. IP 地址的格式

IP 地址有两种表示形式：二进制表示和点分十进制表示。每个 IP 地址的长度为 4 字节，由四个 8 位域组成，通常称为八位体。八位体由小数点分开，表示为一个 0 ~ 255 之间的十进制数。一个 IP 地址的 4 个域分别标明了网络号和主机号，表示成 W. X. Y. Z 的形式，如图 3-3 所示。

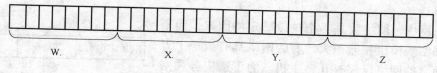

W.　　　　　X.　　　　　Y.　　　　　Z

图 3-3　点分十进制标记法

例如，二进制 IP 地址：

　　　　　　　　　　字节1　　　字节2　　　字节3　　　字节4
二进制表示法表示：11001010　01011101　01111000　00101100
点分十进制表示法表示：202. 93. 120. 44

2. IP 地址的组成

互联网是具有层次结构的，一个互联网包括多个网络，每一个网络又包括了多台主机。与互联网的层次结构对应，互联网使用的 IP 地址也采用了层次结构，如图 3-4 所示。

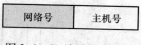

图 3-4　IP 地址层次结构

IP 地址由网络号（Net ID）和主机号（Host ID）两个层次组成。网络号用来标识互联网中的一个特定网络，而主机号则用来表示该网络中主机的一个特定连接。因此，IP 地址的编址方式明显地携带了位置信息。如果给出一个具体的 IP 地址，立刻就可以知道它位于哪个网络，这给 IP 互联网的路由选择带来很大的好处。

但这种 IP 地址也有缺点，当主机在网络间移动时，IP 地址必须跟随变化。事实上，由于 IP 地址不仅包含了主机本身的地址信息，而且还包含了主机所在的网络地址信息，因此，在将主机从一个网络移到另一个网络时，主机 IP 地址必须进行修改以正确地反映这个变化。在图 3-5 中，如果具有 IP 地址 202. 110. 100. 1 的计算机需要从网络 1 移动到网络 2，那么，当它加入网络 2 后，必须为它分配新的 IP 地址（如 202. 102. 224. 67），否则就不可能与互联网上的其他主机正常通信。

3. IP 地址的划分

在长度为 32 位的 IP 地址中，哪些位代表网络号，哪些位代表主机号呢？这个问题看似简单，意义却很重大。只有明确了网络号和主机号，才能确定其通信地址。当地址长度确定后，网络号长度将决定整个互联网中能包含多少个网络，主机号长度则决定每个网络能容纳多少台主机。

根据 TCP/IP 规定，IP 地址的 32 位二进制数据被划分为 3 个部分：地址类别、网络号和主机号，如图 3-6 所示。

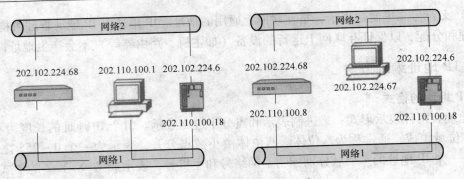

图 3-5 主机在网络间的移动

在互联网中，网络数是一个难以确定的因素，而不同种类的网络规模也相差很大。有的网络具有成千上万台主机，而有的网络仅仅有几台主机。为了适应各种网络规模的不同，IP 将 IP 地址划分为 5 类网络（A、B、C、D 和 E）它们分别使用 IP 地址的前几位（地址类别）加以区别，如图 3-7 所示。常用的为 A、B 和 C 三类。

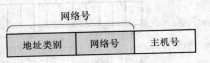

图 3-6 IP 地址层次结构

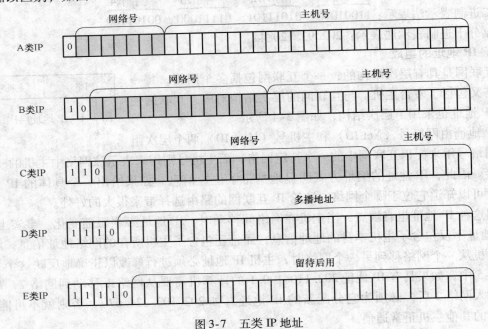

图 3-7 五类 IP 地址

1）A 类：以第一字节的"0"开始，7 位表示网络号（0～126），后 24 位表示主机号。

2）B 类：以第一字节的"10"开始，14 位表示网络号（128～191），后 16 位表示主机号。

3）C 类：以第一字节的"110"开始，21 位表示网络号（192～223），后 8 位表示主机号。

4）D 类：以第一字节的"1110"开始，用于互联网多播。

5）E 类：以第一字节的"11110"开始，保留为今后扩展使用。

6）00000000（0）、01111111（127）、11111111（255）有特殊的用法。

IP 地址的分类是经过精心设计的，它能适应不同的网络规模，具有一定的灵活性。表 3-2 简要地总结了 A、B 和 C 三类 IP 地址可以容纳的网络数和主机数。

表 3-2　A、B、C 三类 IP 地址可以容纳的网络数和主机数

类　　　别	第一字节范围	网络地址长度	最大的主机数目	适用的网络规模
A	1～126	1 个字节	16777214	大型网络
B	128～191	2 个字节	65534	中型网络
C	192～223	3 个字节	254	小型网络

4. 特殊的 IP 地址形式

IP 地址除了可以表示主机的一个物理连接外，还有几种特殊的表现形式。

（1）网络地址　在互联网中，经常需要使用网络地址，那么，怎么表示一个网络呢？IP 地址方案规定，网络地址包含了一个有效的网络号和一个全"0"的主机号。

例如，地址 113.0.0.0 就表示该网络是一个 A 类网络地址。而一个具有 IP 地址为 202.100.100.2 的主机所处的网络地址为 202.100.100.0，它是一个 C 类网络，其主机号为 2。

（2）广播地址　当一个设备向网络上所有的设备发送数据时，就产生了广播。为了使网络上所有设备能够注意到这样一个广播，必须使用一个可进行识别和侦听的 IP 地址。通常，这样的 IP 地址以全"1"结尾。

IP 广播有两种形式：直接广播和有限广播。

1）直接广播。如果广播地址包含一个有效的网络号和一个全"1"的主机号，那么技术上将该地址称为直接广播（Directed Broadcasting）地址。在 IP 互联网中，任意一台主机均可向其他网络进行直接广播。

例如，C 类地址 202.100.100.255 就是一个直接广播地址。互联网上的一台主机如果使用该 IP 地址作为数据报的目的 IP 地址，那么这个数据将同时发送到 202.100.100.0 网络上的所有主机。

直接广播在发送前必须知道目的网络号。

2）有限广播。32 位全为"1"的 IP 地址（255.255.255.255）用于本网广播，该地址叫做有限广播（Limited Broad Casting）地址。实际上，有限广播将广播限制在最小范围内。如果采用子网编址，那么有限广播将被限制在本子网之中。

有限广播不需要知道网络号，因此，在主机不知道本机所处的网络时（如主机的启动过程中），只能采用有限广播方式。

（3）回送地址　A 类网络地址 127.0.0.0 是一个保留地址，用于网络软件测试以及本地机器进程间通信。这个 IP 地址叫做回送地址（Loop Back Address）。无论什么程序，一旦使用回送地址发送数据，协议软件不进行任何网络传输，立即将之返回。因此，含有网络号"127"的数据报不可能出现在任何网络上。

3.2.2　子网地址与子网掩码

在互联网中，A 类、B 类和 C 类 IP 地址是经常使用的。由于经过网络号和主机号的层

次划分，它们适应于不同的网络规模。使用 A 类 IP 地址的网络可以容纳 1600 多万台主机，而使用 C 类 IP 地址的网络仅仅可以容纳 254 台主机。但是，随着计算机的发展和网络技术的进步，个人计算机应用迅速普及，小型网络（特别是小型局域网络）越来越多。这些网络多则拥有几十台主机，少则拥有两三台主机。对于这样一些小规模网络即使采用一个 C 类地址仍然是一种浪费，因而在实际应用中，人们开始寻找新的解决方案以克服 IP 地址的浪费现象。子网编址就是其中方案之一。

1. 子网地址

IP 地址具有层次结构，标准的 IP 地址分别为网络号、主机号两层。为了避免 IP 地址的浪费，子网编址将 IP 地址的主机号部分进一步划分成子网部分和主机部分，如图 3-8 所示。

一个子网地址包括网络号、子网号和主机号三个部分。子网划分的规则如下：

1）在利用主机号划分子网时，全部为"0"的表示该子网网络，全部为"1"的表示子网广播，其余的可以分配给子网中的主机。

2）二进制全"0"或全"1"的子网与所有子网的直接广播地址冲突。

为了创建一个子网地址，网络管理员从标准 IP 地址的主机号部分借位并把它们指定为子网号部分。其中，B 类网络的主机号部分只有两个字节，故而最多只能借用 14 位去创建子网。而在 C 类网络中，由于主机号部分只有一个字节，故最多只能借用 6 位创建子网。

根据子网划分部分的规则，在"借"用主机号作为子网号时必须给主机号部分剩余 2 位，在"借"用时至少要借用 2 位。

例如，120.66.0.0 是一个 B 类 IP 地址，它的主机号部分有两个字节。在图 3-9 中，借用了左边的一个字节分配子网。其子网地址分别为 130.66.2.0 和 130.66.3.0。

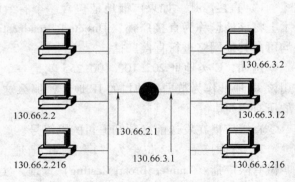

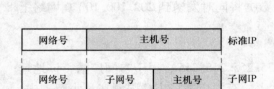

图 3-8　子网编址的层次结构　　　　　图 3-9　借用标准 IP 的主机号创建子网

其中，130.66.2.216 的网络地址为 130.66.0.0，子网号为 2，主机号为 216。

当然，如果从 IP 地址的主机号部分借用来创建子网，相应子网中的主机数目就会减少。例如一个 C 类网络，它用一个字节表示主机号，可以容纳的主机数为 254 台。当利用这个 C 类网络创建子网时，如果借用 2 位作为子网号，那么可以用剩下的 6 位表示各子网中的主机，每个子网可以容纳的主机数为 62 台；如果借用 3 位作为子网号，那么仅可以使用剩下的 5 位来表示子网中的主机，每个子网可以容纳主机数也就减少到 30 台。

假设有一个网络号为 202.113.26.0 的 C 类网络，可以借用主机号部分的 3 位来划分子网，其子网号、主机号范围、可容纳的主机数、子网地址、子网广播地址，见表 3-3。

表 3-3　对一个 C 类网络进行子网划分

子　　网	二进制子网号	二进制主机号范围	十进制主机号范围	可容纳的主机数	子 网 地 址	广 播 地 址
第 1 个子网	001	00000 ~ 11111	32 ~ 63	30	202. 113. 26. 32	202. 113. 26. 63
第 2 个子网	010	00000 ~ 11111	64 ~ 95	30	202. 113. 26. 64	202. 113. 26. 95
第 3 个子网	011	00000 ~ 11111	96 ~ 127	30	202. 113. 26. 96	202. 113. 26. 127
第 4 个子网	100	00000 ~ 11111	128 ~ 159	30	202. 113. 26. 128	202. 113. 26. 159
第 5 个子网	101	00000 ~ 11111	160 ~ 191	30	202. 113. 26. 160	202. 113. 26. 191
第 6 个子网	110	00000 ~ 11111	192 ~ 223	30	202. 113. 26. 192	202. 113. 26. 223

由于这个 C 类地址最后一个字节的 3 位用做划分子网，因此子网中的主机号只能用剩下的 5 位来表达。

在上面的例子中，除"0"和"7"外（二进制"000"和"111"），其他的子网号都可以进行分配。

虽然 Internet 的 RFC 文档规定了子网划分的原则，但现在很多供应商的产品也都支持全为"0"和全为"1"的子网。当用户要使用全为"0"和"1"的子网时，首先要证实网络中的主机或路由器是否提供相关支持。

2. 子网掩码

对于标准的 IP 地址而言，网络的类别可以通过它的前几位进行判定。而对于子网编址来说，机器怎么知道 IP 地址中哪些位表示网络、子网和主机部分呢？为了解决这个问题，子网编址使用了子网掩码（或称为子网屏蔽码）。子网掩码也采用了 32 位二进制数值，分别对应 IP 地址的 32 位二进制数值。

IP 规定，在子网掩码中，与 IP 地址的网络号和子网号部分相对应的位用"1"来表示，与 IP 地址的主机号部分相对应的位用"0"表示。将一台主机的 IP 地址和它的子网掩码按位进行"与"运算，就可以判断出 IP 地址中哪些位表示网络和子网，哪些位表示主机。

例如，给出一个经过子网编址的 C 类 IP 地址为 192.222.254.198，并不知道在子网划分到底借用了几位主机号来表示子网，但如果给出它的子网掩码 255.255.255.192 后就可以根据与子网掩码中"1"相对应的位表示网络的规定，得到该子网划分借用了 2 位来表示子网，并且该 IP 地址所处的子网号为 2。

3. 2. 3　构造超网

现行的 IPv4（网际协议第 4 版）的地址将耗尽，为解决这一问题，可以将几个 IP 网络结合在一起，使用一种无类别的域际路由选择算法，从而减少由核心路由器运载的路由选择信息的数量。

无类型域间造路（Classless Inter- Domain Routing，CIDR）是一个在 Internet 上创建附加地址的方法，这些地址提供给服务提供商（ISP），再由 ISP 分配给客户。CIDR 将路由集中起来，使一个 IP 地址代表骨干 ISP（Internet 服务提供商）的几千个 IP 地址，从而减轻 Internet 路由器的负担。所有发送到这些地址的信息包都被送到如 MCI 或 Sprint 等 ISP。1990 年，Internet 上约有 2000 个路由。五年后，Internet 上有 3 万多个路由。如果没有 CIDR，路由器就不能支持 Internet 网站的增多。CIDR 采用普通的网络前缀来代替旧的 A、B、C 类地址的分配过程，与 8 位、16 位、24 位限制相反，它可以任意使用从 13 位到 27 位的前缀，这样地址就可以分配给小如 32 台主机或大如 50 多万台主机的使用。路由器使用一种忽略类别的寻址方式，叫做无类别域间路由选择，那么什么又是有类别呢？就是路由器决定一个地址的类别，并根据该类别识别网络或者主机。在 CIDR 中，打破常规，采用使用前缀来描述有多少位是网络位，有多少位是主机位，用"/"表示，这种地址分配方法更加适合一个机构的使用。例如，CIDR 地址 204.12.01.42/24 表示前 24 位用作网络 ID。

1. CIDR 的主要特点

1）CIDR 消除了传统的 A 类、B 类和 C 类地址以及划分子网的概念，因而可以更加有效地分配 IPv4 的地址空间。

2）CIDR 使用各种长度的"网络前缀"（network-prefix）来代替分类地址中的网络号和子网号。

3）IP 地址从三级编址（使用子网掩码）又回到了两级编址。

2. 无分类的两级编址的记法

$$IP 地址 = \{ <网络前缀> , <主机号> \}$$

CIDR 使用"斜线记法"（Slash Notation），又称为 CIDR 记法，即在 IP 地址后面加上一个斜线"/"，然后写上网络前缀所占的比特数（这个数值对应于三级编址中子网掩码中比特 1 的个数）。

3. CIDR 记法的其他形式

1）10.0.0.0/10 可简写为 10/10，也就是将点分十进制中低位连续的 0 省略。10.0.0.0/10 相当于指出 IP 地址 10.0.0.0 的掩码是 255.192.0.0，即

　　<u>11111111</u>　　<u>11000000</u>　　<u>00000000</u>　　<u>00000000</u>
　　　255　　　　　　192　　　　　　0　　　　　　　0

2）网络前缀的后面加一个星号（*）的表示方法，如 00001010 00*，在星号（*）之前是网络前缀，而星号（*）表示 IP 地址中的主机号。

　　　　　地址块　　　　　　　　　　二进制表示
　　206.0.64.0/18　　　　　11001110.00000000.01*

4. CIDR 地址块

CIDR 将网络前缀都相同的连续的 IP 地址组成 CIDR 地址块。例如：128.14.32.0/20 表示的地址块共有 2^{12} 个地址（因为斜线后面的 20 是网络前缀的比特数，所以主机号的比特数是 12）。这个地址块的起始地址是 128.14.32.0。在不需要指出地址块的起始地址时，也可将这样的地址块简称为"/20 地址块"。128.14.32.0/20 地址块的最小地址：128.14.32.0；128.14.32.0/20 地址块的最大地址：128.14.47.255。所有地址的 20 位前缀都是一样的，如图 3-10 所示。

10000000	00001110	0010	0000	00000000
10000000	00001110	0010	0000	00000001
10000000	00001110	0010	0000	00000010
10000000	00001110	0010	0000	00000011
10000000	00001110	0010	0000	00000100
10000000	00001110	0010	0000	00000101
...	...	...	...	...
10000000	00001110	0010	1111	11111011
10000000	00001110	0010	1111	11111100
10000000	00001110	0010	1111	11111101
10000000	00001110	0010	1111	11111110
10000000	00001110	0010	1111	11111111

最小地址 ⇒（第一行）　　最大地址 ⇒（最后一行）

图 3-10　128.14.32.0/20 表示的地址（2^{12} 个地址）

注意：全"0"和全"1"的主机号地址一般不使用。

路由聚合（Route Aggregation），也称为超网（Super Netting）。一个 CIDR 地址块可以表示很多地址，这种地址的聚合常（称为路由聚合）使得路由表中的一个项目可以表示很多个（如上千个）原来传统分类地址的路由。对于 /20 地址块，它的掩码是 20 个连续的 1。斜线记法中的数字就是掩码中 1 的个数。图 3-11 所示为 CIDR 地址块划分举例。

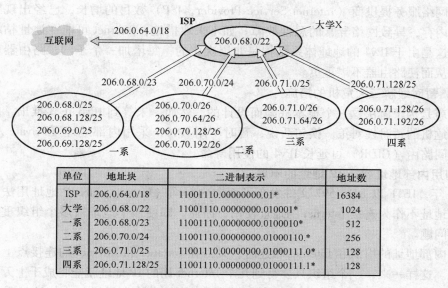

单位	地址块	二进制表示	地址数
ISP	206.0.64.0/18	11001110.00000000.01*	16384
大学	206.0.68.0/22	11001110.00000000.010001*	1024
一系	206.0.68.0/23	11001110.00000000.0100010*	512
二系	206.0.70.0/24	11001110.00000000.01000110.*	256
三系	206.0.71.0/25	11001110.00000000.01000111.0*	128
四系	206.0.71.128/25	11001110.00000000.01000111.1*	128

图 3-11　CIDR 地址块划分举例

这个 ISP 共有 64 个 C 类网络。如果不采用 CIDR 技术，则在与该 ISP 的路由器交换路由信息的每一个路由器的路由表中，就需要有 64 个项目。但采用地址聚合后，只需用路由聚合后的 1 个项目 206.0.64.0/18 就能找到该 ISP。

3.3　IPv6 简介

3.3.1　IPv6 导入的背景

（一）IPv4 潜伏的三大危机

1969 年，美国国防部为适应核战争的通信需要建立了 ARPANet 实验网，1973 年开发出基于 TCP/IP 的 IPv4 原型，其后经三次修订，于 1981 年 9 月 Internet 工程任务组（Internet Engineering Task Force，IETF）公布了 IPv4 标准规范 RFC791 文件。IPv4 取得了巨大的成功，但早在 1990 年 TCP/IP 专家们就已察觉出它潜伏着下列三大危机。

1. 地址枯竭

在 IP 中能够处理的地址数由 IP 地址域的长度决定。IPv4 的地址域为 32 位，可提供 2^{32}（约 40 亿）个 IP 地址。但因将 IP 地址按网络规模划分后，用户可用地址总数显著减少。

2. 网络号码匮乏

在 IPv4 中，A 类网络只有 126 个，每个能容纳 1600 多万个主机；B 类网络也仅有 16382 个，每个能容纳 6 万多个主机；C 类网络虽多达 209 万余个，但每个只能容纳 254 个主机。随着 ISP 的激增，这三类地址很快被占满，新出现的网络难以加入 Internet。

3. 路由表急剧膨胀

随着网络服务提供商（Internet Service Provider，ISP）数目的增长，已经出现路由表占满路由器内存，导致网络异常的恶性故障。如不采取措施，Internet 可能在地址枯竭之前就会瘫痪。这是由于 IPv4 的地址体系结构是非层次化的，每增加一个子网，路由器就增加一个表项，从而使路由器不堪重负。

（二）暂时缓解三大危机的措施

IPv6 就是为了解决这三个根本缺陷而设计的，然而，未等到 IPv6 正式推出，就已找到解决上述危机的暂时性对策。换句话说，暂时不用 IPv6，采用内部地址（Private Address）、无类别域间路由（CIDR）可延长 IPv4 的使用寿命。

1. 利用内部地址弥补 IP 地址的不足

1994 年，IETF 以 RFC1597 文件发布了面向内部网（Intranet）的 IP 地址用法。具体地说，内部地址不作为连接 Internet 的地址使用，因此，即使一个地址被多个组织重复使用也不会发生问题。

使用内部地址的组织和 Internet 相连时，只需在 Intranet 和 Internet 的连接点上进行地址变换即可。这样一来，一个组织只要得到几个 Internet 用的 IP 地址就能将成千上万的内部网终端连到 Internet 上。另一方面，由于使用内部地址的 LAN 大量增加，使地址重复的危险增大。

2. 用 CIDR 扩大网络号码

1993 年推出了 CIDR 技术。它可以用比 C 类网络更小的地址块来划分 IP 地址。虽然这样一来分配给一个组织的 IP 地址减少了，但能获得 IP 地址的组织却增加了。

3. 地址层次化可抑制路径数

CIDR 也具有抑制路由表增长的作用。CIDR 将地址块作父、子、孙的分层。用户使用的 IP 地址必然包含在其所属的 ISP 地址块中。因此，用 ISP 的地址块可代表其下属的网络及用户，减少了路由表项。

（三）彻底消除三大危机的措施——导入 IPv6

为了克服 IPv4 的三大缺陷，IETF 于 1992 年开始开发 IPv6 协议，1995 年 12 月以 RFC1883 文件公布了建议标准（Proposal Standard），1996 年 7 月和 1997 年 11 月先后发布了版本 2 和 2.1 的草案标准（Draft Standard），1998 年 7 月以 RFC2374 进一步定义了可聚类的全局单播地址。IPv6 继承了 IPv4 的优点，并根据 IPv4 运用的经验进行了大幅度的修改和功能扩充。IP 的变化对 TCP/IP 协议栈的许多协议发生影响。事实上，在现行的 TCP/IP 标准中至少有 58 个标准为适应 IPv6 而必须修订。IPv6 比 IPv4 处理性能更加强大、高效。

1. IPv6 提供巨大的地址空间

IPv6 的 IP 地址域为 128 位，拥有 2^{128} 巨大的地址空间。和 IPv4 相同，因地址分层运用，实际可用的总数要小得多。

采用 IPv6 地址后，不仅每个人可以拥有一个 IP 地址，就连未来的电话、冰箱等信息家电设备都能分到一个 IP 地址。

2. IPv6 具有与网络适配的层次地址

和 IPv4 一样，IPv6 的 IP 地址分成表示特定网络的网络前缀和表示主机或服务器的主机地址两部分，其中高 64 位表示网络前缀，低 64 位表示主机。

为将网络前缀分成多个层次的网络，又将其分成 13 位的顶级聚类标识符（TLA-ID），24 位的次级聚类标识符（NLA-ID）和 16 位的网点级聚类标识符（SLA-ID）。首先，由管理 IPv6 的组织将某一确定的 TLA 值分配给某个骨干网的 ISP。它拥有 104 位这样巨大的地址块。骨干网的 ISP 再将地址块细分，分配给各个地区/中小 ISP。用户从地区/中小 ISP 分到地址块。

3. IPv6 寻路效率比 CIDR 高

层次化分配 IP 地址可减小路由器中路由表的规模，从而减少了存储器的容量和 CPU 的开销，提高了查表和转发 IP 分组的速度。

3.3.2　IPv6 的优越性能

下面通过比较 IPv4 和 IPv6 报头的结构可以看出 IPv6 的优越性能。虽然 IPv6 报头占 40 字节，约是 24 字节 IPv4 报头的 1.6 倍，但因其长度固定（IPv4 报头是变长的），故不需要消耗过多的内存容量。又因其要处理的域由 IPv4 的 12 个减少到 8 个，从而大大减少了路由器上的软件处理内容。

据 Cisco Systems 资料表明，IPv6 版的路由器软件内核实际上比 IPv4 还小。在 Cisco 2500 系列中配置的 IPv4 内核为 2.17MB，如加上存放路由表的工作区则升至 3.2MB，而配置 IPv6 的内核时，其内核仅为 1.69MB，加上工作区也不过 2.7MB。

在 IPv6 报头中删除了一些不必要的 IPv4 功能，加强了某些功能，并且还增加了许多新功能。以下是这些新增的功能。

1. Anycast 功能

Anycast 是指向提供同一服务的所有服务器都能识别的通用地址（Anycast 地址）发送 IP 分组，路由控制系统将该分组送至最近的服务器。例如，利用 Anycast 可以访问离用户最近的 DNS 服务器和文件服务器等。

2. Plug & Play 功能

它是指计算机接入 Internet 时，可自动获取登录时参数的自动配置、地址检索等功能。

3. 安全功能

IPv6 规定了"认证报头（Authentication Header）"和"封装安全净荷（Encapsulation Security Payload，ESP）"来保证信息在传输中的安全。

4. QoS 功能

利用 IPv6 报头中的 8 位业务量等级域和 20 位的流标记域可以确保带宽，实现可靠的实时通信。

3.3.3 IPv6 地址体系结构

1. IPv6 网络地址的分配

如何识别系统是网络体系结构必须解决的重大问题。IP 地址标识的是接口而不是系统设备。在绝大多数情况下主机只有一个接口，系统和接口是等同的，因此人们往往把网络地址（IP 地址）看做主机地址。

路由器和主机不同，它通常具有多个接口，这些接口分别对应不同的网络地址。如一台同时连接了以太网和令牌环这两个 LAN 的路由器（鉴于到目前为止，尚未导入 IPv6 地址的知识，这里仍以 IPv4 地址结构进行说明）。此路由器的以太接口的 IP 地址是 128.10.2.3，令牌环接口的 IP 地址是 192.5.48.3。具有 128.10.2.3 的报文从以太网发往路由器，具有 192.5.48.3 的报文从令牌环到达路由器。

2. 地址类型

TCP/IP 支持三种不同类型的网络地址，即单播（Unicast）、组播（Multicast）和任播（Anycast）。

单播地址是点对点通信时使用的地址。此地址仅标识一个接口。网络负责把对单播目的地址发送的分组送到该接口上。

组播地址表示主机组（Host Group）。严格地说，它标识一组接口（Interface Group）。该组包括属于不同系统的多个接口。当分组的目的地址是组播地址时，网络尽力将分组发到该组的所有接口上。信源利用组播功能只需生成一次报文即可将其分发给多个接收者。

任播地址也标识接口组，它与组播的区别在于发送分组的方法不同。向任播地址发送的分组并未被分发给组内的所有成员，而只发往由该地址标识的"最近的"那个接口。它是 IPv6 中新导入的功能。

应当注意，与 IPv4 不同的是，IPv6 不采用广播地址（Broadcast Address）。为了达到广播效果，IPv6 可以使用能够发往所有接口组的组播地址。

3. IPv6 地址表示法

IPv6 地址扩展到 128 位，为便于理解协议，设计者用冒号将其分割成 8 个 16 位的数组，每个数组表示成 4 位的十六进制数，如 FECD：BA98：7654：3210：FEDC：BA98：7654：3210。在每个 4 位一组的十六进制数中，如其高位为 0，则可省略。例如，将 0800 写成 800，0008 写成 8，0000 写成 0，于是 1080：0000：0000：0000：0008：0800：200C：417A 可缩写成 1080：0：0：0：8：800：200C：417A。为了进一步简化，规范中导入了重叠冒号的规则，即用重叠冒号置换地址中的连续 16 位的 0。例如，将上例中的连续 3 个 0 置换后，可以表示成如下的缩写形式：1080：：8：800：200C：417A。重叠冒号的规则在一个地址中只能使用一次。例如，地址 0：0：0：BA98：7654：0：0：0 可缩写成：：BA98：7654：0：0：0 或 0：0：0：BA98：7654：：，不能记成：：BA98：7654：：。

当涉及 IPv4 和 IPv6 节点的混合环境时，有时使用 X：X：X：X：X：X：d.d.d.d 这种替代形式更为便利，其中 X 是地址中 6 个 16 位的最高位的十六进制值，d 是 4 个 8 位的最低位碎片的十进制值（标准 IPv4 表示法）。例如：

0：0：0：0：0：0：13.1.68.3

0：0：0：0：0：FFFF：129. 144. 52. 38

可用压缩形式：

　　：：13. 1. 68. 3

　　：：FFFF：129. 144. 52. 38

IPv6 地址前缀的表示方法类似于 CIDR 中 IPv4 的地址前缀表示法。IPv6 的地址前缀可以利用如下符号表示：

IPv6 地址/前缀长度

其中，IPv6 地址是上述任一种表示法所表示的 IPv6 地址，前缀长度是一个十进制值，指定该地址中最左边的用于组成前缀的位数。

例如，对 60 位的前缀 12AB00000000CD3（十六进制），如下表示都是合法的：

12AB：0000：0000：CD30：0000：0000：0000：0000/60

12AB：：CD30：0：0：0：0/60

12AB：0：CD30：：/60

对于该前缀，如下的表示法是非法的：

12AB：0：0：CD3/60（对地址中任意 16 位的字节片，可以不写前导的 0，但不能不写结尾的 0）

12AB：：CD30/60（"/" 左边的地址会展开成 12AB：0000：0000：0000：0000：000：0000：CD30）

12AB：：CD3/60（"/" 左边的地址会展开成 12AB：0000：0000：0000：0000：000：0000：0CD3）

当需要同时写出该节点的节点地址和前缀（如节点的子网前缀）时，可以通过如下方式将二者合一：

节点地址：12AB：0：0：CD30：123：4567：89AB：CDEF

子网号：12AB：0：0：CD30：：/60

可以简写成：12AB：0：0：CD30：123：4567：89AB：CDEF/60

【实训】　划分子网

子网规划和 IP 地址的分配在网络规划中占有重要地位。在划分子网之前，应确定所需要的子网数和每个子网的最大主机数。在选择子网号和主机号中应使子网号部分产生足够的子网，而主机号部分能容纳足够的主机。有了这些信息后，就可以定义每个子网的子网掩码、网络地址（含网络号和子网号）的范围和主机号的范围。

1. 划分子网的步骤

1）确定需要多少子网号来唯一标识网络上的每一个子网。

2）确定需要多少主机号来标识每个子网上的每台主机。

3）定义一个符合网络要求的子网掩码。

4）确定标识每一个子网的网络地址。

5）确定每一个子网上所使用的主机和地址范围。

2. B、C 类网络子网划分

（1）B 类网络子网划分　如果选择 B 类子网，可以按照表 3-4 所描述的子网位数、子网掩码、可容纳的子网数和主机数对应关系进行子网规划和划分。

表 3-4　B 类网络子网划分关系表

子 网 位 数	子 网 掩 码	子 网 数	主 机 数
2	255. 255. 192. 0	2	16382
3	255. 255. 224. 0	6	8190
4	255. 255. 240. 0	14	4094
5	255. 255. 248. 0	30	2046
6	255. 255. 252. 0	62	1022
7	255. 255. 254. 0	126	510
8	255. 255. 255. 0	254	254
9	255. 255. 255. 128	510	126
10	255. 255. 255. 192	1022	62
11	255. 255. 255. 224	2046	30
12	255. 255. 255. 240	4094	14
13	255. 255. 255. 248	8190	6
14	255. 255. 255. 252	16382	2

（2）C 类网络子网划分　　如果选择 C 类子网，其子网位数、子网掩码、容纳的子网数和主机数的对应关系见表 3-5。

表 3-5　C 类网络子网划分关系表

子 网 位 数	子 网 掩 码	子 网 数	主 机 数
2	255. 255. 255. 192	2	62
3	255. 255. 255. 224	6	30
4	255. 255. 255. 240	14	14
5	255. 255. 255. 248	30	6
6	255. 255. 255. 252	62	2

3. 实例

一个网络被分配了一个 C 类地址 202. 113. 27. 0。如果该网络由 5 个子网组成，每个子网的计算机不超过 25 台，那么应该怎样规划和使用 IP 地址呢？其划分过程如下：

1）由于每个子网需要一个唯一的子网号来表示，即需要 5 个子网号。

2）因为每个子网的计算机不超过 25 台，考虑到使用路由器连接，因此需要至少 27 个主机号。

3）从表 3-5 中可以看出，选择子网掩码 255. 255. 255. 224 可以满足要求，所对应的二进制地址是 1111111. 11111111. 11111111. 111 00000。

4）确定可用的网络地址。子网掩码确定后，便可以确定可以使用的子网号位数。在本例中，子网号的位数为 3，因此可能的组合为 000、001、010、011、100、101、110 和 111。根据子网划分的规则，除去 000 和 111，剩余 001、010、011、100、101、和 110 六个子网，因此所需 5 个子网的地址可分别选定为 202. 113. 27. 32，202. 113. 27. 64，202. 113. 27. 96，202. 113. 27. 128 和 202. 113. 27. 160。

5）确定各个子网的主机地址范围，见表 3-6。

表 3-6　各个子网对应的主机地址范围

子 网 地 址	主机地址范围
202. 113. 27. 32	202. 113. 27. 33 ~ 202. 113. 27. 63
202. 113. 27. 64	202. 113. 27. 65 ~ 202. 113. 27. 95
202. 113. 27. 96	202. 113. 27. 97 ~ 202. 113. 27. 127
202. 113. 27. 128	202. 113. 27. 129 ~ 202. 113. 27. 159
202. 113. 27. 160	202. 113. 161. 33 ~ 202. 113. 27. 191

进行子网互连的路由器也需要占用有效的 IP 地址，因此，在确定计算机网络或子网中需要使用的 IP 地址时，不要忘记连接该网络或子网的路由器。

本 章 小 结

本章主要介绍 TCP/IP 参考模型的层次以及各层的功能、协议，IP 地址的概念、分类及划分子网的方法；简单介绍 IPv6 地址体系结构产生的背景及分配方法，并以实训的方式介绍了划分子网的方法。

OSI 参考模型的提出在计算机网络发展史上具有里程碑的意义，以至于提到计算机网络就不能不提 OSI 参考模型。但是，OSI 参考模型具有定义过于繁杂、实现困难等缺点。TCP/IP 的提出和广泛使用，特别是互联网用户爆炸式的增长，使 TCP/IP 网络的体系结构日益显示出其重要性。

TCP/IP 是目前最流行的商业化网络协议，尽管它不是某一标准化组织提出的正式标准，但它已经被公认为目前的工业标准或"事实标准"。互联网之所以能迅速发展，就是因为 TCP/IP 能够适应和满足世界范围内数据通信的需要。

TCP/IP 是一组用于实现网络互连的通信协议。Internet 网络体系结构以 TCP/IP 为核心。基于 TCP/IP 的参考模型将协议分成四个层次，它们分别是：网络接口层、网际互连层、传输层和应用层。

Internet 上的 TCP/IP 之所以能够迅速发展起来，不仅因为它是美国军方指定使用的协议，更重要的是它恰恰适应了世界范围内的数据通信的需要。TCP/IP 具有以下 4 个特点：

（1）开放的协议标准，可以免费使用，并且独立于特定的计算机硬件与操作系统。

（2）独立于特定的网络硬件，可以运行在局域网、广域网，更适用于互联网中。

（3）统一的网络地址分配方案，使得 TCP/IP 设备在网中都具有唯一的地址。

（4）标准化的高层协议，可以提供多种可靠的用户服务。

习 题 3

1. IP 地址是 （　　）。

　A. 32 位的二进制数

　C. 32 位的域名

　B. 32 位的十进制数

　D. 用点分开的二进制数

2. 属于 C 类地址有 （　　）。

　A. 10. 2. 3. 4

　C. 191. 38. 214. 2

　B. 202. 38. 214. 2

　D. 224. 38. 214. 2

3. 在子网掩码为 255. 255. 255. 192 的 220. 100. 50. 0 IP 网络中，最多可分割成（　　　）个子网，每个子网内最多可连接（　　　）台主机。

4. IP 地址长度在 IPv4 中为 32 位，而在 IPv6 中则为（　　　）位。

5. IP 地址 205. 3. 127. 13 用二进制可表示为（　　　　　　　　　　　　　　　　）。

6. TCP/IP 的特点有哪些？

7. TCP/IP 分为哪几层？其中互连层、传输层的主要功能是什么？

8. 子网掩码的作用是什么？

9. 试述 IP 地址由哪几部分组成及 IP 地址的优缺点。

10. 有关子网掩码：

1）子网掩码为 255. 255. 255. 0 代表什么意义？

2）子网掩码 255. 255. 0. 255 是否为一个有效的 A 类网络的子网掩码？

3）一个 A 类网络和一个 B 类网络的子网号分别为 16 位和 8 位，问这两个网络的子网掩码有何不同？

4）一个网络的子网掩码为 255. 255. 255. 248，问该网络能够连多少台主机？

11. 试辨认以下 IP 地址的网络类别：

1）128. 36. 199. 3

2）21. 12. 240. 17

3）183. 194. 76. 253

4）192. 12. 69. 248

5）89. 3. 0. 1

6）127. 1. 2. 3

12. 以下 4 个网络地址，哪些是不推荐使用的，试说明理由。

1）176. 0. 0. 0

2）96. 0. 0. 0

3）127. 192. 0. 0

4）255. 128. 0. 0

13. 某单位分配到一个 B 类 IP，地址为 129. 250. 0. 0，该单位有 4000 台机器，平均分布到 16 个不同的地点，如选用子网掩码为 255. 255. 255. 0，试给每一个地点分配一个子网号码，并算出对应 IP 范围。

第4章

局 域 网

【学习目标】

1）掌握局域网的介质访问控制方法。
2）了解局域网的体系结构。
3）了解共享式局域网和交换式局域网。
4）掌握常用的网络互连设备的功能及工作层次。
5）了解局域网的服务模式。
6）了解无线局域网技术。

4.1 局域网概述

4.1.1 局域网的特点

1）常为一个单位拥有，地理范围有限，站点数量有限。
2）所有的站点共享较高的总带宽，通常响应速度较快。
3）较低的时延和较低的误码率。
4）支持多种传输介质，包括双绞线、同轴电缆、光纤和无线介质等，便于网络系统的扩充和扩展。
5）拓扑结构简单，主要有总线型、环形、星形结构等，各站点能方便地访问全网，共享全网的各种外设、软件及数据。
6）各设备位置可灵活调整和改变，有利于数据处理和办公自动化。

4.1.2 局域网的拓扑结构

局域网通常是分布在一个有限地理范围内的网络系统，一般所涉及的地理范围只有几公里。局域网专用性非常强，具有比较稳定和规范的拓扑结构。以下是局域网常见的拓扑结构。

1. 星形结构

这种结构的网络是各工作站以星形方式连接起来的，网中的每一个节点设备通过连接线与中心节点相连，如图 4-1 所示。如果一个工作站需要传输数据，它必须首先通过中心节点。由于在这种结构的网络系统中，中心节点是控制中心，任意两个节点间的通信最多只需两步，因此传输速度快，并且网络构

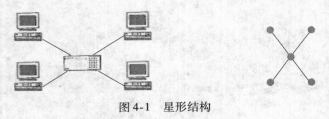

图 4-1　星形结构

形简单、建网容易、便于控制和管理。但这种网络系统可靠性低，网络共享能力差，并且一旦中心节点出现故障则导致全网瘫痪。典型标准：IEEE802.3，网络范例 10BASE-T、100BASE-T。

2. 树形结构

　　树形结构网络是天然的分级结构，又被称为分级的集中式网络，如图 4-2 所示。其特点是网络成本低，结构比较简单。在网络中，任意两个节点之间不产生回路，每个链路都支持双向传输，并且，网络中节点扩充方便、灵活，寻找链路路径比较简单。但在这种结构网络系统中，除叶节点及其相连的链路外，任何一个工作站或链路产生故障都会影响整个网络系统的正常运行。

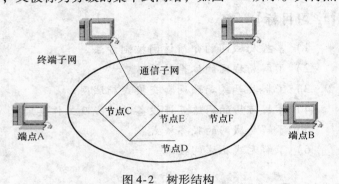

图 4-2　树形结构

3. 总线型结构

　　总线型结构网络是将各个节点设备和一根总线相连。网络中所有的节点工作站都是通过总线进行信息传输的，如图 4-3 所示。作为总线的通信连线可以是同轴电缆、双绞线，也可以是扁平电缆。在总线结构中，作为数据通信必经的总线的负载能量是有限度的，这是由通信媒体本身的物理性能决定的。所以，总线结构网络中工作站节点的个数是有限制的，如果工作站节点的个数超出总线负载能量，就需要延长总线的长度，并加入相当数量的附加转接部件，使总线负载达到容量要求。总线型结构网络简单、灵活，可扩充性能好。所以，进行节点设备的插入与拆卸非常方便。另外，总线结构网络可靠性高、网络节点间响应速度快、共享资源能力强、设备投入量少、成本低、安装使用方便，当某个工作站节点出现故障时，对整个网络系统影响小。因此，总线结构网络是最普遍使用的一种网络。但是由于所有的工作站通信均通过一条共用的总线，所以，实时性较差。典型标准：IEEE802.3（Ethernet），网络范例：10BASE-5、10BASE-2。

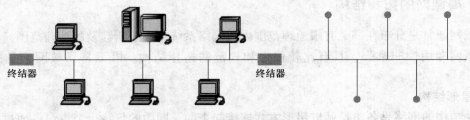

图 4-3　总线型结构

4. 环形结构

环形结构是网络中各节点通过一条首尾相连的通信链路连接起来的一个闭合环形结构网，如图 4-4 所示。环形结构网络的结构也比较简单，系统中各工作站地位相等。系统中通信设备和线路比较节省。在网中信息设有固定方向，单向流动，两个工作站节点之间仅有一条通路，系统中无信道选择问题；网络中各工作站都是独立的，如果某个工作站节点出故障，此工作站节点就会自动旁路，不影响全网的工作，所以可靠性高。环网中，由于环路是封闭的，所以不便于扩充，系统响应延时长，且信息传输效率相对较低。典型标准：IEEE802.5（Token-Ring）、IEEE802.8（FDDI），网络范例：IBM、Token-Ring。

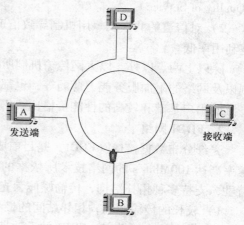

图 4-4 环形结构

4.1.3 局域网的分类

目前常见的局域网类型包括：以太网（Ethernet）、光纤分布式数据接口（FDDI）、异步传输模式（ATM）、令牌环网（Token Ring）、交换网（Switching）等。它们在拓扑结构、传输介质、传输速率、数据格式等多方面都有许多不同，其中应用最广泛的当属以太网—— 一种总线结构的 LAN，是目前发展最迅速、也最经济的局域网。本书简单对以太网（Ethernet）、光纤分布式数据接口（FDDI）和异步传输模式（ATM）进行介绍。

1. 以太网

Ethernet 是 Xerox、Digital Equipment 和 Intel 三家公司开发的局域网组网规范，并于 20 世纪 80 年代初首次出版，称为 DIX1.0。1982 年修改后的版本为 DIX2.0。这三家公司将此规范提交给 IEEE（电子电气工程师协会）802 委员会，经过 IEEE 成员的修改并通过，变成了 IEEE 的正式标准，并编号为 IEEE802.3。Ethernet 和 IEEE802.3 虽然有很多规定不同，但术语 Ethernet 通常认为与 802.3 是兼容的。IEEE 将 802.3 标准提交国际标准化组织（ISO）第一联合技术委员会（JTC1），再次经过修订变成了国际标准 ISO802.3。

早期局域网技术的关键是如何解决连接在同一总线上的多个网络节点有秩序地共享一个信道的问题，而以太网正是利用载波监听多路访问/冲突检测（CSMA/CD）技术成功地提高了局域网络共享信道的传输利用率，从而得以发展和流行的。交换式快速以太网及千兆以太网是近几年发展起来的先进的网络技术，使以太网成为当今局域网应用较为广泛的主流技术之一。随着电子邮件数量的不断增加以及网络数据库管理系统和多媒体应用的不断普及，迫切需要高速、高带宽的网络技术，交换式快速以太网技术便应运而生。快速以太网及千兆以太网从根本上讲还是以太网，只是速度更快。它基于现有的标准和技术（IEEE802.3 标准，CSMA/CD 介质访问控制协议，总线型或星形拓扑结构，支持细缆、UTP、光纤介质，支持全双工传输），可以使用现有的电缆和软件，因此它是一种简单、经济、安全的选择。然而，以太网在发展早期所提出的共享带宽、信道争用机制极大地限制了网络后来的发展，即使是近几年发展起来的链路层交换技术（即交换式以太网技术）和提高收发时钟频率（即快速以太网技术）也不能从根本上解决这一问题，具体表现在：

1）以太网提供是一种所谓"无连接"的网络服务，网络本身对所传输的信息包无法进行诸如交付时间、包间延迟、占用带宽等关于服务质量的控制，因此没有服务质量保证（Quality of Service）。

2）对信道的共享及争用机制导致信道的实际利用带宽远低于物理提供的带宽，因此带宽利用率低。

除以上两点以外，以太网传输机制所固有的对网络半径、冗余拓扑和负载平衡能力的限制以及网络的附加服务能力薄弱等，也都是以太网络的不足之处。但以太网以成熟的技术、广泛的用户基础和较高的性能价格比，仍是传统数据传输网络应用中较为优秀的解决方案。

2. FDDI 网络

光纤分布数据接口（FDDI）是目前成熟的 LAN 技术中传输速率最高的一种。这种传输速率高达 100Mbit/s 的网络技术所依据的标准是 ANSIX3T9.5。该网络具有定时令牌协议的特性，支持多种拓扑结构，传输媒体为光纤。使用光纤作为传输媒体具有多种优点：

1）较长的传输距离，相邻站间的最大长度可达 2km，最大站间距离为 200km。

2）具有较大的带宽，FDDI 的设计带宽为 100Mbit/s。

3）具有对电磁和射频干扰抑制能力，在传输过程中不受电磁和射频噪声的影响，也不影响其他设备。

4）光纤可防止传输过程中被分接偷听，也杜绝了对辐射波的窃听，因而是最安全的传输媒体。

光纤分布式数据接口 FDDI 是一种使用光纤作为传输介质的、高速的、通用的环形网络。它能以 100Mbit/s 的速率跨越长达 100km 的距离，连接多达 500 个设备，既可用于城域网络，也可用于小范围局域网。FDDI 采用令牌传递的方式解决共享信道冲突问题，与共享式以太网的 CSMA/CD 的效率相比，在理论上要稍高一点（但仍远不及交换式以太网），采用双环结构的 FDDI 还具有链路连接的冗余能力，因而非常适于作为多个局域网络的主干。然而 FDDI 与以太网一样，其本质仍是介质共享、无连接的网络，这就意味着它仍然不能提供服务质量保证和更高的带宽利用率。在少量站点通信的网络环境中，它可达到比共享以太网稍高的通信效率，但随着站点的增多，效率会急剧下降，这时候无论从性能和价格都无法与交换式以太网、ATM 网相比。交换式 FDDI 会提高介质共享效率，但同交换式以太网一样，这一提高也是有限的，不能解决本质问题。另外，FDDI 有两个突出的问题极大地影响了这一技术的进一步推广，一个是其居高不下的建设成本，特别是交换式 FDDI 的价格甚至会高出某些 ATM 交换机；另一个是其停滞不前的组网技术，由于网络半径和令牌长度的制约，现有条件下 FDDI 将不可能出现高出 100Mbit/s 的带宽。面对不断降低成本同时在技术上不断发展创新的 ATM 和快速交换以太网技术的激烈竞争，FDDI 的市场占有率逐年缩减。据相关部门统计，现在各大型院校、政府职能机关建立局域网或城域网的设计较为集中地倾向于 ATM 和快速以太网；原先建立较早的 FDDI 网络，也在向星形、交换式的其他网络技术过渡。

3. ATM 网络

随着人们对集话音、图像和数据为一体的多媒体通信需求的日益增加，特别是为了适应今后信息高速公路建设的需要，人们又提出了的宽带综合业务数字网（B-ISDN）这种全新的通信网络，而 B-ISDN 的实现需要一种全新的传输模式，即异步传输模式（ATM）。在

1990 年，国际电报电话咨询委员会（CCITT）正式建议将 ATM 作为实现 B- ISDN 的一项技术基础，这样，以 ATM 为机制的信息传输和交换模式也就成为电信和计算机网络操作的基础和 21 世纪通信的主体之一。

ATM 是目前网络发展的最新技术，它采用基于信元的异步传输模式和虚电路结构，从根本上解决了多媒体的实时性及带宽问题。实现面向虚链路的点到点传输，它通常提供 155Mbit/s 的带宽。它不但汲取了话务通信中电路交换的"有连接"服务和服务质量保证，而且保持了以太网、FDDI 等传统网络中带宽可变、适于突发性传输的灵活性，从而成为迄今为止适用范围最广、技术最先进、传输效果最理想的网络互连手段。ATM 技术具有如下特点：

1）实现网络传输有连接服务，实现服务质量保证（QoS）。

2）交换吞吐量大、带宽利用率高。

3）具有灵活的组网拓扑结构和负载平衡能力，伸缩性、可靠性极高。

4）ATM 是现今唯一可同时应用于局域网、广域网两种网络应用领域的网络技术，它将局域网与广域网技术统一。

4. 其他局域网

令牌环是 IBM 公司于 20 世纪 80 年代初开发成功的一种网络技术。之所以称为环，是因为这种网络的物理结构具有环的形状。环上有多个站逐个与环相连，相邻站之间是一种点对点的链路，因此令牌环与广播方式的 Ethernet 不同，它是一种顺序向下一站广播的 LAN。与 Ethernet 不同的另一个诱人的特点是，即使负载很重，仍具有确定的响应时间。令牌环所遵循的标准是 IEEE802.5，它规定了三种操作速率：1Mbit/s、4Mbit/s 和 16Mbit/s。开始时，UTP 电缆只能在 1Mbit/s 的速率下操作，STP 电缆可操作在 4Mbit/s 和 16Mbit/s，现已有多家厂商的产品突破了这种限制。

交换网是随着多媒体通信以及客户/服务器（Client/Server）体系结构的发展而产生的，由于网络传输变得越来越拥挤，传统的共享 LAN 难以满足用户需要，曾经采用的网络区段化，由于区段越多，从而造成路由器等连接设备投资越大，同时众多区段的网络也难于管理。

当网络用户数目增加时，如何保持网络在拓展后的性能及其可管理性呢？网络交换技术就是一个新的解决方案。

传统的共享媒体局域网依赖桥接/路由选择，而交换技术为终端用户提供专用点对点连接，它可以把一个提供"一次一用户服务"的网络转变成一个平行系统，同时支持多对通信设备的连接，即每个与网络连接的设备均可独立与交换机连接。

4.1.4 局域网体系结构与 IEEE 802 局域网标准

1. 局域网体系结构

与 OSI 参考模型相比，局域网的参考模型相当于 OSI 的最低两层：物理层和数据链路层。物理层显然是需要的，因为物理连接以及按位在介质上传输都需要物理层；此外局域网种类繁多，传输介质接入控制的方法也各不相同，为了使局域网中的数据链路层不至于过于复杂，将局域网的数据链路层划分为两个子层：介质访问控制层（MAC）子层和逻辑链路控制层（LLC）子层。网络的服务访问点（SAP）则在 LLC 子层与高层的连接面上，如图 4-5 所示。

（1）MAC（Media Access Control）子层
MAC 子层利用 MAC 地址识别物理设备，是网络媒体的接口。与接入各种介质有关的问题都放在 MAC 子层，MAC 子层还负责在物理层的基础上进行无差错的通信。MAC 子层的主要功能：

1）将上层交下来的数据封装成帧进行发送（接收时进行相反的过程，进行拆卸）。

2）实现和维护 MAC 协议。

3）比特差错检验。

4）MAC 寻址。

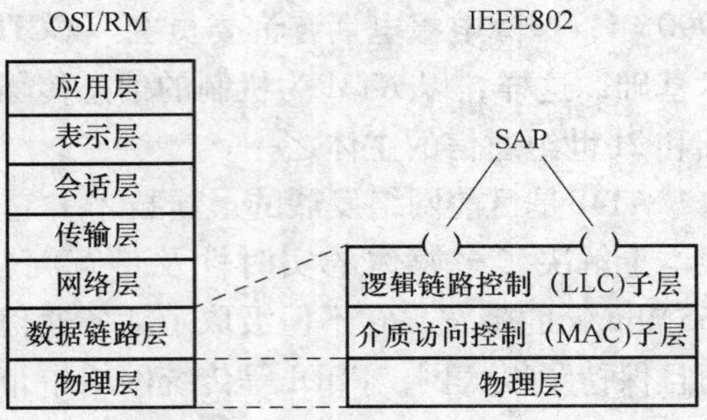

（2）LLC（Logical Link Control）子层　数据链路层中与介质接入无关的部分都集中在逻辑链路（LLC）子层。LLC 子层的主要功能：

1）建立和释放数据链路层的逻辑链接。

2）提供与高层的接口。

3）差错控制，给帧加上序号。

图 4-5　局域网的参考模型与 OSI/RM 的对比

2. IEEE 802 局域网标准

国际上，研究局域网标准协议的机构主要有美国电气与电子工程师协会局域计算机网络标准化 802 委员会（简称 IEEE 802 委员会）、欧洲计算机制造厂商协会（ECMA）和国际电工委员会（IEC），其中最有影响的是 IEEE 802 委员会。该委员会专门从事局域网的标准化研究工作，并形成了 IEEE 802 标准系列。IEEE 802 标准已被美国国家标准局（ANSI）接受为美国国家标准。

IEEE 802 委员会公布的 IEEE 802 标准文本见表 4-1。

表 4-1　IEEE 802 标准系列

名　　称	内　　容
IEEE 802.1	局域网体系结构、网络互连、网络管理与性能测试
IEEE 802.2	逻辑链路控制、控制 LLC 子层功能与服务
IEEE 802.3	CSMA/CD 总线介质访问控制子层与物理层规范
IEEE 802.4	令牌总线网介质访问控制子层与物理层规范
IEEE 802.5	令牌环网介质访问控制子层与物理层规范
IEEE 802.6	城域网（MAN）介质访问控制子层与物理层规范
IEEE 802.7	宽带网技术
IEEE 802.8	光纤网技术
IEEE 802.9	综合语音与数据局域网（VIDLAN）技术
IEEE 802.10　IEEE 802.11	可互操作的局域网（LAN）安全性规范 SILS 无线局域网技术
IEEE 802.12	100 Base VG-AnyLAN
IEEE 802.13	100 Base-T
IEEE 802.14	交互式电视网（包括 Cable Modem）

4.2 局域网介质访问控制方法

在总线型和环形网络中各工作站共用一条传输介质。在星形网络中，各工作站共用中心节点，但是一个信道在同一时间内只能为一个节点服务，当多个节点需要利用信道时，就要采用控制方法来合理分配信道的利用问题，既要保证节点充分利用信道，又要保证信道里的信息不至于发生冲突，这种传送数据的规则就是介质访问控制方法。局域网的介质访问控制方法一般有 CSMA/CD 介质访问控制方法和令牌环介质访问控制方法两种。

4.2.1 CSMA/CD 介质访问控制方法

在以太网中使用的介质访问控制方法为具有冲突检测的载波监听多路访问（Carrier Sense Multiple Access with Collision Detection，CSMA/CD）方法，这是一种"先监听后发送"的访问方式。在这种访问方式下，网络中的所有用户共享传输介质，网络信息通过广播方式传送到所有端口。网络中的所有工作站要对接收到的信息进行确认，如果是发给自己的便接收，否则不予理睬。

CSMA/CD 的工作流程：从网络的发送端来看，当一个工作站要发送数据时，它首先要监听并检测网络上是否有其他的工作站正在发送数据。如果检测到网络忙，发送端将等待并继续检测（监听），如果发现网络空闲，则开始发送数据。信息发送出去以后，发送端还要对发送出去的信息进行确认，以了解接收端是否已正确接收到数据，否则将再次发送。这种 CSMA/CD 策略，无需一个专门的设备来统一安排，每个工作站都处于同等的地位，争用传输介质（总线），它是一种分布式控制方式。但问题是，在同一段时间内，可能有多个站都在监听，它们会同时发现网络空闲，并同时发送数据，因而发生碰撞，也称之为冲突。冲突会使双方的信息都受损坏，所以 CSMA/CD 在传输过程中还要不断地监听网络，以检测碰撞冲突（边听边说）。如果一个发送端在发送期间检测出碰撞冲突，则立即停止该次发送，并向网络发送一个"冲突"信号，以使其他工作站也发现该冲突。

4.2.2 令牌环介质访问控制方法

在令牌环网络中传输的一个很小的帧（数据包）称为"令牌"。只有拥有令牌的工作站才有发送信息的权利。当一个工作站接到令牌而没有信息要发送时，就把令牌传送给下一个工作站。每一个工作站可以在一定的时间内持有令牌。

工作流程：当一个工作站有信息要发送时，首先要拿到令牌，然后将令牌中的一个二进制位变成一个开始，并将要发送的信息附加在其后面形成一个大数据包发送给下一个工作站。此数据包在环中传输的时候，环网中不再有令牌存在（除非该环网支持"早期令牌释放"），其他要发送信息的工作站必须等待。数据包在被目的工作站接收之前一直在环上循环传输。目的工作站接收到数据包之后，只将其复制下来，以进一步处理。数据包到达目的工作站后并未终止传输过程，而是继续沿着环路向前传输，直到到达发送工作站，由发送工作站取消。发送工作站还要检查返回的数据包是否被目的工作站"看到"并进行了复制。与以太网不同的是，令牌传输网络是可预先决定的，即一个工作站要想发送信息时，需要等待的最长时间是可以计算出来的。

4.2.3 令牌总线介质访问控制方法

令牌总线主要用于总线型或树形网络结构中。它的访问控制方式类似于令牌环，但它是把总线型或树形网络中的各个工作站按一定顺序（如按接口地址大小）排列形成一个逻辑环。只有令牌持有者才能控制总线，才有发送信息的权力。信息是双向传送，每个站都可检测到其他站点发出的信息。在令牌传递时，都要加上目的地址，所以只有检测到并得到令牌的工作站，才能发送信息，因此它与 CSMA/CD 方式不同，可在总线型和树形结构中避免冲突。

令牌总线局域网在物理上是一个总线网，而在逻辑上却是一个令牌网。这样，令牌总线网既具有总线网的"接入方便"和"可靠性较高"的优点，也具有令牌环形网的"无冲突"和"发送时延有确定的上限值"的优点。在令牌总线局域网中，必须有一个有效的 MAC 子层协议来管理网络的令牌，因而令牌总线局域网的 MAC 子层协议非常复杂 。

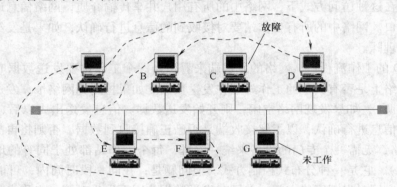

图 4-6 令牌总线局域网

1. 令牌总线的工作过程及原理

令牌传递的顺序与站的物理位置无关。令牌是一种特殊的帧，只有得到令牌的节点才能发送帧。IEEE 802.4 使用令牌，从而避免了多个节点同时访问总线引起的帧碰撞。总线是一根线形或树形的电缆，其上连接着各个节点，每个节点传送的帧其他节点都能收到。逻辑上，所有节点构成一个环，每个节点都有前方节点和后继节点，并知道它们的地址。节点发送前必须获得令牌，整个网络上只有一个令牌，获得令牌的帧可以发送一帧。如无数据发送，则把令牌交给后继节点。令牌如此沿逻辑环循环传送。节点传送令牌时，只需指定逻辑环上后继节点的地址。

下列条件，只要满足一条，网络上的各站必须交出对媒体的控制权。

1）该站没有数据帧要发送。

2）该站发送了所有排队等候传输的数据帧。

3）分配给该站的时间终了。

遇到这些情况之一，令牌就被传递给逻辑序列中的下一站。这个新的令牌接收站就获得了发送权。因此，令牌总线的稳态操作是由交替的数据传递阶段和令牌传送阶段组成的。

2. 令牌总线的特点

1）物理上是总线网，逻辑上是令牌网。

2）物理层：传输媒体为 75Ω 宽带同轴电缆，传输数据速率为 1Mbit/s、5Mbit/s 或 10Mbit/s。

3）传输机制为以太网和令牌环的结合：物理传输采用广播方式；介质访问控制采用令牌方式。

4）优点：各工作站对介质的共享权力是均等的，可以设置优先级，也可以不设；有较好的吞吐能力，吞吐量随数据传输速率增高而加大，连网距离较 CSMA/CD 方式大。

5）缺点：控制电路较复杂、成本高，轻负载时，线路传输效率低。

4.3　交换式局域网

4.3.1　交换式局域网概述

所谓交换式局域网是在网络中采用了交换设备，每台计算机将通过交换设备相互连接，交换设备可以自动记录局域网中的每台计算机的 MAC 地址。在交换式网络中，一台计算机发出的信号先由交换机检测出此信号的 MAC 目的地址，并将该信号直接发送到相应的目的端口。

以太网交换技术是在多端口网桥的基础上于 20 世纪 90 年代初发展起来的。交换式局域网的核心是交换式集线器（交换机，Switch），其主要特点：所有端口平时都不连通；当站点需要通信时，交换机才同时连通许多对的端口，使每一对相互通信的站点都能像独占通信信道那样，进行无冲突的传输数据，即每个站点都能独享信道速率；通信完成后就断开连接。因此，交换式网络技术是提高网络效率、减少拥塞的有效方案之一。与共享介质的传统局域网相比，交换式以太网具有以下优点。

1）它保留现有以太网的基础设施，只需将共享式 Hub 改为交换机，大大节省了升级网络的费用。

2）交换式以太网使用大多数或全部的现有基础设施，当需要时还可追加更多的性能。

3）在维持现有设备不变的情况下，以太网交换机有着各类广泛的应用，可以将超载的网络分段，或者加入网络交换机后建立新的主干网等。

4）可在高速与低速网络间转换，实现不同网络的协同。目前大多数交换式以太网都具有 100Mbit/s 的端口，通过与之相对应的 100Mbit/s 的网卡接入到服务器上，暂时解决了 10Mbit/s 的瓶颈，成为网络局域网升级时首选的方案。

5）交换以太网是基于以太网的，只需了解以太网这种常规技术和一些少量的交换技术就可以很方便地被工程技术人员掌握和使用。

6）交换式局域网可以工作在全双工模式下，实现无冲突域的通信，大大提高了传统网络的连接速度，可以达到原来的 200%。

7）交换式局域提供多个通道，比传统的共享式集线器提供更多的带宽。传统的共享式 10/100Mbit/s 以太网采用广播式通信方式，每次只能在一对用户间进行通信，如果发生碰撞还得重试，而交换式以太网允许不同用户间进行传送。例如，一个 16 端口的以太网交换机可以允许 16 个站点在 8 条链路间通信。

8）在共享以太网中，网络性能会因为通信量和用户数的增加而降低。交换式以太网进行的是独占通道，无冲突的数据传输，网络性能不会因为通信量和用户数的增加而降低。交换式以太网可提供最广泛的媒体支持。因为交换式以太网也是以太网，因此它可以在第 3 类双绞线、光纤以及同轴电缆上运行，尤其是光纤以太网使得交换式以太网非常适合于作为主干网。

4.3.2　交换式局域网组成

交换式以太网的核心是交换机，是工作在 OSI/RM 第二层（数据链路层）的物理设备。目前，交换技术已经延伸到 OSI 第三层的部分功能，有一些交换机实现了简单的路由选择功能，即所谓的第三层交换技术。交换式局域网的组成，如图 4-7 所示。

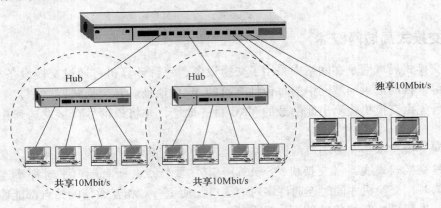

图 4-7　交换式局域网

工作在 OSI 第二层的交换机可以理解为一个多端口网桥；第三层交换技术可以不将广播封包扩散，直接利用动态建立的 MAC 地址来通信，似乎可以看懂第三层的信息，如 IP 地址、ARP 等。

1. 对称和不对称的交换机

（1）对称交换机　根据交换机每个端口的带宽来描述 LAN 交换方法，它用相同的带宽在端口之间提供交换连接，如全部为 10Mbit/s 端口或全部为 100Mbit/s 端口。交换机的实际吞吐量为端口数与带宽的乘积。

（2）不对称交换机　大多应用于 Client/Server 网络中，在不同带宽的端口间提供了交换连接，如 10Mbit/s 端口与 100Mbit/s 端口通信。它可以为服务器分配更多的带宽满足网络需求，防止在服务器端产生流量瓶颈。

2. 交换方式

目前比较主流的有直通方式和存储转发方式。

直通方式的交换机可以理解为在各端口间是纵横交叉的线路矩阵电话交换机。它在输入端口检测到一个数据包时，检查该包的包头，获取包的目的地址，启动内部的动态查找表，将该地址转换成相应的输出端口，在输入与输出交叉处接通，把数据包直通到相应的端口，实现交换功能。由于不需要存储，延迟非常小、交换非常快，这是它的优点；它的缺点是：

因为数据包的内容并没有被交换机保存下来，所以无法检查所传送的数据包是否有误，不能提供错误检测能力，由于没有缓存，不能将具有不同速率的输入/输出端口直接接通，而且，当交换机的端口增加时，交换矩阵变得越来越复杂，实现起来相当困难。

存储转发方式是计算机网络领域应用最为广泛的方式，它把输入端口的数据包先存储起来，然后进行 CRC 检查，在对错误包处理后才取出数据包的目的地址，通过查找表转换成输出端口送出数据包。正因为如此，存储转发方式在数据处理时延时长，这是它的不足；但是它可以对进入交换机的数据包进行错误检测，尤其重要的是它可以支持不同速度的输入输出端口间的转换，保持高速端口与低速端口间的协同工作。

4.3.3　虚拟局域网

交换技术的发展，允许区域分散的组织在逻辑上成为一个新的工作组，而且同一工作组的成员能够改变其物理地址而不必重新配置节点，这就是用到所谓的虚拟局域网技术（Virtual Local Area Network，VLAN）。虚拟局域网是一种通过将局域网内的设备逻辑地而不是物理地划分成一个个网段从而实现虚拟工作组的新兴技术。IEEE 于 1999 年颁布了用以标准化 VLAN 实现方案的 802.1Q 协议标准草案。

1. VLAN 的概念

VLAN 是由位于不同的物理局域网段的设备组成的，虽然 VLAN 所连接的设备来自不同的局域网，但设备相互之间可以像在同一局域网中那样通信，对于用户来说就像处在同一个局域网中一样，由此得名虚拟局域网。

VLAN 建立在局域网交换机的基础上，它是以软件的方法将网络中的节点按工作性质与需要划分成若干个"逻辑工作组"，每个逻辑工作组就是一个虚拟网络，如图 4-8 所示。

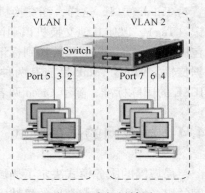

图 4-8　虚拟局域网

2. VLAN 原理及实现方法

虚拟局域网技术允许网络管理者将一个物理 LAN 逻辑地划分成不同的广播域，即 VLAN。每个 VLAN 都包含一组有着相同需求或特性的计算机工作站，与物理上形成的局域网有着相同的属性。由于它是逻辑的而不是物理的划分，所以同一 VLAN 内的各个工作站节点无需局限在同一物理空间下，一个 VLAN 内部的广播和组播都不会发到其他的 VLAN 中。VLAN 的实现原理非常简单，通过交换机的控制，某一 VLAN 成员发出的数据包交换机只发给同一 VLAN 的其他成员，而不会发给该 VLAN 成员以外的计算机。

VLAN 是以交换以太网为基础的，它在以太网帧的基础上增加了 VLAN 头，用 VLAN ID 将用户划分为更小的工作组，每个工作组就是一个虚拟局域网。使用 VLAN 的目的不仅仅是隔离广播，还有安全和管理等方面的应用，例如，将重要部门与其他部门通过 VLAN 隔离，即使同在一个网络也可以保证它们不能互相通信，确保重要部门的数据安全；也可以按照不同的部门、人员，位置划分 VLAN，分别赋予不同的权限来进行管理。

目前，虚拟局域网有四种实现技术：基于端口的虚拟局域网、基于 MAC 地址的虚拟局域网、基于第三层协议的虚拟局域网和基于策略的虚拟局域网。

（1）基于端口实现的 VLAN　基于端口的 VLAN 是划分虚拟局域网最简单也是最有效的方法。它实际上是某些交换端口的集合，网络管理员只需要管理和配置交换端口，而不管交换端口连接什么设备。属于同一 VLAN 的端口可以不连续，同时一个 VALN 可以跨越多个以太网交换机。由于端口划分是目前定义 VLAN 的最广泛的方法，IEEE 802.1Q 规定了依据以太网交换机端口来划分 VLAN 的国际标准。

（2）基于 MAC 地址的 VLAN　这种实现方式是根据每个主机的 MAC 地址来划分 VLAN。这种划分方法的最大优点就是当用户物理位置移动或端口改变时，不用重新配置 VLAN。

（3）基于第三层协议的 VLAN　基于第三层协议的 VLAN 根据每个主机的网络层地址或协议类型来划分。尽管这种划分是根据网络地址，但它不是路由，与网络层的路由毫无关系，所以没有 RIP、OSPF 等路由协议，而是根据生成树算法进行桥交换。

（4）基于策略的 VLAN　基于策略的 VLAN 是一种比较灵活有效的 VLAN 划分方法。该方法的核心是所采用的策略。目前，常用的策略有：按 MAC 地址、按 IP 地址、按以太网协议类型、按网络应用等。

如果两台交换机都有同一 VLAN 的计算机，可以通过 VLAN Trunk 来解决。如果交换机 1 的 VLAN1 中的机器要访问交换机 2 的 VLAN2 中的机器，可以把两台交换机的级联端口设置为 Trunk 端口，这样，当交换机把数据包从级联口发出去的时候，会在数据包中做一个标记（Tag），以使其他交换机识别该数据包属于哪一个 VLAN，其他交换机收到这样一个数据包后，只会将该数据包转发到标记中指定的 VLAN，从而完成了跨越交换机的 VLAN 内部数据传输。VLAN Trunk 目前有两种标准：ISL 和 802.1q，前者是 Cisco 专有技术，后者则是 IEEE 的国际标准，除了 Cisco 两者都支持外，其他厂商都只支持后者。

4.4　局域网的服务模式

局域网的服务模式决定了局域网的管理方式，在组建一个局域网前，一定要先了解局域网的服务模式。目前常见的局域网服务模式有以下几种。

4.4.1　终端/主机模式

在终端/主机模式中，用户使用的终端设备没有独立的处理功能，所有用户终端是在主机操作系统的管理下共享主机的内存、外存、中央处理器和各种输入/输出设备。

经过几十年的发展，终端/主机模式已经非常成熟，在可靠性、系统容错、系统手段、数据库管理等方面都形成了自己的一套十分完整的体系。因此，这类系统被广泛应用于民航、银行、军事等大型企、事业单位中。

这种系统的主要缺点：

1）由于主要面向大型企业，生产数量少，因而系统价格通常很高。

2）由于终端功能比较弱（完全依赖于主机），因而导致主机负荷较重。

4.4.2　工作站/文件服务器模式

工作站/文件服务器模式也称为专用服务器模式。此模式的特点是网络中要有一台运行特定网络操作系统的计算机作为文件服务器，而网络中的其他工作站只有在登录该服务器后才可以存取该服务器中的文件。工作站之间无法直接进行通信，当工作站之间进行通信时，需要通过服务器作为中介。NetWare 操作系统是工作在专用服务器模式结构中的代表。

此模式的优点：

1）数据的保密性和安全性较强。

2）网络管理员可以按需要对每一个工作站或工作站的不同用户设置访问权限。

3）网络的可靠性较高，管理比较简单。

此模式的主要缺点：

1）网络工作效率较低，尤其当网络中大量的用户都需要访问文件服务器中的数据时，网络效率会急剧下降。

2）网络中的各工作站之间无法实现软硬件资源共享。

3）网络的安装和维护较困难。

目前这类网络已经逐渐让位于客户机/服务器模式。

4.4.3 客户机/服务器模式

客户机/服务器模式（Client/Server）也称为主从模式。在客户机/服务器模式中，客户端既可以与服务器端进行通信，也可在客户端之间进行直接对话，而不需要服务器的中介和参与。

在客户机/服务器模式中，客户和服务器之间的关系是相对的。可以将提出请求的一方称为客户，把提供服务的一方称为服务器。此模式有利于实现分布式处理，即将比较大的数据处理任务同时分配给服务器和客户端共同完成。

Windows NT Server 和 Windows 2000 Server 网络操作系统是工作于客户机/服务器模式的典型代表。

此模式的优点：

1）可以有效地利用各工作站端的资源。

2）可以减轻服务器的工作量。

3）网络的工作效率较高，可扩充性好。

此模式的缺点：

1）数据安全性不如专用服务器模式。

2）对工作站的管理较为困难。

4.4.4 对等服务模式

对等服务模式也称对等网。在对等网中，没有专用的服务器，每个工作站既是服务器又是工作站，各自拥有绝对的自主权。同时，不同的计算机之间可以实现互相访问，进行文件的交换或共享其他计算机的打印机、光驱等设备。

目前支持对等网络的操作系统主要有 Microsoft 公司的 Windows 系列及 Novell 公司的 NetWare 等。

对等网有以下优点：

1）组建和维护容易。

2）不需要架设安装专用的服务器。

3）组网价格低。

4）使用简单。

对等网有以下缺点：

1）文件的存放分散。

2）数据的保密性差。

4.5　以太网

以太网最早是由 Xerox（施乐）公司创建的，通用的以太网标准在 1980 年由 DEC、Intel 和 Xerox 三家公司联合开发。它不是一种具体的网络，而是一种技术规范。该标准定义了在局域网（LAN）中采用的电缆类型和信号处理方法。以太网在互连设备之间以 10 ~ 100Mbit/s 的速率传送信息包，是应用最为广泛的局域网，包括标准的以太网（10Mbit/s）、快速以太网（100Mbit/s）和 10Gbit/s 以太网，采用的是 CSMA/CD 访问控制法，它们都符合 IEEE 802.3 标准。

4.5.1　以太网的工作原理

以太网采用带冲突检测的载波监听多路访问（CSMA/CD）机制。以太网中节点都可以看到在网络中发送的所有信息，因此，以太网是一种广播网络。

以太网的工作过程如下：

当以太网中的一台主机要传输数据时，它将按如下步骤进行：

1）监听信道上是否有信号在传输。如果有，则表明信道处于忙状态，就继续监听，直到信道空闲为止；若没有监听到任何信号，就传输数据。

2）传输时继续监听，如发现冲突则执行退避算法，随机等待一段时间后，重新执行步骤1）。当冲突发生时，涉及冲突的计算机会返回到监听信道状态。

注意：每台计算机一次只允许发送一个包，一个拥塞序列，以警告所有的节点。

3）若未发现冲突，则表示发送成功，所有计算机在试图再一次发送数据之前，必须在最近一次发送后等待 9.6 微秒（以 10Mbit/s 运行）。

4.5.2　共享式以太网和交换式以太网

（一）共享式以太网

共享式以太网的典型代表是使用 10Base2/10Base5 的总线型网络和以集线器为核心的星形网络。在使用集线器的以太网中，集线器将很多以太网设备集中到一台中心设备上，这些设备都连接到集线器中的同一物理总线结构中。从本质上讲，以集线器为核心的以太网同原先的总线型以太网无根本区别。

1. 集线器的工作原理

集线器并不处理或检查其上的通信量，仅通过将一个端口接收的信号重复分发给其他端口来扩展物理介质。所有连接到集线器的设备共享同一介质，其结果是它们也共享同一冲突域、广播和带宽。因此集线器和它所连接的设备组成了一个单一的冲突域。如果一个节点发出一个广播信息，集线器会将这个广播传播给所有同它相连的节点，因此它也是一个单一的广播域。

2. 集线器的工作特点

集线器多用于小规模的以太网。通常集线器会使用外接电源，对其接收的信号进行放大处理。在某些场合，集线器也被称为"多端口中继器"。集线器同中继器一样都是工作在物理层的网络设备。

3. 共享式以太网存在的弊端

由于所有的节点都接在同一冲突域中，不管一个帧从哪里来或到哪里去，所有的节点都能接收到这个帧。随着节点的增加，大量的冲突将导致网络性能急剧下降。而且集线器只能同时传输一个数据帧，这意味着集线器所有端口都要共享同一带宽。

（二）交换式以太网

交换式以太网的核心设备是以太网交换机。交换机根据收到数据帧中的源 MAC 地址建立该地址同交换机端口的映射，并将其写入 MAC 地址表中，然后将数据帧中的目的 MAC 地址同已建立的 MAC 地址表进行比较，以决定由哪个端口进行转发。如果数据帧中的目的 MAC 地址不在 MAC 地址表中，则向所有端口转发。由于交换机依据帧头的信息进行转发，因此交换机是工作在数据链路层的网络设备。

交换式结构

在交换式以太网中，交换机根据收到的数据帧中的 MAC 地址决定数据帧应发向交换机的哪个端口。因为端口间的帧传输彼此屏蔽，因此节点就不担心自己发送的帧在通过交换机时是否会与其他节点发送的帧产生冲突。

用交换式网络替代共享式网络的原因：

1）减少冲突。交换机将冲突隔离在每一个端口（每个端口都是一个冲突域），避免了冲突的扩散。

2）提升带宽。接入交换机的每个节点都可以使用全部的带宽，而不是各个节点共享带宽。

4.5.3 以太网分类

（一）标准以太网

开始以太网只有 10Mbit/s 的吞吐量，使用的是带有冲突检测的载波侦听多路访问（CSMA/CD）的访问控制方法，这种早期的 10Mbit/s 以太网称为标准以太网。以太网可以使用粗同轴电缆、细同轴电缆、非屏蔽双绞线、屏蔽双绞线和光纤等多种传输介质进行连接，并且在 IEEE 802.3 标准中，为不同的传输介质制定了不同的物理层标准，在这些标准中前面的数字表示传输速度，单位是"Mbit/s"，最后的一个数字表示单段网线长度（基准单位是100m），Base 表示"基带"，Broad 代表"带宽"。

（1）10Base-5 使用直径为 0.4in⊖、阻抗为 50Ω 粗同轴电缆，也称粗缆以太网，最大网段长度为 500m，基带传输方法，拓扑结构为总线型；10Base-5 组网主要硬件设备有：粗同轴电缆、带有 AUI 插口的以太网卡、中继器、收发器、收发器电缆、终结器等。

⊖ 1in = 0.0254m。

（2）10Base-2　使用直径为 0.2in、阻抗为 50Ω 细同轴电缆，也称细缆以太网，最大网段长度为 185m，基带传输方法，拓扑结构为总线型；10Base-2 组网主要硬件设备有：细同轴电缆、带有 BNC 插口的以太网卡、中继器、T 形连接器、终结器等。

（3）10Base-T　使用双绞线电缆，最大网段长度为 100m，拓扑结构为星形；10Base-T 组网主要硬件设备有：3 类或 5 类非屏蔽双绞线、带有 RJ-45 插口的以太网卡、集线器、交换机、RJ-45 插头等。

（4）10Broad-36　使用同轴电缆（RG-59/U CATV），网络的最大跨度为 3600m，网段长度最大为 1800m，是一种宽带传输方式。

（5）10Base-F　使用光纤传输介质，传输速率为 10Mbit/s。

（二）快速以太网

随着网络的发展，传统标准的以太网技术已难以满足日益增长的网络数据流量速度需求。在 1993 年 10 月以前，对于要求 10Mbit/s 以上数据流量的 LAN 应用，只有光纤分布式数据接口（FDDI）可供选择，但它是一种价格非常昂贵的、基于 100Mbit/s 光缆的 LAN。1993 年 10 月，Grand Junction 公司推出了世界上第一台快速以太网集线器 Fastch 10/100 和网络接口卡 FastNIC 100，快速以太网技术正式得以应用。随后 Intel、SynOptics、3COM、BayNetworks 等公司亦相继推出自己的快速以太网装置。与此同时，IEEE 802 工程组也对 100Mbit/s 以太网的各种标准，如 100 Base-TX、100 Base-T4、MII、中继器、全双工等标准进行了研究。1995 年 3 月，IEEE 宣布了 IEEE 802.3u 100 Base-T 快速以太网标准（Fast Ethernet），就这样开始了快速以太网的时代。

快速以太网与原来在 100Mbit/s 带宽下工作的 FDDI 相比具有许多的优点，最主要体现在快速以太网技术可以有效地保障用户在布线基础实施上的投资，它支持 3、4、5 类双绞线以及光纤的连接，能有效地利用现有的设施。快速以太网的不足其实也是以太网技术的不足，那就是快速以太网仍是基于 CSMA/CD 技术，当网络负载较重时，会造成效率的降低，当然这可以使用交换技术来弥补。100Mbit/s 快速以太网标准又分为：100Base-TX、100Base-FX、100Base-T4 三个子类。

（1）100Base-TX　它是一种使用 5 类无屏蔽双绞线或屏蔽双绞线的快速以太网技术。它使用两对双绞线，一对用于发送数据，一对用于接收数据。在传输中使用 4B/5B 编码方式，信号频率为 125MHz。符合 EIA586 的 5 类布线标准和 IBM 的 SPT 1 类布线标准。使用同 10Base-T 相同的 RJ-45 连接器。它的最大网段长度为 100m。它支持全双工的数据传输。

（2）100Base-FX　它是一种使用光缆的快速以太网技术，可使用单模和多模光纤（62.5μm 和 125μm）。多模光纤连接的最大距离为 550m，单模光纤连接的最大距离为 3000m。在传输中使用 4B/5B 编码方式，信号频率为 125MHz。它使用 MIC/FDDI 连接器、ST 连接器或 SC 连接器。它的最大网段长度为 150m、412m、2000m 或更长至 10km，这与所使用的光纤类型和工作模式有关。它支持全双工的数据传输。100Base-FX 特别适合于有电气干扰的环境、较大距离连接或高保密环境等情况下的使用。

（3）100Base-T4　它是一种可使用 3、4、5 类无屏蔽双绞线或屏蔽双绞线的快速以太网技术。100Base-T4 使用四对双绞线，其中的三对用于在 33MHz 的频率上传输数据，每一对均工作于半双工模式。第四对用于 CSMA/CD 冲突检测。在传输中使用 8B/6T 编码方式，信号频率为 25MHz，符合 EIA 586 结构化布线标准。它使用与 10Base-T 相同的 RJ-45 连接器，最大网段长度为100m。

（三）千兆以太网

千兆以太网技术作为最新的高速以太网技术，给用户带来了提高核心网络的有效解决方案。这种解决方案的最大优点是继承了传统以太技术价格便宜的优点。千兆技术仍然是以太技术，它采用了与10Mbit/s以太网相同的帧格式、帧结构、网络协议、全/半双工工作方式、流控模式以及布线系统。由于该技术不改变传统以太网的桌面应用、操作系统，因此可与10Mbit/s或100Mbit/s的以太网很好地配合工作。升级到千兆以太网不必改变网络应用程序、网管部件和网络操作系统，能够最大限度地保护投资。为了能够侦测到64Bytes资料框的碰撞，Gigabit Ethernet所支持的距离更短。Gigabit Ethernet支持的网络类型，见表4-2。

表 4-2 Gigabit Ethernet 支持的网络类型

传 输 介 质	距离/m
1000Base-CX Copper STP	25
1000Base-T Copper Cat 5 UTP	100
1000Base-SX Multi-mode Fiber	500
1000Base-LX Single-mode Fiber	3000

千兆以太网技术有两个标准：IEEE 802.3z和IEEE 802.3ab。IEEE 802.3z制定了光纤和短程铜线连接方案的标准。IEEE 802.3ab制定了五类双绞线上较长距离连接方案的标准。

1. IEEE 802.3z

IEEE 802.3z工作组负责制定光纤（单模或多模）和同轴电缆的全双工链路标准。IEEE 802.3z定义了基于光纤和短距离铜缆的1000Base-X，采用8B/10B编码技术，信道传输速度为1.25Gbit/s，去耦后实现1000Mbit/s传输速度。IEEE 802.3z具有下列千兆以太网标准：

（1）1000Base-SX　只支持多模光纤，可以采用直径为62.5μm或50μm的多模光纤，工作波长为770~860nm，传输距离为220~550m。

（2）1000Base-LX　支持多模光纤和单模光纤。

1）多模光纤。可以采用直径为62.5μm或50μm的多模光纤，工作波长范围为1270~1355nm，传输距离为550m。

2）单模光纤。可以支持直径为9μm或10μm的单模光纤，工作波长范围为1270~1355nm，传输距离为5km左右。

（3）1000Base-CX　采用150Ω屏蔽双绞线（STP），传输距离为25m。

2. IEEE 802.3ab

IEEE 802.3ab工作组负责制定基于UTP的半双工链路的千兆以太网标准，产生IEEE 802.3ab标准及协议。IEEE 802.3ab定义基于5类UTP的1000Base-T标准，其目的是在5类UTP上以1000Mbit/s速率传输100m。IEEE 802.3ab标准的意义主要有两点：

1）保护用户在5类UTP布线系统上的投资。

2）1000Base-T是100Base-T自然扩展，与10Base-T、100Base-T完全兼容。不过，在5类UTP上达到1000Mbit/s的传输速率需要解决5类UTP的串扰和衰减问题，因此，使IEEE 802.3ab工作组的开发任务要比IEEE 802.3z复杂些。

IEEE 802.3的常用标准见表4-3。

表 4-3   IEEE 802.3 的常用标准

名　称	传输介质	网段长度/m	传输方法	传输速度/Mbit·s⁻¹
10 BASE_ 2	细同轴电缆	200	基带	10
10 BASE_ 5	粗同轴电缆	500	基带	10
10 BASE_ T	双绞线	100	基带	10
10 BASE_ F	光纤	2000	基带	10
10 Broad_ 36	同轴电缆	3600	宽带	10
10 BASE_ TX	2 对 5 类双绞线	100	基带	100
100 BASE_ T4	4 对 3/4/5 类双绞线	100	基带	100
100 BASE_ FX	光纤	2000	基带	100
1000 BASE_ CX	铜缆	25	基带	1000
1000 BASE_ LX	光纤	550 ~ 5000	基带	1000
1000 BASE_ SX	光纤	275 ~ 550	基带	1000
1000 BASE_ LX	双绞线	100	基带	1000

（四）　万兆以太网

万兆以太网规范包含在 IEEE 802.3 标准的补充标准 IEEE 802.3ae 中，它扩展了 IEEE 802.3 协议和 MAC 规范，使其支持 10Gbit/s 的传输速率。除此之外，通过 WAN 界面子层（WAN Interface Sublayer, WIS），10 千兆位以太网也能被调整为较低的传输速率，如 9.584640Gbit/s（OC-192）就允许 10 千兆位以太网设备与同步光纤网络（SONet）STS-192c 传输格式相兼容。

（1）10GBase-SR 和 10GBase-SW　主要支持短波（850nm）多模光纤（MMF），光纤距离为 2 ~ 300m。

（2）10GBase-SR　主要支持"暗光纤"（Dark Fiber）。暗光纤是指没有光传播并且不与任何设备连接的光纤。

（3）10GBase-SW　主要用于连接 SONet 设备，它应用于远程数据通信。

（4）10GBase-LR 和 10GBase-LW　主要支持长波（1310nm）单模光纤（SMF），光纤距离为 2m ~ 10km。

1）10GBase-LW。主要用来连接 SONet 设备。

2）10GBase-LR。主要用来支持"暗光纤"。

（5）10GBase-ER 和 10GBase-EW　主要支持超长波（1550nm）单模光纤（SMF），光纤距离为 2m ~ 40km。

1）10GBase-EW　主要用来连接 SONet 设备。

2）10GBase-ER　主要用来支持"暗光纤"。

（6）10GBase-LX4　采用波分复用技术，在单对光缆上以 4 倍光波长发送信号。系统运行在 1310nm 的多模或单模暗光纤方式下。该系统的设计目标是针对于 2 ~ 300m 的多模光纤模式或 2m ~ 10km 的单模光纤模式。

4.6 无线局域网概述

4.6.1 无线局域网简介

无线局域网（Wireless Local Area Network，WLAN）基于传统的局域网技术，是有线局域网的扩展。无线局域网的组成包括无线网卡和无线接入点（Access Point，AP）。无线局域网利用常规的局域网（以太网）及其互连设备（路由器、交换机等）构成骨干支撑网。利用无线接入点（AP）来支持移动终端（MT）的移动和漫游。如图4-9所示。

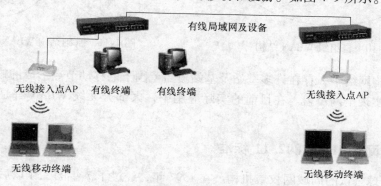

图4-9　无线局域网示意图

以下为无线局域网的传输介质。

1. 红外线

红外线局域网采用小于$1\mu m$波长的红外线作为传输媒体，有较强的方向性，由于它采用低于可见光的部分频谱作为传输介质，所以使用不受无线电管理部门的限制。红外信号要求视距传输，并且窃听困难，对邻近区域的类似系统也不会产生干扰。

2. 无线电波

采用无线电波作为无线局域网的传输介质是目前应用最多的方式。这主要是因为无线电波的覆盖范围较广，应用也较广泛，而且非常安全，基本避免了通信信号的偷听和窃取，具有很高的可用性。无线局域网使用的频段主要是 S 频段（2.4～2.4835GHz），这个频段也叫做工业科学医疗（Industry Science Medical，ISM）频段，在美国不受美国联邦通信委员会的限制，属于工业自由辐射频段，不会对人体健康造成伤害。

4.6.2 无线局域网的拓扑结构

WLAN 有两种主要的拓扑结构，即自组织网络（也就是对等网络，即人们常称的 Ad-Hoc 网络）和基础结构网络（Infrastructure Network）。

自组织型 WLAN 是一种对等模型的网络，它的建立是为了满足暂时需求的服务。自组织网络是由一组有无线接口卡的无线终端，特别是移动计算机组成。这些无线终端以相同的工作组名、扩展服务集标识号（ESSID）和密码等对等的方式相互直连，在 WLAN 的覆盖范围之内，进行点对点，或点对多点之间的通信，如图4-10所示。

　　基础结构型 WLAN 利用了高速的有线或无线骨干传输网络。在这种拓扑结构中，移动节点在基站（BS）的协调下接入到无线信道，如图 4-11 所示。

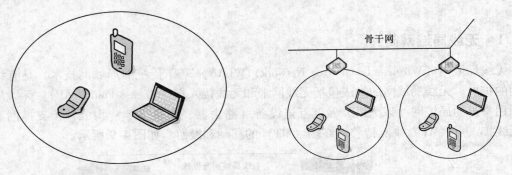

图 4-10　　自组织 WLAN 结构　　　　　　图 4-11　　基础结构 WLAN 结构

　　在基础结构网络中，存在许多基站及基站覆盖范围下的移动节点形成的蜂窝小区。基站在小区内可以实现全网覆盖。在目前的实际应用中，大部分无线 WLAN 都是基于基础结构网络。

4.6.3　无线网络 IEEE 802.11 标准

　　IEEE 是全球公认的局域网权威机构。在 1997 年，经过了 7 年的工作以后，IEEE 发布了 802.11 协议，这也是在无线局域网领域内的第一个国际上被认可的协议。在此基础上，1999 年 9 月，又提出了 IEEE 802.11b 和 IEEE 802.11a 协议标准，用来对 802.11 协议进行补充。

　　IEEE 802.11b 工作于 2.4GHz 频带，提供最高 11Mbit/s 的带宽，最远传输距离为 50～100 米，技术成熟，价格低廉，是目前市场占用率最大的无线产品，具有非常高的性能价格比，适用于家庭或中小型企业。

　　IEEE 802.11g 也工作于 2.4GHz 频带，最高带宽高达 54Mbit/s，最远传输距离为 50～100m，兼容 IEEE 802.11b 标准，可实现与 IEEE 802.11b 产品的通信。IEEE 802.11g 比 IEEE 802.11b 产品的价格高，适用于企业用户或高端无线网络。

　　IEEE 802.11a 工作于 5GHz 频带，最高带宽高达 54Mbit/s，而且采用了更为严密的算法。但是，IEEE 802.11a 芯片价格昂贵，且与 IEEE 802.11b 和 IEEE 802.11g 标准不兼容，因此，已经处于淘汰边缘。

【实训一】　局域网的组建与配置

（一）硬件安装

1. 所需设备与工具

　　两台以上计算机、网卡、集线器或交换机、双绞线、RJ-45 接头（又称水晶头）、RJ-45 压线钳、测线器等，如图 4-12 所示。

2. 操作步骤

（1）制作网线接头（水晶头）

1）剥线皮。截取合适长度的双绞线网线后，用压线钳的剥线器将双绞线的外皮除去 2.5cm 左右，此时可以看到双绞线电缆由 4 对共 8 根线组成，它们双双扭在一起。这 4 对线

图 4-12 水晶头、压线钳、测线器、双绞线等

的颜色分别是：白橙/橙、白蓝/蓝、白绿/绿、白棕/棕。

2）理线序。按要求分开线头，并按所需颜色排列。制作 RJ-45 接头有以下两个标准：

① EIA/TIA 586A 标准。自左向右 8 根线的颜色是：白绿/绿、白橙/蓝、白蓝/橙、白棕/棕。

② EIA/TIA 586B 标准。自左向右 8 根线的颜色是：白橙/橙、白绿/蓝、白蓝/绿、白棕/棕。

直通线与交叉线：

① 直通线（用于连接不同级设备，如 PC 和 Hub 相连）。双绞线的两端采用同样的标准。

② 交叉线（用于连接同级设备，如 PC 和 PC 相连）：双绞线的一端 RJ-45 接头采用 A 标准，另一端 RJ-45 接头采用 B 标准。

3）剪线。用压线钳的剪刀将理完线头的多余部分切除，只剩下 1.4cm 左右长度，并注意切口的整齐。

4）压水晶头。将 RJ-45 接头有接触铜片一面朝上，把切好的 8 条线按照已排列好的顺序插入 RJ-45 接头的线槽内，此时从 RJ-45 接头的前端透过塑料层，可以看到插到底的双绞线铜芯。在确定双绞线的每根线都已正确插放好后，就可用压线钳用力将 RJ-45 接头压实，使水晶头上的金属片将导线的外绝缘皮切开。

5）测试。双绞线两端的 RJ-45 接头制作好后，可以用测线器对接头和双绞线进行测试。

（2）安装网卡

1）网卡硬件的安装。关闭计算机电源，打开机箱盖板，将网卡插入主板的 PCI 插槽中，用螺钉固定好网卡后，再盖好机箱盖板。

注意：千万不可在未关闭计算机电源时插拔网卡。

2）网卡驱动程序的安装。Windows 系统的版本越高，能够自动识别的网卡越多，在 Windows 2000 和 Windows XP 中，很多网卡能够被系统自动识别，并自动安装驱动程序。

Windows 2000 手动搜索网卡驱动程序，步骤如下：桌面→右键单击"我的电脑"→属性→硬件→硬件向导，可搜索到网卡驱动程序，分别如图 4-13、图 4-14 所示。

（3）网线的连接 接通集线器/交换机的电源，分别将已经检测过的网线一端 RJ-45 接头插入集线器/交换机的 RJ-45 接口，另一端插入网卡的 RJ-45 接口，如图 4-15 所示。

打开计算机电源后，可以看到集线器/交换机上对应网线插入端口的指示灯亮。同时，网卡上的指示灯也会亮起来；若指示灯不亮，则可能是接触不良或接头线序有错误。

图 4-13　网卡驱动程序安装（一）

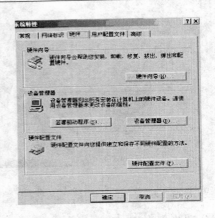

图 4-14　网卡驱动程序安装（二）

注意：网线接头插拔时不要求关闭计算机和集线器的电源。

（二）软件安装与设置

1. 操作系统的安装

局域网中各工作站计算机的操作系统可以是 Windows 95 以上的任何一种版本，如 Windows 98、Windows 2000 或 Windows XP 等。操作系统的安装方法此处省略。以下的相关设置分别以 Windows 2000 和 Windows XP 为例。

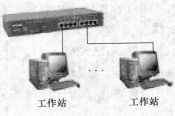

图 4-15　网线的连接

2. 系统设置

（1）Windows XP 操作系统　Windows XP 操作系统设置步骤：控制面板→网络连接→本地连接→常规→属性，分别如图 4-16 和图 4-17 所示。在本地连接属性对话框中包括了上述的网络用户、网络适配器、网络协议、服务的全部内容。图 4-17 中的"安装"按钮对应"添加"功能，"卸载"按钮对应的是"删除"功能，其他操作方法与前述基本一致。在安装"网络客户"、"微软的网络文件和打印机共享"及"TCP/IP"后，单击"确定"按钮，并重新启动计算机使配置生效。

图 4-16　本地连接状态

图 4-17　本地连接属性

（2）Windows 2000 操作系统可自动进行系统设置

3. 分配 IP 地址，设置子网掩码

在局域网中使用 TCP/IP，网络中的每台工作站计算机应该具有独立的 IP 地址，与 IP 地址相伴的还有子网掩码。

（1）局域网中 IP 地址有两种分配方法

1）自动分配 IP 地址。局域网中安装设置有自动分配 IP 地址的服务器（DHCP Server），在设置 TCP/IP 属性的"IP 地址"选项时，选择"自动获取 IP 地址"。每次启动计算机时，工作站计算机会自动请求 DHCP Server 分配一个 IP 地址。

2）手动分配 IP 地址。局域网中的 IP 地址应该采用的范围是：192.168.0.X。实际应用中 X 在 1～254 之间。在一般情况下 1 留给接入互联网的代理服务器，所以 X 值常取在 2～254 之间，每台机器的 IP 地址不能相同。本例中局域网中的子网掩码采用的是：255.255.255.0，且网中每台工作站计算机的子网掩码是相同的。

（2）IP 地址的设置　下面分别以 Windows XP 系统和 Windows 2000 系统为例介绍 IP 地址的设置方法。

1）Windows XP 系统。Windows XP 系统设置 IP 地址的方法是：控制面板→网络连接→本地连接→属性→TCP/IP→属性，打开"TCP/IP 属性"对话框，如图 4-18 所示。选择"指定 IP 地址"，输入相应的 IP 地址和子网掩码后，单击"确定"按钮。

2）Windows 2000 系统。Windows 2000 系统设置 IP 地址的方法是：桌面→右键单击"网上邻居"→属性→右键单击"本地连接"→属性→Internet 协议（TCP/IP）→属性，打开如图 4-19 所示对话框，其中"自动获得 IP 地址"是用于网络中有 DHCP 服务器的情况；而"使用下面的 IP 地址"选项可对 IP 地址、子网掩码、默认网关参数进行配置。

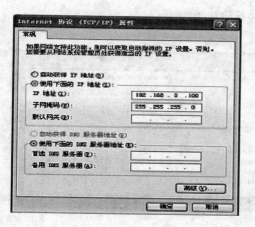

图 4-18　Windows XP 系统设置
TCP/IP 属性对话框

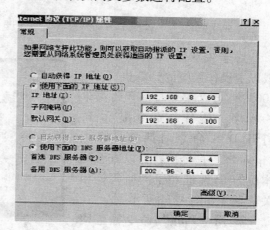

图 4-19　Windows 2000 系统中的
TCP/IP 属性对话框

注意：当网络中机器数量较多时设置前应该准备一张 IP 地址分配表，以免出现混乱。

4. 标识计算机

标识计算机包括为计算机指定计算机名和工作组名。计算机名是计算机在网络中的代号，是一台计算机区别另一台计算机的标志，计算机名在同一网络中不能重复。工作组是具

有相同共享资源的计算机的集合，它们在网络中具有某些共同属性，将这些计算机组成一个工作组，有利于网络管理。

注意：在使用 Windows 95/98 操作系统时，只有相同工作组的计算机才可以相互共享资源；而 Windows 2000 以上的系统，不同工作组也可以相互共享资源。

下面分别介绍 Windows XP 系统和 Windows 2000 系统标识计算机的方法。

（1）Windows XP 系统　　Windows XP 系统设置计算机名和工作组的方法：控制面板→系统→属性→计算机名→更改，就可以对"计算机名"与"工作组"进行改动。

（2）Windows 2000 系统　　Windows 2000 系统设置计算机名的方法：桌面→右键单击"我的电脑"→属性→网络标识→属性，输入用户的计算机名和工作组名即可。

（三）网络连通测试

1. 检测本机实际 IP 地址

对于安装 Windows Me 以下版本的计算机（95/98、Me）可以在桌面→开始菜单→运行对话框中输入"winipcfg"命令，单击"确定"按钮后可以查看到本机的 IP 地址和子网掩码等相关信息，如图 4-20 所示。

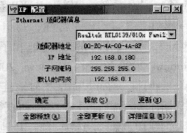

图 4-20　winipcfg 查看本机的 IP 地址

对于安装了 Windows 2000 或以上操作系统的计算机（XP、2003），可以在桌面→开始菜单→程序→附件→命令提示符，打开 DOS 命令对话框，输入"ipconfig"命令后，可以查看到本机的 IP 地址和子网掩码等相关信息，如图 4-21 所示。

2. 用"Ping"命令检查网络中计算机是否已经互通

用 Ping 命令不但可以检测

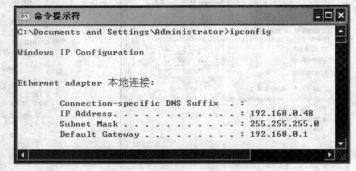

图 4-21　用 ipconfig 查出本机的 IP 地址

出本机的 TCP/IP 工作是否正常，还可以检测出本机是否能与网中的其他计算机进行通信。具体方法是：桌面→开始菜单→运行，在"运行"对话框中 Ping 本机 IP 地址（本例中本机 IP 地址为 192.168.0.48），如图 4-22 所示。若得到的结果如图 4-23 所示，则说明本机网卡及 TCP/IP 工作正常，否则，应该检查网卡是否插好，网卡驱动程序及协议的相关设置。

图 4-22　"运行"对话框

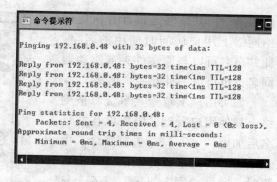

图 4-23　已 Ping 通

在"运行"对话框中 Ping 对等网中对方某台工作站计算机的 IP 地址（本例中用 192.168.0.5），如果可以 Ping 通，说明本机的 TCP/IP 已经能与网络中该计算机进行数据包交换，可以正常进行通信了；如果命令返回的结果如图 4-24 所示，则说明本机还没有与网络中该台计算机连通。此时应该检查对方计算机的 IP 地址、双方双绞线接头、集线器/交换机电源是否接通等，以排除故障。

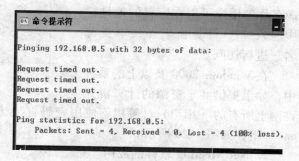

图 4-24　未 Ping 通

3. 通过"网上邻居"查看网络是否互通

双击"网上邻居"图标，单击"微软网络"，如果本机设置和网络连接都正常时，应该可以看到网上同工作组的其他计算机；如果只能看到自己的计算机图标，则说明以上的设置还有问题，应该仔细检查相关设置。

（四）局域网应用

1. 设置文件夹及文件的共享及权限

当用户建立好对等型局域网后，就可以通过它来共享网络上其他计算机中的资源。在 Windows 操作系统中可以很方便地通过"网上邻居"来查看、使用其他计算机上的文件资源，就如同使用本机资源一样。

提供资源的计算机设置文件资源共享的方法如下：桌面→我的电脑（资源管理器）→右键单击选中需要共享的驱动器或文件夹→共享，打开"共享"对话框，按照该共享资源的共享设置要求输入相应的共享名、备注、访问类型及密码，如图 4-25 所示。

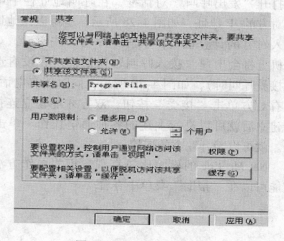

图 4-25　"共享"对话框

其中，共享名是该计算机提供给网络上用户访问时使用的名字，此共享名可以与原文件夹或驱动器同名，也可以另外起一个名字。

如果用户不希望共享资源被网络上其他用户看到，则可以在共享名后加上"＄"符号进行隐含。也就是说，当共享资源以该符号为后缀时，通过"网上邻居"就不会显示该共享资源了，但知道该共享资源名称的用户可以在窗口的地址栏中输入"\\计算机名\共享资源名"进行访问。

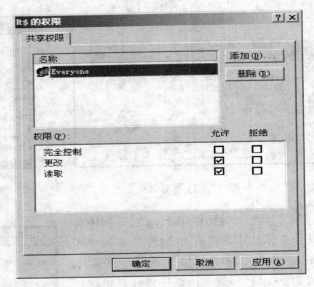

图 4-26　"共享权限"对话框

在 Windows 2000 及以上的系统中，如果提供共享资源的计算机允许网上所有的（用户）计算机不使用密码直接访问，可以将"共享权限"添加到"Everyone"组，如图 4-26 所示。

2. Net Meeting 软件的应用

Net Meeting 是 Windows 系统中提供的一个在线即时通信工具软件，使用该软件可以在局域网或互联网上完成共享文件、传送文件、语音或视频聊天、用电子白板进行绘图交流、远程桌面共享、召开网络会议等多项功能。局域网中使用 Net Meeting 的前提，是双方都要打开该软件。

具体使用方法是：双方都完成了对等网的设置后，打开 Net Meeting 窗口，如图 4-27 所示。单击 图标可以打开"发出呼叫"对话框，在呼叫地址栏中可以填写对方的 IP 地址，如图 4-28 所示，也可以在地址栏中填入对方的计算机名，单击"呼叫"按钮后，对方计算机上将会出现"拨入呼叫"对话框（在没有选择自动接受呼叫时），如图 4-29 所示，同时伴有电话铃声，只有对方单击"接受"按钮，双方才能建立连接，连接建立后就可以进行上述的各种通信操作。单击 按钮。就可以断开双方的连接。

Net Meeting 的界面比较直观，相关操作方法及其功能可以在"帮助"菜单中查看。

图 4-27　Net Meeting 窗口

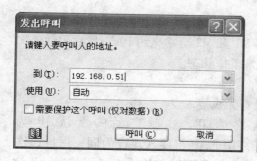

图 4-28 "发出呼叫"对话框

图 4-29 "拨入呼叫"对话框

【实训二】 无线局域网的配置

组建一个 Infrastructure 结构网络，各无线终端通过接入点相互连接。步骤如下：

（一）安装无线接入点（ET-AP5000R，如图 4-30 所示）

ET-AP5000R 基本特性和功能：

1）提供接入点间的无缝漫游功能。

2）根据信号的强弱自动调整连接速率。

图 4-30 ET-AP5000R 外观

3）允许多用户共享宽带连接并提供 NAT 路由功能。

4）带有 4 个自适应的 10/100Mbit/s 以太网端口。

5）支持打印机共享，可在上面直接接入打印机，安装相应软件后即可让合法的网络用户使用（注意产品背部的打印机端口，如图 4-31 所示）。

6）内置防火墙功能，有效保护内部网络。

图 4-31 背部的打印机端口

7）DHCP 服务器功能，可以为网络上的计算机动态分配 IP 地址。

8）虚拟局域网功能，允许内部网络对外开展如 WWW、FTP 等服务。

首先是确定在哪里安放无线接入点，可以把它放在平台上、桌子上或墙上，为了获得最理想的使用效果，最好能把它放在房间的正中间，并远离任何可能的干扰源（如金属墙或微波炉等）。当然，这附近要求有电源和网络连接。

（二）连接网络

直接用以太网线将计算机网卡与接入点的 LAN 接口相连，WAN 端口连接 ADSL Modem 或通向网关的以太网端口。网络连接示意如图 4-32 所示。

要注意的是，安装时天线是否处于垂直位置，如果不是，就把天线旋转 90°。

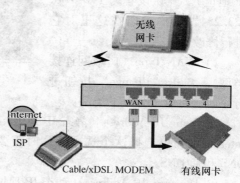

图 4-32 网络连接示意图

（三）打开电源

插好电源线后，接入点会进入自检，这时指示灯 M1 和 M2 会常亮约 10s，然后闪动 3 次表示自检完成，然后 M1 约每秒闪动 1 次表示进入正常工作状态。

（四）设置无线接入点

在接入点物理连接完成并正常运行后，就需要设置无线接入点。

（1）设置任意一台与接入点相连的有线终端 IP，这款产品的默认 IP 为 192.168.123.254，子网掩码 255.255.255.0，将有线终端的 IP 与接入点设为同一网段，这里设为 IP：192.168.123.1，子网掩码：255.255.255.0，然后测试与接入点是否接通：Ping 192.168.123.254，如果可以 Ping 通，在 IE 里输入接入点的 IP 地址，就可以打开如图 4-33 所示的接入点设置页面。

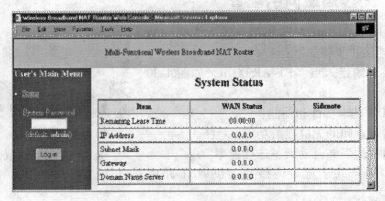

图 4-33　接入点设置页面

（2）在登录框中输入管理员密码（初始密码为"admin"），可以进行具体设置页面，如图 4-34 所示。

（3）主要设置选项　主要设置选项界面如图 4-35 所示。

1）LAN IP Address（局域网 IP 地址）。默认设置为 192.168.123.254，用户可以在这里对它进行修改。

2）WAN Type（广域网连接类型）。单击"Change"按钮进行修改。可以改为以下类型：

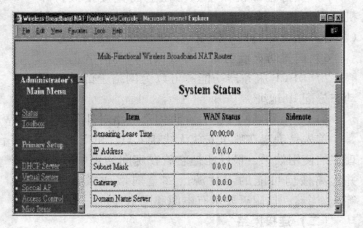

图 4-34　具体设置页面

① Static IP Address（静态 IP 地址）：使用 DDN 专线或者通过另一个局域网的网关连接 Internet 时可以选择这个选项。这时需要进一步设置 WAN IP 地址、网关、子网掩码、主 DNS 和辅 DNS。

② Dynamic IP Address（动态 IP 地址）：指从 ISP 处获得动态分配的 IP 地址。这时可以

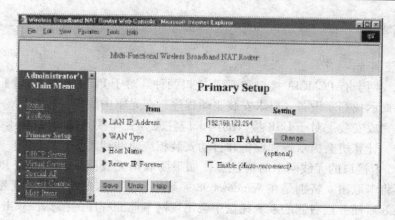

图 4-35　主要设置选项界面

进一步设置 Host Name（可选）与 Renew IP Forever 选项，当指定时间到达后自动更新 IP（即使系统处于睡眠状态）。

③ PPP over Ethernet（PPPoE）：使用 PPPoE 协议连接 Internet，如 ADS 等。需要进一步设置 PPPoE 账户名和密码、PPPoE 服务名称、允许最大空闲时间。

④ Dial-up Network（拨号网络）：使用 ISDN 或 Modem 等设备进行连接。需要进一步设置拨打的电话号码、账户名和密码、主 DNS 和辅 DNS、带宽和其他一些与设备相关的连接参数。

进行了这些设置以后，一般就已经可以通过这个接入点接入 Internet。

有时考虑到无线网络的一些安全问题，还需要对无线部分进行一些设置。无线设置的主界面如图 4-36 所示。

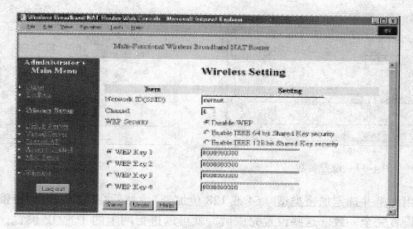

图 4-36　无线设置的主界面

这部分可以设置的选项有：

① Network ID（SSID）。用以标志无线网络，无线终端可以在 Network ID 设置相同的接入点间无缝漫游。

② Channel（频道）。无线电通信的频道号，因地域不同受相关法规约束而不同。

③ WEP Security。选择是否进行加密和数据加密的方式。可以选择不加密，128 位或 64 位加密。

（五）安装网卡

常见的无线网卡有 PCMCIA 接口和 USB 接口两种。对于 PC 卡式的无线网卡，插入笔记本计算机后会提示找到新设备，要求安装驱动程序。在光驱中放入安装光盘，按照屏幕提示操作即可顺利完成安装。对于 USB 接口的网卡应注意，先不要连接 USB 网卡，在装好驱动后再进行连接，计算机会提示找到设备并自动安装相应驱动和工具。

在使用 PC 卡接口的无线网卡时应注意，如果要取出无线网卡，应先在 PC 卡属性中停止该设备，再将卡取出。特别是在 Windows 98 系统中，直接取出常导致系统死机。

网卡安装好后任务栏右侧的系统托盘中会出现网卡监测程序的图标，双击图标可以打开网卡设置窗口。

这里可以设置很多参数，但最主要的设置选项是连接方式（Mode）和 SSID 两个参数。连接方式可以设为 Ad-Hoc 和 Infrastructure 两种模式，当需与接入点接连时，应选"Infrastructure"模式。SSID 需要与将连接的接入点的 ESSID 完全一致，或者可以设置为"any"，这时网卡会寻找可以通信的任何接入点并尝试与之连接。设置参数的界面如图4-37 所示。

如果接入点进行了数据加密，在这里需进行同样的加密设置，加密设置界面如图 4-38 所示。

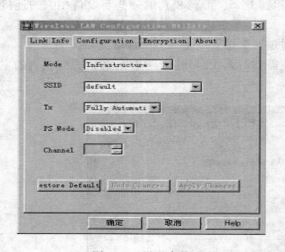

图 4-37　设置参数

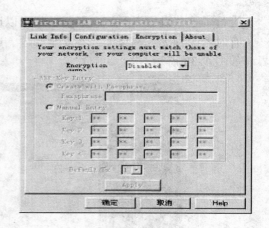

图 4-38　加密设置

首先启用加密并选定加密类型（64 或 128 位加密），然后在下面输入加密密码，密码需与接入点的设置完全一致。这些设置完成后，就可以进行网卡的 TCP/IP 设置，设置方法与普通网卡的设置完全相同，这里就不再阐述了。

当正确设置好以上各参数后，可以试着 Ping 一下接入点的 IP 地址，如果可以 Ping 通，说明无线网络设置已经大功告成。查看无线网络连接状态，如图 4-39 所示。

如果要建立 Ad-Hoc 结构网络（无线终端直接构建网络，无需接入点），只需各终端将 SSID 设为一致，并将连接模式设置为 Ad-Hoc 即可。注意，在构建这种类型网络时，网络状态的连接与信号质量显示为灰色，如图 4-40 所示。

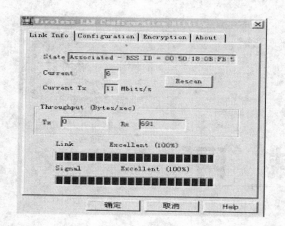

图 4-39　查看无线网络连接状态

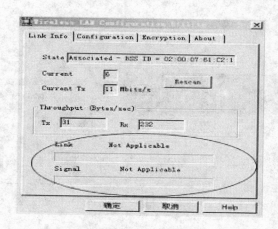

图4-40　网络状态的连接与信号质量显示为灰色

本 章 小 结

目前局域网的应用已经相当普及，随着网络技术的不断发展，局域网的新技术、新设备也不断涌现，局域网已经从低速向高速，从共享式向交换式，从半双工式向全双工式发展。局域网的范围正随着网络技术、传输技术的发展而不断扩大。通常把局域网定义为：在较小的地理范围内，利用通信线路和通信设备将计算机及其外设连接起来，进行高速数据传输和软硬件资源共享的系统。一般意义上的局域网是使用私有 IP，传输距离不超过 1000m，既可以使用 IPX/SPX/NetBIOS 协议，也可以使用 TCP/IP，是小范围的、安全的内部网络。

本章重点介绍局域网的介质访问控制方法、常用的网络互连设备的功能及工作层次，简单介绍局域网的体系结构、共享式局域网和交换式局域网、局域网的服务模式及无线局域网技术，并以实训的方式介绍了局域网的组建、无线局域网的配置方法。

习 题 4

1. 常见局域网的拓扑结构有哪些？各有什么特点？
2. 简述 CSMA/CD 技术的工作原理。
3. 什么是交换式局域网？交换式局域网的核心设备是什么？
4. 局域网可以分为哪几类？
5. 局域网的服务模式有哪几种？各有何特点？
6. 交换机按其交换方式分类有几种？各有何优缺点？
7. 简述共享式局域网与交换式局域网的区别。
8. 什么是虚拟局域网？
9. 什么是以太网？以太网可以分为哪几种？
10. 什么是无线局域网？无线局域网协议是什么？

第 5 章

广 域 网

【学习目标】

1）了解广域网的特点、服务类型及实现方式。

2）了解常见的广域网设备。

3）了解若干典型的广域网协议和技术。

5.1 广域网概述

广域网（Wide Area Network，WAN）是覆盖地理范围相对较广的数据通信网络，一般利用电信运营商提供的通信线路进行传输，形成地域广大的远程处理和局部处理相结合的计算机网络，实现局域资源共享与广域资源共享相结合。

5.1.1 广域网特点

当主机之间的距离较远时，如相隔几十或几百公里，甚至几千公里，局域网显然就无法完成主机之间的通信任务。这时就需要另一种结构的网络，即广域网。

广域网一般由主机（Host）和通信子网组成，其中主机有时也称作端系统（End System），通信子网可简称为子网（Subnet）。通信子网的作用是在主机与主机之间传送信息，主机主要负责数据处理。通过网络的通信（通信子网）和应用（主机）将复杂的网络结构分离开来，可简化整个网络系统的设计和分析。图5-1为广域网的结构示意图。

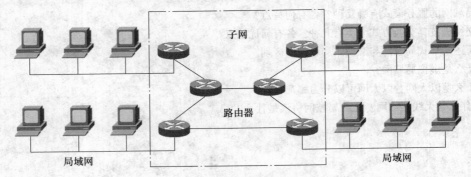

图 5-1　广域网的结构

　　在大多数广域网中，通信子网主要由两个部件构成，即传输线和交换节点。其中传输线也可称为线路（Circuit）、信道（Channel）或干线（Trunk）等，它主要用于计算机之间传送数据流；交换节点也可叫做交换机、分组交换节点、中介系统或路由器，可以将它们统称为路由器，主要用于连接两条或多条传输线。当数据沿输入线到达路由器后，路由器应为其选择适当的输出线，并将其转发出去。通信子网一般可由两类公用网络来充当：一类是有线公用网，如电话交换网（PSTN）、分组交换数据网（X. 25）、帧中继、ISDN、DDN 等；另一类是无线网，如卫星和地面无线系统等。从层次上考虑，广域网和局域网的区别很大，因为局域网使用的协议主要在数据链路层（还有少量物理层的内容），而广域网使用的协议在网络层。广域网的技术核心是路由选择。与覆盖范围较小的局域网相比，广域网的特点在于：

1）覆盖范围广，可达数千公里甚至全球。

2）广域网没有固定的拓扑结构。

3）广域网通常使用高速光纤作为传输介质。

4）局域网可以作为广域网的终端用户与广域网连接。

5）广域网主干带宽大，但提供给单个终端用户的带宽小。

6）数据传输距离远，往往要经过多个广域网设备转发，延时较长。

7）广域网管理、维护困难。

8）由电信部门或公司负责组建、管理和维护，并向全社会提供面向通信的有偿服务，流量统计和计费管理。

5. 1. 2　典型的广域网链路连接方式

　　构建局域网可由用户自行完成传输网络的建设，网络的传输速率可以很高。但构建广域网会受各种条件的限制，必须借助公共传输网络。公共传输网络的内部结构和工作机制用户是不关心的，用户只需了解公共传输网络提供的接口，如何实现和公共传输网络之间的连接，并通过公共传输网络实现远程端点之间的报文交换。因此，设计广域网的前提在于掌握各种公共传输网络的特性，公共传输网络和用户网络之间的互连技术。

　　目前，提供公共传输网络服务的单位主要是电信部门，随着电信营运市场的开放，用户有了较多的余地来选择公共传输网络的服务提供者。公共传输网络基本可以分成两类，一类是电路交换网络，主要是公共交换电话网（Public Switched Telephone Network，PSTN）和综合业务数字网（Integrated Services Digital Network，ISDN）；另一类是分组交换网络，主要是 X. 25 分组交换网、帧中继（Frame Relay）和 ATM （Asynchronous Transfer Mode）交换网。

　　下面介绍几种典型的广域网链路连接方式以及所使用的接入设备。

1. 点对点链路

　　点对点链路提供的是一条预先建立的从客户端经过运营商网络到达远端目标网络的广域网通信路径。一条点对点链路就是一条租用的专线，可以在数据收发双方之间建立起永久性的固定连接。如后面我们所介绍的数字数据网（Digital Data Network，DDN）就是属于点对点链路连接方式。DDN 可以在两个端点之间建立一条永久的、专用的数字通道，通道的带宽可以是 $N \times 64\text{kbit/s}$（一般 $1 \leqslant N \leqslant 32$）。当 $N = 32$ 时，该数字通道就是完整的 E1 线路

（传输速率为 2.048Mbit/s），用户在租用该专用线路期间，该线路的带宽就由用户独占。图 5-2 所示的就是一个典型的跨越广域网的点对点链路。

图 5-2　点对点链路示意图

2. 电路交换

电路交换方式起源于电话系统。打电话时，电话系统的交换机为说话方和受话方选择并建立一条物理通路，在通话过程中一直占用这条物理通道，语言信号数据通过该通道传给对方；当通话完毕时，一方挂机，释放该通路。

电话交换包括三个阶段：

1）建立电路。在传送数据之前，由发送方发出建立电路请求，交换机根据该请求，设法选择一条空闲的信道连接到接收方。接收方收到该呼叫后，返回一应答信号确认本次电路连成，则本次连接成功。

2）传送数据。建立电路连接后，发送方通过已建立的电路向接收方发送数据。

3）拆除电路。数据传输完毕，发送方或接收方任一方发出拆线信号，终止电路连接，释放所占用的信道资源。

电路交换的特点如下：

1）数据传输可靠、迅速，数据不会丢失且保持原来的序列。

2）在某些情况下，电路空闲时的信道容易被浪费。因此，它适用于要求高质量的大量数据传输的情况。

3）在数据传送开始之前必须先设置一条专用的通路，在线路释放之前，该通路由一对用户完全占用。因此，对于猝发式的通信，电路交换效率不高。

电路交换方式如图 5-3 所示。

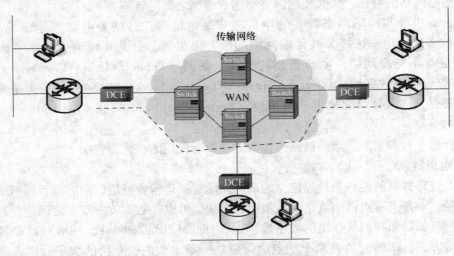

图 5-3　电路交换技术示意图

3. 分组交换

分组交换是将用户发来的整份报文分割成若干个定长的数据块（称为分组或数据包），将这些分组以存储—转发的方式在网内传输。第一个分组信息都有接收地址和发送地址的标识。在分组交换网中，不同用户的分组数据均采用动态复用的技术进行传送，即网络具有路由选择，同一条路由可以有不同用户的分组在传送，所以分组交换的线路利用率较高。ATM、帧中继以及 X. 25 等都是采用分组交换方式的广域网技术。广域网上进行分组交换如图 5-4 所示。

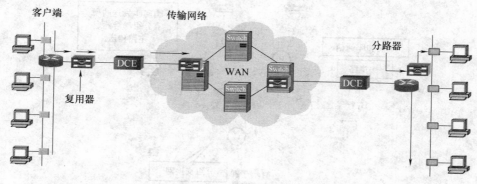

图 5-4 分组交换技术示意图

分组交换又可分为虚电路分组交换和数据报分组交换两种。其中，虚电路分组交换是目前计算机网络中使用最为广泛的一种交换技术。下面分别介绍两种分组交换技术的原理及特点。

（1）虚电路分组交换原理与特点 在虚电路分组交换中，为了进行数据传输，网络的源节点和目的节点之间要先建一条逻辑通路。每个分组除了包含数据之外还包含一个虚电路标识符。在预先建好的路径上的每个节点都知道把这些分组引导到哪里去，不再需要路由选择判定。最后，由某一个站用清除请求分组来结束这次连接。

虚电路分组交换的主要特点是：在数据传送之前必须通过虚呼叫设置一条虚电路。但并不像电路交换那样有一条专用通路，分组在每个节点上仍然需要缓冲，并在线路上进行排队等待输出。它之所以是"虚"的，是因为这条电路不是专用的。

虚拟电路有两种不同形式，分别是交换虚拟电路（Switches Virtual Circuits，SVC）和永久性虚拟电路（Permanent Virtual Circuits，PVC）。SVC 是一种按照需求动态建立的虚拟电路，当数据传送结束时，电路将会被自动终止。SVC 上的通信过程包括 3 个阶段：电路创建、数据传输和电路终止。电路创建阶段主要是在通信双方设备之间建立起虚拟电路；数据传输阶段通过虚拟电路在设备之间传送数据；电路终止阶段则是撤销在通信设备之间已经建立起来的虚拟电路。SVC 主要适用于非经常性的数据传送网络，这是因为在电路创建和终止阶段 SVC 需要占用更多的网络带宽。不过相对于永久性虚拟电路来说，SVC 的成本较低。PVC 是一种永久性建立的虚拟电路，只具有数据传输一种模式。PVC 可以应用于数据传送频繁的网络环境，这是因为 PVC 不需要为创建或终止电路而使用额外的带宽，所以对带宽的利用率更高。不过永久性虚拟电路的成本较高。

（2）数据报分组交换原理与特点 在数据报分组交换中，每个分组的传送是被单独处理的。每个分组称为一个数据报，并且每个数据报自身携带足够的地址信息。一个节点收到一个数据报后，根据数据报中的地址信息和节点所储存的路由信息，找出一个合适的出路，把数据报原样地发送到下一节点。由于各数据报所走的路径不一定相同，因此不能保证各个数据报按顺序到达目的地，有的数据报甚至会中途丢失。整个过程中，没有虚电路建立，但要为每个数据报做路由选择。图 5-5、图 5-6 分别显示了虚电路交换和数据报两种交换方式。

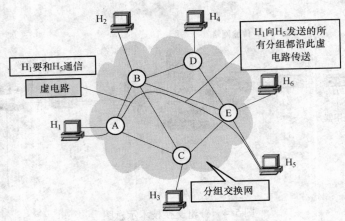

图 5-5　虚电路交换方式

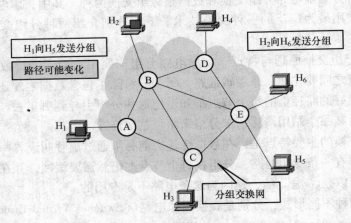

图 5-6　数据报交换方式

5.1.3　广域网接入设备

在广域网环境中可以使用多种不同的网络设备，下面就着重介绍一些比较常用的广域网设备。

1. 广域网交换机

广域网交换机是在运营商网络中使用的多端口网络互连设备。广域网交换机工作在 OSI 参考模型的数据链路层，可以对帧中继、X. 25 以及 ATM 等数据流量进行操作。图 5-7 是位于广域网两端的两台路由器通过广域网交换机进行连接的示意图。

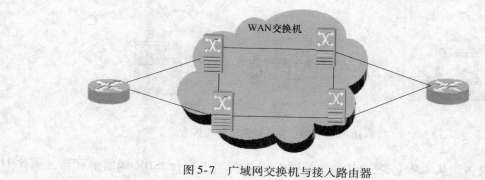

图 5-7 广域网交换机与接入路由器

2. 接入服务器

接入服务器是广域网中拨入和拨出连接的会聚点。图 5-8 说明了接入服务器如何将多条拨出连接集合在一起接入广域网。

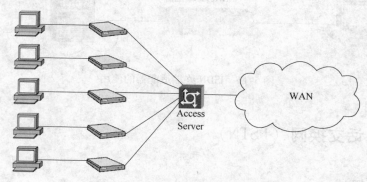

图 5-8 接入服务器连接示意图

3. 调制解调器

调制解调器用于数字和模拟信号之间的转换，从而能够通过普通话音线路传送数据信息。其工作方式是：在数据发送方，数字信号被转换成适合通过模拟通信信道传送的模拟信号；而在目标接收方，模拟信号被还原为数字信号。图 5-9 是跨越广域网的调制解调器之间的简单连接形式。

图 5-9 使用调制解调器进行广域网连接

4. CSU/DSU

信道服务单元（CSU）/数据服务单元（DSU）类似数据终端设备到数据通信设备之间的复用器，可以提供以下几方面的功能：信号再生、线路调节、误码纠正、信号管理、同步和电路测试等。CSU/DSU 在广域网下的实现方式如图 5-10 所示。

5. ISDN 终端适配器

ISDN 终端适配器是用来连接 ISDN 基本速率接口（BRI）到其他接口的设备，如 EIA/

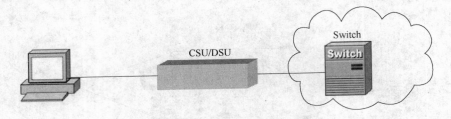

图 5-10　CSU/DSU 在广域网下的实现方式

TIA. 232 的设备。从本质上说，ISDN 终端适配器就相当于一台 ISDN 调制解调器。图 5-11
显示出 ISDN 环境下，终端适配器的放置方式。

图 5-11　ISDN 终端适配器的使用

5.2　公用电话交换网（PSTN）

5.2.1　PSTN 概述

　　公用电话网（PSTN）是为广大用户服务的固话通信网络，最早的电话通信形式只是两
部电话机中间用导线连接起来便可通话，但当某一地区电话用户增多时要想使众多用户相互
都能两两通话，便需要在中间设置一部电话交换机，由交换机完成任意两个用户的连接，这
时便形成了一个以交换机为中心的单局制电话网。在某一地区（或城市）随着用户数量继
续增多，便需建立多个电话局，然后由局间中继线路将各局连接起来，形成多局制电话网。

5.2.2　PSTN 组成

　　电话网从设备上讲是由交换机、传输电路（用户线和局间中继电路）和用户终端设备
（即电话机）三部分组成的。图 5-12 显示了 PSTN 公用电话网的简易结构。
　　按电话使用范围分类，电话网可分为本地电话网、国内长途电话网和国际长途电话网。
本地电话网是指在一个统一号码长度的编号区内，由端局、汇接局、局间中继线、长市中继
线以及用户线、电话机组成的电话网。例如，北京市本地电话网的服务范围包括市区部分、
郊区部分和所属县城及其农村部分。国内长途电话网是指全国各城市间用户进行长途通话的
电话网，网中每个城市都设一个或多个长途电话局，各长途局间由各级长途电话连接起来。
　　应当指出在电话网中增加少量设备也可以传送传真、中速数据等非话音业务。电话网的
网络结构基本分为网状网和分级汇接网两种形式。网状网为各端局之间相连，适用于局间话
务量较大的情况；分级汇接网为树状网，话务量逐级汇接，适用于局间话务量较小的情况。

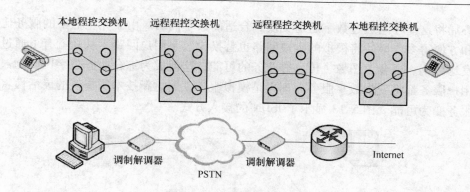

图 5-12　PSTN 公用电话网的简易结构

　　模拟拨号服务是基于标准电话线路的电话交换服务，这是一种最普遍的传输服务，往往用来作为连接远程端点的连接方法，比较典型的应用有：远程端点和本地 LAN 之间互连、远程用户拨号上网，用作专用线路的备份线路。

　　由于模拟电话线路是针对话音频率（30～4000Hz）优化设计的，使得通过模拟线路传输数据的速率被限制在 64kbit/s 以内，而且模拟电话线路的质量有好有坏，许多地方的模拟电话线路的通信质量无法得到保证，线路噪声的存在也将直接影响数据传输速率。因此，这种方式已逐渐被淘汰。以下是使用公用电话网上的调制解调器（Modem）接入广域网的主要缺点。

　　1）传输速率低：Modem 的理想最高传输速率为 56kbit/s。

　　2）信道建立时间长：拨号上网需要 10s 或更长时间，且不能保证连通建立。

　　3）线路独占：一旦用户拨号上网，便实际占用一条物理线路，无法作话音通信。

　　4）线路不稳定、误码率高。特别是现有的老式模拟电话线路。

5.3　综合业务数字网（ISDN）

5.3.1　ISDN 概述

　　ISDN（Integrated Service Digital Network）即综合业务数字网，它利用公众电话网向用户提供了端对端的数字信道连接，用来承载包括话音和非话音在内的各种电信业务。综合业务数字网 ISDN 有窄带与宽带之分，分别称为 N-ISDN（Narrowband ISDN）和 B-ISDN（Broadband ISDN），无特殊说明，ISDN 指 N-ISDN。

　　在最开始的时候，电信网络完全是模拟的，用户电话到电信中心局的本地回路也是模拟的，用于模拟信息的传送。随着数字处理的到来，用户除了语音之外还需要交换数据，因此需要调制解调器在已经存在的模拟线路上进行数字交换。为了减少成本和提高性能，电信运营商在继续它们的模拟业务的同时，开始增加数字业务，在这个时候确定了三种类型的用户：一是只通过本地回路传送模拟信息的传统用户；二是用调制解调器在模拟线路上传送数字信息的用户；三是使用数字服务传送数字信息的用户。接着，客户要求对各种网络进行访问，如分组交换网络和电路交换网络。为了满足这些需要，电信运营商创建了综合数字网（ISDN）。对这些网络的访问是通过数字通道完成的，这些通道是时分复用的通道，共享非常高速的通路。用户可以使用它们的本地回路，将语音和数据同时传送到电信运营商的中心局，中心局将这些呼叫通过数字通道交换到合适的数字网络。由于完全数字的服务比模拟服务有效和方便得多，最后将模拟的本地回路也替换为数字用户回路，从而就有了通过任何数字网络发送数据、语音、图像、传真等业务的可能，这就成为综合业务数字网。通过 ISDN，所有的用户服务都将变为数字服务而不再是模拟服务，同时新技术所提供的灵活性将使按需的用户服务变为可能。图 5-13 显示了 ISDN 的接入方式。

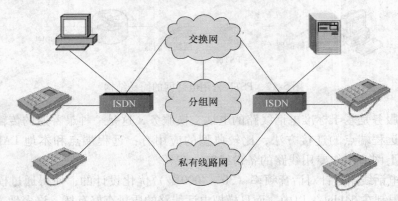

图 5-13　ISDN 的接入方式

5.3.2　ISDN 信道类型

为了实现灵活性，在用户和 ISDN 局之间（用户回路）的数字通路被组织成为大小不同的多个信道。ISDN 标准定义了三种信道类型：载体信道（B 信道）、数据信道（D 信道）和混合信道（H 信道）。每个信道都有一个不同的传输速率。

1. B 信道

B 信道是一种用于语音、视频、数据或多媒体传输的信道。它是基本的用户信道，传输速率为 64kbit/s，可以用全双工方式传送任何数字信息，多个 B 信道能够聚合在一起提供更高的带宽使用。

2. D 信道

D 信道传输速度为 16kbit/s 或者 64kbit/s，主要用于传输交换设备之间的信令。除了为 B 信道传输信令之外，D 信道还可用于低速率的数据传输和告警及遥感传输的应用等。

5.3.3　数字用户接口类型

数字用户回路目前可分为两种类型：基本速率接口（BRI）和主速率接口（PRI）。每个类型都包括一个 D 信道和若干个 B 信道。

1. 基本速率接口（BRI）

基本速率接口（BRI）规范了一个包含两个 64kbit/s 的 B 信道和一个 16kbit/s 的 D 信道（即 2B + D）的数字信道。总共的传输速率是 144kbit/s。另外，BRI 服务本身需要 48kbit/s 的开销，因此，BRI 需要一个 192kbit/s 的数字信道。需要说明的是，两个 B 信道和一个 D 信道是一个 BRI 接口所能支持的最大信道数。然而，这三个信道并不一定要分开使用，一个 BRI 的所有的 192kbit/s 的数字信道可以全部用来传送一个信号。由于传输速率较低，

BRI 主要用来满足居家和小办公室用户使用。

2. 主速率接口（PRI）

主速率接口（PRI）规范了由 23 个 B 信道和一个 64kbit/s 的 D 信道组成的数字信道。23 个 B 信道每个的传输速率都是 64kbit/s，加上一个 64kbit/s 的 D 信道，总共的带宽是 1.536Mbit/s。另外，PRI 服务本身使用了 8kbit/s 的开销。于是，PRI 需要一个有 1.544Mbit/s 传输速率的数字信道。23 个 B 信道和一个 D 信道指出了一个 PRI 所能包含的最大信道数。也就是说，一个 PRI 可以支持多达 23 个源和目的站点之间的全双工传输。每个传输都从它们的源收集而来，复用到单个通道中，发送到 ISDN 局中。

PRI 的 1.544Mbit/s 的传输容量可以用很多种形式加以划分，从而满足多种不同用户的需要。例如，一个 LAN 可以使用 PRI 连接到其他 LAN 上，它可以用所有的 1.544Mbit/s 来发送一个 1.544Mbit/s 的一路信号，不同的应用可以使用 64kbit/s 的 B 信道的不同组合。图 5-14 表示了 ISDN 的数字用户接口类型。

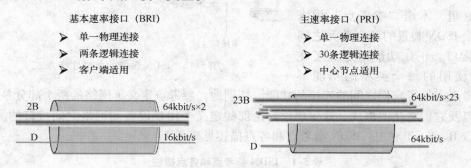

图 5-14   ISDN 数字用户接口类型

5.3.4   ISDN 功能组

在 ISDN 标准中，允许用户访问 BRI 或 PRI 服务的设备是通过它们的功能责任而进行描述的。这些功能责任分别收集在功能组中。用户可以从这些功能组中选择最合适的特定设备。需要指出的是，ISDN 仅仅为每个功能组定义了功能行为和标准，并没有对实现进行任何描述。每个功能组都是一个模型，可以用用户所选择的设备来实现。用户使用的功能组包括：网络终端（包括类型 1 和类型 2）、终端设备（包括类型 1 和类型 2）及终端适配器。

1. 网络终端 1（Network Termination 1，NT1）

NT1 是 ISDN 网在用户处的物理和电气终端装置。它只有 OSI 第 1 层的功能，即用户线传输终端的有关功能。它是网络的边界，使用户设备不受用户线路上传输方式的影响，并具有线路维护功能，支持多个信道的传输，具有解决 D 信道竞争能力，支持多个终端设备同时接入等功能。

2. 网络终端 2（Network Termination 2，NT2）

NT2 又叫做智能的网络终端，它包含 OSI 第 1～3 层的功能，可完成交换和集中的功能。NT2 可以是数字 PBX、集中器，也可以是局域网。

3. 终端设备 1（Terminal Equipment 1，TE1）

TE1 又叫做 ISDN 标准终端设备，它是符合 ISDN 接口标准的用户设备，如数字电话机和4类传真机。

4. 终端设备2（Terminal Equipment 2，TE2）

TE2 又叫做非 ISDN 标准终端设备，它是不符合 ISDN 接口标准的用户设备，需要经过终端适配器 TA 的转换，才能接入 ISDN 的标准接口。

5. 终端适配器（Terminal Adaptor，TA）

TA 完成适配功能（包括速率适配及协议转换），使 TE2 能接入 ISDN 的标准接口。TA 具有 OSI 第 1 层的功能以及高层功能。图 5-15 显示了 ISDN 设备的典型连接方式。

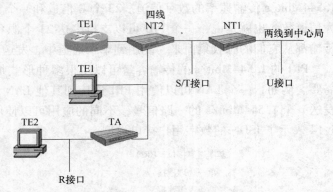

5.3.5　ISDN 参考点

在这里，术语"参考点"用来指明一个 ISDN 装置的两个单元之间的单个接口。正如功能组定义了在 ISDN 中使用的每个类型的功能一

图 5-15　ISDN 设备的典型连接方式

样，参考点定义了它们之间的连接的功能。特别地，参考点定义了网络的两个部分是如何连接的，以及它们之间的格式。这里仅仅讨论那些定义了用户设备和网络之间接口的参考点，即参考点 R、S、T 和 U。ISDN 参考点和各点描述见表 5-1。

表 5-1　ISDN 参考点和各点描述

参　考　点	描　　　述
R	非 ISDN 兼容设备和 TA 之间连接的参考点
S	连接 NT2 或用户交换设备的参考点
T	从 NT2 向外连接 ISDN 网络或 NT1 的参考点
U	NT1 和电话公司提供的 ISDN 网络之间互连的参考点

图 5-16 为 ISDN 参考点示意图，显示了这些参考点所应用到的不同的情况。

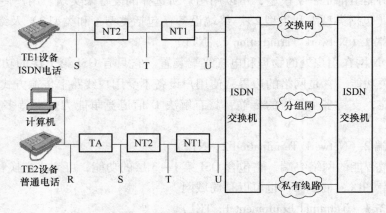

图 5-16　ISDN 参考点示意图

5.3.6 ISDN 帧结构

1. BRI 帧

一个 BRI 用户接口包含两个 B 信道和一个 D 信道。在每个帧中，每个 B 信道被采样两次，每次采样为 8 个比特。D 信道在帧中则被采样 4 次，每次采样 1 个比特。BRI 帧结构如图 5-17 所示。整个帧包含 48 个比特，B1 信道 16 比特，B2 信道 16 比特，D 信道 4 比特，12 个比特保留为开销使用，帧中的黑色部分是开销。BRI 可传送 4000 帧/s，所以 BRI 的速率为 144kbit/s（即 36bit/帧 ×4000 帧/s）。

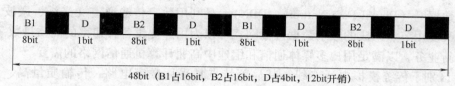

图 5-17　BRI 帧结构

2. PRI 帧

B 信道和 D 信道都使用同步时间复用来构成一个 PRI 帧。PRI 帧对每个信道进行一次采样。PRI 帧结构如图 5-18 所示。PRI 可传送 8000 帧/s，所以 PRI 的速率为 1.544Mbit/s。

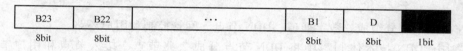

图 5-18　PRI 帧结构

B 信道和 D 信道使用不同的数据链路层协议。B 信道使用链路访问过程平衡（LAPB）协议，该协议负责管理在 DTE 设备与 DCE 设备之间的通信和数据包帧的组织过程。而 D 信道使用 D 信道链路访问规程（LAPD）。它主要完成信令链路的管理，维护和信令消息的传输等功能，LAPD 协议为信令系统上层应用协议提供稳定的通信信道。

LAPD 帧结构如图 5-19 所示，它是由标志序列、地址字段、控制字段或信息字段、帧校验序列构成。各帧以字节为单位，一个帧的起始首先由表示帧头的标志序列开始，其次是识别链路的地址字段，然后是表示帧类型的控制字段。在控制字段之后依次是信息字段和检测传输差错的帧校验序列（FCS），最后是表示帧结束的标志序列。

图 5-19　LAPD 帧结构

LAPD 的地址域由两个字节组成，第一个字节包含一个 6bit 的服务访问点标示符 SAPI，

1bit 的命令/响应域（即 C/R）（帧是命令时置为 0，是响应时置为 1），地址域的第一个字节的最后一位是 0，表示该字节的后一个字节仍然是地址域。地址域的第二个字节包含一个 7bit 的终端设备标识符（Terminal Endpoint Identifier，TEI），该字节的最后一位置为 1，表示地址域的结束。因此，LAPD 协议可以定义多达 64 个不同的服务访问点，可以表示多达 128 个不同的 TEI。

5.4 数字数据网（DDN）

数字数据网（Digital Data Network，DDN）。是利用数字传输通道（光纤、微波、卫星）和数字交叉复用节点组成的数字数据传输网，可以为用户提供各种速率的高质量数字专用电路和其他新业务，以满足用户多媒体通信和组建中高速计算机通信网络的需要。

DDN 区别于传统模拟电话专线，其显著特点是采用数字电路，传输质量高、延时小，通信速率可根据需要选择；电路也可自动迂回，可靠性高；一线可多用，既可以通话、传真、传送数据，也可以组建会议电视系统，开放帧中继业务，做多媒体服务，或组建自己的虚拟专网，设置网管中心，由用户管理自己的选择。

DDN 的主要作用是向用户提供永久性和半永久性连接的数字数据传输信道，既可用于计算机之间的通信，也可用于传送数字化传真、数字话音、数字图像信号或其他数字化信号。

DDN 由四个部分组成：数字通道、DDN 节点、网管控制和用户环路。

在"中国 DDN 技术体制"中将 DDN 节点分成 2 兆节点、接入节点和用户节点三种类型。

1. 2 兆节点

2 兆节点是 DDN 网络的骨干节点，执行网络业务的转换功能。主要提供 2.048Mbit/s（E1）数字通道的接口和交叉连接、对 N×64kbit/s 电路进行复用和交叉连接以及帧中继业务的转接功能。

2. 接入节点

接入节点主要为 DDN 各类业务提供接入功能，主要有：

1）N×64kbit/s、2048kbit/s 数字通道的接口。

2）N×64kbit/s（N = 1 ~ 31）的复用。

3）小于 64kbit/s 子速率复用和交叉连接。

4）帧中继业务用户接入和本地帧中继功能。

5）压缩话音/G3 传真用户入网。

3. 用户节点

用户节点主要为 DDN 用户入网提供接口并进行必要的协议转换。它包括小容量时分复用设备，LAN 通过帧中继互连的网桥/路由器等。在实际组建各级网络时，可以根据网络规模、业务量等具体情况，酌情变动上述节点类型的划分。例如：把 2 兆节点和接入节点归并为一类节点，或者把接入节点和用户节点归并为一类节点，以满足具体情况下的需要。

N×64kbit/s 带宽的专用线路目前仍然是许多单位用于实现广域网连接的手段，尤其在对速度、安全和控制要求较高的广域网应用环境更是如此。专用线路为远程端点之间提供点对点固定带宽的数字传输通路，其通路费用由专用线路的带宽和两端之间距离决定。

对于要求持续稳定信息流传输速率的应用环境，专用线路不失为一种好的选择；但对于突发性信息流传输，专用线路或者处于过载状态，或者带宽利用率只达到 20% ~ 30%，而且由于专用线路只能提供点对点连接，若要实现多个端点之间互连，其费用是极其昂贵的。

在我国，用户租用专用线路的带宽一般为全部或部分 E1 线路带宽，因此用 N×64kbit/s（1≤N≤30）来表示，一旦租用完整的 E1 线路，实际带宽可达到 2Mbit/s。一般地，在选择与 ISP 的互连时，需要考虑如下几个问题：

1）不同厂家的 DDN 产品连接时，设备接口应符合 ITU.T 的相关建议。

2）2.048Mbit/s 数字复用电路接口应符合 ITU.T G.703、G.704、G.732、G.823、G.826、G.921 等建议。

3）N×64kbit/s（N=1~31）数字复用电路应符合 ITU.T G.735、G.736 建议。

4）时分多路复用（TMD）接口应符合 ITU.T G.703、V.35、V.24/V.28、X.21 建议，复用标准符合 X.50、X.58。

5）64kbit/s、38kbit/s 数字复用电路应符合 ITU.T G.735、G.737 建议。

6）帧中继接口应符合 ITU.T I.122、Q.932 建议。

5.5　公用数据分组交换网（X.25）

X.25 网就是 X.25 分组交换网，它是根据 CCITT（即现在的 ITU.T）的 X.25 建议书实现的计算机网络。X.25 网在推动分组交换网的发展中曾做出了很大的贡献，但是，现在已经有了性能更好的网络来代替它，如帧中继或 ATM 网等。

X.25 只是一个对公用分组交换网接口的规约。X.25 所讨论的都是以面向连接的虚电路服务为基础的网络。如图 5-20 所示，图中画的是一个数据终端设备 DTE 同时和另外两个 DTE 进行通信的情况。VC1 和 VC2 分别代表两条虚电路。图中还画出了三个 DTE 与数据电路端接设备 DCE 的接口。X.25 所规定的正是关于这一接口的标准。

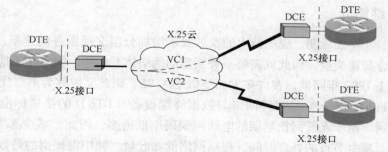

图 5-20　X.25 规定了 DTE-DCE 的接口

图 5-21 表示 X.25 接口的层次关系。最下面是物理层，接口标准是 X.25 建议书；第二层是数据链路层，接口标准是平衡型链路接入规程（LAPB），它是之后介绍的 HDLC 的一个子集；第三层是分组层，可以使一个 DTE 同时和网上其他多个 DTE 建立虚电路并进行通

信。从第一层到第三层，数据传送的单位分别是"比特"、"帧"和"分组"。X. 25 还规定了在经常需要进行通信的两个 DTE 之间可以建立永久虚电路。

从以上的简单介绍就可以看出，X. 25 分组交换网和以 IP 为基础的互联网在设计思想上有着根本的差别。互联网是无连接的，只提供尽力交付的数据报服务，无服务质量可言。而 X. 25 网是面向连接的，

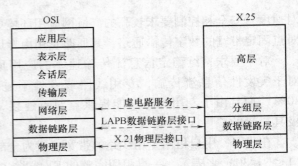

图 5-21　X. 25 的层次关系

能够提供可靠交付的虚电路服务，能保证服务质量。正是因为如此，X. 25 网曾经是颇受欢迎的一种计算机网络。图 5-22 简单描述了 X. 25 的分组结构。

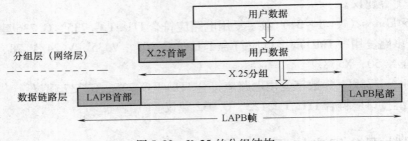

图 5-22　X. 25 的分组结构

到了 20 世纪 90 年代，情况就发生了很大的变化。通信主干线路已大量使用光纤技术，数据传输质量大大提高使得误码率降低好几个数量级，而 X. 25 十分复杂的数据链路层协议和分组层协议已成为多余。这样，无连接的、提供数据报服务的互联网最终演变成为全世界最大的计算机网络，而 X. 25 分组交换网则退出了历史舞台。

5.6　帧中继

5.6.1　帧中继简介

在 20 世纪 80 年代后期，应用技术的发展要求增加分组交换服务的速率，而 X. 25 网络的结构并不适合高速交换，因此就需要一种新型的网络体系结构。帧中继就是为这一目的而提出来的，它于 1992 年问世，在许多方面类似于 X. 25，因此又被称为第二代 X. 25。

帧中继（Frame Relay）是一种网络与数据终端设备（DTE）的接口标准，其主要的通信网络为光纤网。由于光纤网比早期的电话网误码率低得多，因此，减少 X. 25 的某些差错控制过程，从而减少节点的处理时间，提高网络的吞吐量。帧中继提供的是数据链路层和物理层的协议规范，任何高层协议都独立于帧中继协议，因此，大大地简化了帧中继的实现。目前帧中继的主要应用之一是局域网互连，特别是在局域网通过广域网进行互连时，使用帧中继更能体现它的低网络时延、低设备费用、高带宽利用率等优点。图 5-23 显示了帧中继的工作位置。

5.6.2 帧中继特点

帧中继就是一种减少节点处理时间的技术。帧中继的原理很简单，当帧中继交换机收到一个帧的首部时，只要一查出帧的目的地址就立即开始转发该帧，因此在帧中继网络中，一个帧的处理时间比 X.25 网约减少一个数量级，这种传输数据的帧中继方式也称为 X.25 的流水线方式。当分组到达节点时，直接

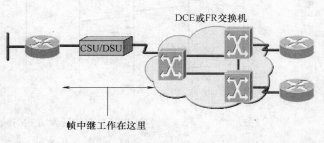

图 5-23 帧中继的工作位置

"穿越" 节点被转接到输出链路上，缩短节点对分组的存储和处理时间。而将网络节点的差错控制、流量控制和纠错重发等处理放在终端系统进行。因此，仅当帧中继网络本身的错误率非常低时，帧中继技术才是可行的。

像上面这样，一边接收帧，一边转发此帧的处理方式，称为快速分组交换（Fast Packet Switching）。帧中继的帧长是可变的。还有一种叫做信元中继（Cell Relay）的快速分组交换，它采用固定帧长，每一个帧叫做一个信元，这就是 ATM 技术，之后会详细介绍。

图 5-24a、b 显示了 X.25 分组交换网络和帧中继在链路上的差错控制方式。由图中可知，对于一般的分组交换网，其数据链路层具有完全的差错控制，每收到一个数据帧，都需要一个确认帧。对于帧中继网络，不仅其网络中的各个节点没有网络层，并且其数据链路层只具有有限的差错控制功能。

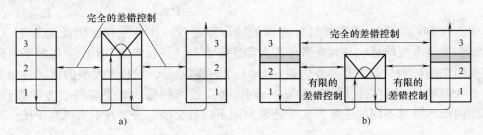

图 5-24 X.25 分组交换网络与帧中继在链路上的差错控制方式
a）X.25 分组交换网络 b）帧中继方式

图 5-25 比较了存储转发方式与帧中继方式两种情况下从源站到目的站传送一帧在网络的各链路上的传送过程。

在一般的分组交换情况下，每一个节点在收到一个数据帧之后都要发回确认帧，而目的站在向源站发回确认帧时，也要逐站进行确认。在帧中继情况下，中间站只转发数据帧而不发送确认帧，即中间站没有逐段的链路控制能力。只有在目的站收到数据帧并由高层决定之后才向源站发回端到端的确认。因此，帧中继在数据传输的过程中省略了许多的确认过程。此外，帧中继的数据链路层没有流量控制能力，其流量控制也由高层来实现。

帧中继可以看做是由对 X.25 协议的简化和改进。帧中继简化了网络层和链路层的功能，它不设分组级，而是以链路级的帧为基础实现多条链路的转换和统计复用，所以叫帧

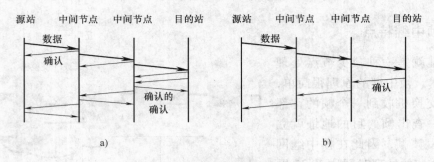

图 5-25 存储转发方式与帧中继方式
a）存储转发方式 b）帧中继方式

中继。

综上所述，帧中继主要具有以下特点：

1）具有统计时分复用和虚电路的优点。

2）简化网络功能，减少了网络开销，因此提高了数据传输速率，降低了网络延迟，增大了网络吞吐量（向用户提供 64kbit/s ~ 2.048Mbit/s，甚至 10Mbit/s 的接入速率，最多可达 45Mbit/s）。

3）帧中继的帧长度可变（1.6 ~ 2KB），比 X.25 长，非常适合 LAN 业务。

4）提供动态的带宽管理和差控机制，适于传输突发性数据。

5）采用面向连接的虚电路方式，可提供交换式虚电路和永久性虚电路业务。

5.7 ATM 网络

由于 N-ISDN 在用户-网络接口处提供的速率不超过一次群速率，因此实际上 N-ISDN 并不能真正提供电视信号、视频业务等许多高速率业务。并且 N-ISDN 作为在数字电话网基础上演变而来的技术，其主要业务仍是 64kbit/s 的电路业务，对技术发展的适应性很差。另外，在 N-ISDN 中，用户通过标准用户——网络接口进入网络实现了多种业务的综合接入，但在网络内部，针对不同的业务，实际还是采用不同的交换方法，并未实现真正统一的综合交换。

针对 N-ISDN 的不足，提出了一种高速传输网络，就是宽带 ISDN（Broadband ISDN，B-ISDN）。B-ISDN 的设计目标是以光纤为传输介质，以提供远远高于一次群速率的传输信道，并针对不同的业务采用相同的交换方法，致力于真正做到用统一的方式来支持不同的业务。为此，一种新的数据交换方式即异步转移模式（Asynchronous Transfer Mode，ATM）被提了出来。现在已经没有人再去提及 B-ISDN 了，但 ATM 作为其中的关键技术却被保留了下来并成为高速广域网传输技术的重要基础。

5.7.1 ATM 的实现

传统的交换模式为电路交换与分组交换。电路交换采用时分复用方式，通信双方周期性地占用重复出现的时隙，信道以其在一帧中的时隙来区分，而且在通信过程中无论是否有信息发送，所分配的信道（时隙）均为相应的两端独占。分组交换则不分配任何时隙，采用存储转发方式，属于统计复用。显然，线路交换模式的实时性好，适合于发送对延迟敏感的数据，但信道带宽的浪费较大；包交换方式的灵活性好，适合突发性业务，且信道带宽的利用率高，但分组间不同的延时会导致传输抖动，因此不适合实时通信。ATM 技术综合了电路交换的可靠性与分组交换的高效性，借鉴了两种交换方式的优点，采用了基于信元的统计时分复用技术。

信元（Cell）是 ATM 用于传送信息的基本单元，其采用 53 个字节的固定长度。其中，前 5 个字节为信头，载有信元的地址信息和其他一些控制信息，后 48 个字节为信息段，装载来自各种不同业务的用户信息。固定长度的短信元可以充分利用信道的空闲带宽。信元在统计时分复用的时隙中出现，即不采用固定时隙，而是按需分配，只要时隙空闲，任何允许发送的单元都能占用。所有信元在底层采用面向连接方式传送，并对信元交换采用硬件以并行处理方式去实现，减少了节点的时延，其交换速度远远超过总线结构的交换机。ATM 网络系统由 ATM 业务终端、交换、传输等部分组成，其结构如图 5-26 所示。

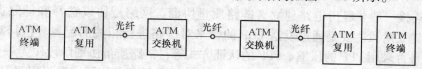

图 5-26 ATM 结构

其中，ATM 交换机是 ATM 网络的核心，它采用面向连接的方式实现信元的交换。

5.7.2 ATM 的特点和应用

ATM 具有许多优点。首先，ATM 是以面向连接的方式工作的，从而大大降低了信元丢失率，保证了传输的可靠性；其次，由于 ATM 的物理线路使用光纤，误码率很低；第三，短小的信元结构使得 ATM 信头的功能被简化，并使信头的处理能够基于硬件实现，从而大大减少了处理时延；第四，采用短信元作为数据传输单位可以充分利用信道空闲，提高了带宽利用率。总之，ATM 的高可靠性和高带宽使得其能有效传输不同类型的信息，如数字化的声音、数据、图像等。目前，ATM 论坛定义的物理层接口有 SDH STM-1、4、16，其数据传输速率分别可达 55.52Mbit/s、662.08Mbit/s、2488.32Mbit/s。对应于不同信息类型的传输特性，如可靠性、延迟特性和损耗特性等，ATM 可以提供不同的服务质量来适应这些差别。

ATM 是一种应用极为广泛的技术，在实际的应用中能够适应从低速到高速的各种传输业务，可应用于视频点播（VOD）、宽带信息查询、远程教育、远程医疗、远程协同办公、家庭购物、高速骨干网等。

5.8 PPP 网络

点对点协议（Point-to-Point Protocol，PPP）是一个工作于数据链路层的广域网协议。PPP 由 IETF（Internet Engineering Task Force）开发，目前已被广泛使用并成为国际标准。PPP 为路由器到路由器、主机到网络之间使用串行接口进行点到点的连接提供了 OSI 第二层的服务。例如，利用 Modem 进行拨号上网（163、169、165 等）就是使用 PPP 实现主机到网络连接的典型例子。

PPP 作为第二层的协议，在物理上可使用各种不同的传输介质，包括双绞线、光纤及无线传输介质，在数据链路层提供了一套解决链路建立、维护、拆除和上层协议协商、认证等问题的方案；在帧的封装格式上，PPP 采用的是一种 HDLC 的变化形式；其对网络层协议的支持则包括了多种不同的主流协议，如 IP 和 IPX 等。图5-27 给出了 PPP 的体系结构。其中，链路

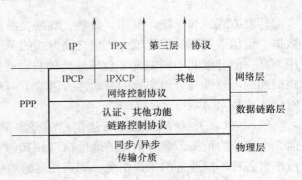

图 5-27　PPP 的体系结构

控制协议（Link Control Protocol，LCP）用于数据链路连接的建立、配置与测试，网络控制协议（Network Control Protocols，NCP）则是一组用来建立和配置不同的网络层协议。

PPP 的连接一般要经历链路建立、链路质量协商、网络层协议选择和链路拆除四个阶段。在链路建立阶段主要是通过发送 LCP 的帧来对链路进行相关的配置，包括数据的最大传输单元、是否采用 PPP 的压缩、PPP 的认证方式等；链路质量协商阶段作为一个可选的阶段主要用于对链路质量进行测试，以确定其能否为上层所选定的网络协议提供足够的支持，另外若连接的双方已经要求采用安全认证，则在该阶段还要按所选定的认证方式进行相应的身份认证；在网络协议选择阶段，通过发送 NCP 包来选择网络层协议并进行相应的配置，不同的网络层协议要分别进行配置；在第三个阶段完成后，一条完整的 PPP 链路就建立起来了，从而可在所建立的 PPP 链路上进行数据传输。任何时候只要用户请求断开连接或者由于链路故障，PPP 的连接都会被终止即进入链路拆除阶段。

需要说明的是，尽管 PPP 的验证是一个可选项，但一旦选择了采用身份验证，则其必在网络层协议阶段之前进行。有两种类型的 PPP 验证，即 PAP（Password Authentication Protocol）与 CHAP（Challenge Handshake Authentication Protocol）方式。PAP 采用的是一种两次握手方式，远程节点提供用户名与密码，由本地节点提供身份验证的确认或拒绝。

用户名与密码对由远程网络节点不断地在链路上发送，直到验证被确认或被终结。密码在传输过程中采用的是明文方式，而且发送登录请求的时间和频率完全由远程节点控制，所以这种验证方式虽然实现简单但易受到攻击。CHAP 使用的是三次握手的验证方式，本地节点提供一个用于身份验证的挑战值，由远程节点根据所收到的挑战值计算出一个回应值发送回本地节点，若该值与本地节点的计算结果一致，则远程节点被验证通过；显然一个没有获得挑战值的远程节点是不可能尝试登录并建立连接的，也就是说 CHAP 是由本地来控制登录的时间与频率的；并且由于每次所发送的挑战值都是一个不可预测的随机变量，所以 CHAP 较之 PAP 更加安全有效，因此在通常情况下，更多采用的是 CHAP 验证方式。

5.9　SDH 技术

目前世界上主要有两种数字传输体系，一种为准同步数字体系（Plesiochronous Digital Hierarchy，PDH），另一种为同步数字体系（Synchronous Digital Hierarchy，SDH）。其中，PDH 自 20 世纪 80 年代以来，在电信网中得到了普遍的应用。但是随着信息社会的到来，

人们希望电信网络能够更加快速、经济，更有效地提供各种业务，此时的 PDH 则暴露出一些固有的缺陷：

1）PDH 的复用系统结构复杂，硬件数量多，上下电路的费用高。

2）PDH 没有世界性的标准。北美、日本和欧洲这三种体制互不兼容，造成国际互通的困难。

3）PDH 设备缺少全世界统一的光接口标准，大大限制了组网的灵活性。

基于以上原因，1988 年国际电报电话咨询委员会（CCITT）在美国贝尔通信研究所光同步网络（SONET——它是高速、大容量光纤传输技术和高度灵活、又便于管理控制的智能网技术的有机结合）的基础上提出了同步数字系列——SDH。

SDH 是一种基于光纤的传输网络，它具有传输速率高、传输带宽大等特点，SDH 不仅适用于光纤，也适用于微波和卫星传输，并且其网络管理功能大大增强，是目前广域网中普遍采用的技术。SDH 技术与 PDH 技术相比有很多优点。首先，SDH 具有统一的传输速率和统一的接口标准，这为不同厂家设备间的互连提供了可能；其次，SDH 的网络管理能力比 PDH 大大加强；第三，SDH 提出了自愈网的新概念，用 SDH 设备组成的带有自愈保护功能的环网，可以在传输媒体主信号被切断时，自动通过自愈功能恢复正常通信；最后，SDH 所采用的字节复接技术，使网络中上下支路信号变得十分简单。

5.9.1 SDH 的实现

在 SDH 网络中被传输的对象叫做 SDH 帧。它的结构是一个块状帧。SDH 帧以字节为单位（1 个字节为 8 位），由纵向 9 行和横向 270 × N 列字节组成，称为 STM-N，如图 5-28 所示。它是 SDH 规定的一套标准化的信息结构等级，称为同步传输模块。其中最基本的模块是 STM-1，对于更高等级的 STM-N 信号的速率，可以从该基本速率的整数倍得出，表示方法也可以用基本速率的相应倍数来表示，它们之间是 4 的整数倍的关系，如 STM-4、STM-16、STM-64 等。数据传输时由左到右、由上到下顺序排成串行码流依次传输，传输一帧的时间

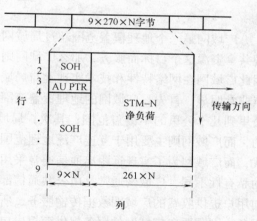

图 5-28 STM-N 帧结构图

为 125μs，每秒可传送 8000 帧，因此对 STM-1 而言，传输速率为 8 × 9 × 270 × 8000bit/s = 155.52Mbit/s。类似可以计算出 STM-4、STM-16、STM-64 等的速率见表 5-2。

表 5-2 SDH 体系的速率

SDH 体系	速 率
STM-1	155.520Mbit/s
STM-4	622.08Mbit/s
STM-16	2488.32Mbit/s
STM-64	9953.28Mbit/s

在图 5-28 中，净负荷（Payload）用于传送业务信息，其中还含有少量用于通道性能监测、管理和控制的通道开销字节（POH）。

段开销（Section Over Heads，SOH）是 STM 帧结构中供网络运行、管理和维护使用的字节，用以保证信息净负荷的灵活传送。

管理单元指针（AU PTR）用于指示净负荷的第一个字节在 STM-N 帧中的位置，以便接收端正确接收。

5.9.2 SDH 的应用

由于 SDH 是一种基于光纤的传输网络，因此它具有光纤本身所具有的许多优点：它不怕潮湿、不受电磁干扰、抗腐蚀能力强、有抗核辐射的能力、重量轻等。由于 SDH 的良好性能，特别是它与其他技术的结合，如 WDM 技术、ATM 技术、IP over SDH 等，使得 SDH 的作用越来越重要，成为信息高速公路中不可缺少的主要物理传送平台。

SDH 和其他架构不同的是它的带宽很宽。SDH 在国民经济建设中被广泛地使用，如公用/专用市话网、长话网都普遍地采用 SDH 网络。在我国大部分中等城市以上都使用 SDH 作为公用市话网的通信干线。除在市话网和长话网中的应用外，SDH 在当前还广泛地应用于有线电视网和互联网中。

本 章 小 结

广域网是一个地理覆盖范围超过局域网的数据通信网络。如果说局域网技术主要是为实现共享资源这个目标而服务，那么广域网则主要是为了实现广大范围内的远距离数据通信，因此广域网在网络特性和技术实现上与局域网存在明显的差异。与局域网相比，广域网的特点非常明显。首先，广域网的地理覆盖范围至少在上百公里以上，远远超出局域网通常为几公里到几十公里的小覆盖范围；其次，局域网主要是为了实现小范围内的资源共享而设计的，而广域网则主要用于互连广泛地理范围内的局域网；第三，局域网通常采用基带传输方式，而广域网为了实现远距离通信通常采用载波形式的频带传输或光传输；第四，与局域网的私有性不同，广域网通常是由公共通信部门来建设和管理的，他们利用各自的广域网资源向用户提供收费的广域网数据传输服务，所以其又被称为网络服务提供商，用户如需要此类服务，则需要向广域网的服务提供商提出申请；第五，在网络拓扑结构上，广域网更多地采用网状拓扑，其原因在于广域网由于其地理覆盖范围广，因此网络中两个节点在进行通信时，数据一般要经过较长的通信线路和较多的中间节点，从而中间节点设备的处理速度、线路的质量以及传输环境的噪声都会影响广域网的可靠性，采用基于网状拓扑的网络结构，可以大大提高广域网链路的容错性。本章主要介绍广域网的特点、服务类型及实现方式、常见的广域网设备、典型的广域网协议和技术，包括 PPP、ISDN、ATM、帧中继和 SDH 技术等。

习 题 5

1. 典型的广域网链路连接方式有（　　　　　）、（　　　　　）和分组交换，其中，分组交换又分为（　　　　　）和（　　　　　）。

2. 常见的广域网接入设备有（　　　　　）、（　　　　　）、（　　　　　）和（　　　　　）。

3. PSTN 的含义是（　　　　　　），电话网从设备上讲是由（　　　　　　）、（　　　　　　）和（　　　　　　）三部分组成的。

4. ISDN 的含义是（　　　　　　），ISDN 分为（　　　　　　）和（　　　　　　）。

5. ISDN 标准定义了三种信道类型，分别是（　　　　　　）、（　　　　　　）和（　　　　　　）；ISDN 定义了基本速率接口（BRI）和主速率接口（PRI），其中 BRI 速率为（　　　　　　），PRI 速率为（　　　　　　）。

6. DDN 的含义是（　　　　　　），DDN 由四个组成部分：（　　　　　　）、（　　　　　　）、（　　　　　　）和（　　　　　　）。

7. 简述帧中继网络的特点。

8. 现代广域网接入需要有哪些网络设备或设施？

9. PPP 传输的实现要经历几个阶段？

10. 试说明 ISDN 的定义和特点。

11. ISDN 的两种基本速率服务指什么？

12. 简述 ATM 的特点，信元交换的好处是什么？

13. 请说明帧中继在取消了以往 X.25 的流量控制、纠错等功能后为何还能保证数据传输的可靠性？

14. 请说明 SDH 的特点。

第6章

网络操作系统

1）掌握网络操作系统的概念、分类及特点。

2）了解网络操作系统的基本功能。

3）了解典型的网络操作系统。

6.1 网络操作系统概述

6.1.1 网络操作系统定义

网络操作系统（Network Operation System，NOS）是向网络计算机提供网络通信和网络资源共享功能的操作系统，是网络的心脏和灵魂，负责管理整个网络资源和方便网络用户的软件的集合。由于网络操作系统是运行在服务器上的，所以有时也把它称为服务器操作系统。

网络操作系统除了具备单机操作系统所需的功能（如内存管理、CPU 管理、输入输出管理、文件管理等）外，还应有下列功能：

1）提供高效可靠的网络通信能力。

2）提供多项网络服务功能，如远程管理、文件传输、电子邮件、远程打印等。

6.1.2 网络操作系统分类

网络操作系统可以分为两类：面向任务型与通用型。面向任务型网络操作系统是为满足某一种特殊网络应用要求而设计的；通用型网络操作系统能提供基本的网络服务功能，支持用户在各个领域的应用需求。

通用型网络操作系统一般又可以分为两类：变形级系统与基础级系统。变形级系统是在原有的单机操作系统基础上，通过增加网络服务功能而构成；基础级系统则是以计算机硬件为基础，根据网络服务的特殊要求，直接利用计算机硬件与少量软件资源专门设计的网络操作系统。

网络操作系统的分类如图 6-1 所示。

6.1.3　网络操作系统的特点

网络操作系统一般具有以下特点。

1）网络操作系统具有很强的适应性。根据需要灵活地增加网络服务功能，通过支持多种网络接口来满足各种拓扑结构网络的直接通信的需要。

2）存储管理与通信服务。网络操作系统具有高效的数据存储管理和通信服务能力。

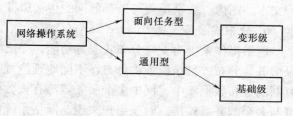

图 6-1　网络操作系统的分类

3）网络的安全性。提供一套完全的网络安全性措施，允许用户使用这些网络安全性措施，建立安全可靠的网络环境，防止未经授权的用户入侵网络。

4）网络的可靠性。提供一套完全的网络可靠性措施，允许用户建立稳定可靠的网络环境，防止因网络故障造成用户数据丢失，或服务器停机、网络系统瘫痪，满足应用对网络可靠性的需求。

6.1.4　网络操作系统的功能

尽管不同的网络操作系统具有不同的特点，但它们提供的网络服务功能有很多相同点。一般来说，网络操作系统都具有以下八种基本功能。

1. 文件服务（File Service）

文件服务是最重要与最基本的网络服务功能。文件服务器以集中方式管理共享文件，网络工作站可以根据所规定的权限对文件进行读写以及其他各种操作，文件服务器为网络用户的文件安全与保密提供必需的控制方法。

2. 打印服务（Print Service）

打印服务也是最基本的网络服务功能之一。打印服务可以通过设置专门的打印服务器完成，或者由工作站或文件服务器来担任。通过网络打印服务功能，局域网中只要安装一台或几台网络打印机，网络用户就可以远程共享网络打印机。打印服务实现对用户打印请示的接收、打印格式的说明、打印机的配置、打印队列的管理等功能。网络打印服务在接收用户打印请求后，本着先到先服务的原则，将多用户需要打印的文件排队来管理用户打印任务。

3. 数据库服务（Database Service）

随着 NetWare 的广泛应用，网络数据库服务变得越来越重要了，选择适当的网络数据库软件依照客户/服务器（Client/Server）工作模式，开发出客户端与服务器数据库应用程序，这样客户端可以用结构化查询语言（SQL）向数据库服务器发送查询请求，服务器进行查询后将查询结果传送到客户端。它优化了局域网系统的协同操作模式，从而有效地改善了局域网的应用系统性能。

4. 通信服务（Communication Service）

局域网提供的通信服务主要有：工作站与工作站之间的对等通信、工作站与网络服务器之间的通信服务等功能。

5. 信息服务（Message Service）

局域网可以通过存储转发方式或对等方式完成电子邮件服务。目前，信息服务已经发展为文本、图像、数字视频与语音数据的传输服务。

6. 分布式服务（Distributed Service）

网络操作系统为支持分布式服务功能，提出了一种新的网络资源管理机制，即分布式目录服务。分布式目录服务将分布在不同地理位置的网络中的资源，组织在一个全局性的、可复制的分布数据库中，网中多个服务器都有该数据库的副本。用户在一个工作站上注册，便可与多个服务器连接。对于用户来说，网络系统中分布在不同位置的资源都是透明的，这样就可以用简单方法去访问一个大型互连局域网系统。

7. 网络管理服务（Network Management Service）

网络操作系统提供了丰富的网络管理服务工具，可以提供网络性能分析、网络状态监控、存储管理等多种管理服务。

8. Internet/Intranet 服务（Internet/Intranet Service）

为了适应 Internet 与 Intranet 的应用，网络操作系统一般都支持 TCP/IP，提供各种 Internet 服务，支持 Java 应用开发工具，使局域网服务器很容易成为 Web 服务器，全面支持 Intranet 与 Internet 访问。

6.1.5　网络操作系统的发展

在计算机网络上配置网络操作系统，是为了管理网络中的共享资源，实现用户通信以及方便用户使用网络，因而网络操作系统是作为网络用户与网络系统之间的接口。近年来，网络操作系统的发展经历了从对等结构向非对等结构演变的过程，其演变过程如图 6-2 所示。以推出的时间来说，UNIX 最早，NetWare 第二，Windows NT 最晚。

1. 对等结构网络操作系统

在对等结构网络操作系统中，所有的连网节点地位平等，安装在每个连网节点的操作系统软件相同，连网计算机的资源在原则上都可以相互共享的。每台连网计算机都以前后台方式工作，前台为本地用户提供服务，后台为其他节点的网

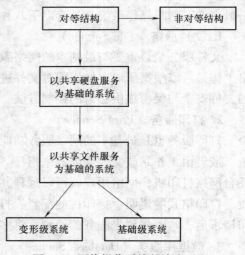

图 6-2　网络操作系统的演变过程

络用户提供服务，局域网中任何两个节点之间都可以直接实现通信。

对等结构网络操作系统的优点是：结构相对简单，网中任何节点间均能直接通信；其缺点是：每台连网节点既要完成工作站的功能，又要完成服务器的功能。节点除了要完成本地用户的信息处理任务，还要承担较重的网络通信管理与共享资源管理任务，这将加重连网计算机的负荷，由于同时要承担繁重的网络服务与管理任务，因而信息处理能力明显降低。因此，对等结构网络操作系统支持的网络系统一般规模比较小。

2. 非对等结构网络操作系统

为弥补对等结构网络操作系统的不足，人们提出了非对等结构网络操作系统的设计思想，即将连网节点分为网络服务器（Server）和网络工作站（Workstation）。

在非对等结构的局域网中，连网计算机都有明确的分工。服务器采用高配置与高性能计算机，以集中方式管理局域网的共享资源，并为网络工作站提供各类服务。网络工作站一般是配置比较低的微机系统，主要为本地用户访问本地资源与访问网络资源提供服务。

非对等结构网络操作系统软件分为协同工作的两部分，一部分运行在服务器上，另一部分运行在工作站上。网络服务器集中管理网络资源与服务，所以网络服务器是局域网的逻辑中心。网络服务器上运行的网络操作系统的功能与性能，直接决定着网络服务功能的强弱以及系统性能与安全性，它是网络操作系统的核心部分。

在早期的非对等结构网络操作系统中，人们通常在局域网中安装一台或几台带有大容量硬盘的硬盘服务器，以便为网络工作站提供服务。硬盘服务器的大容量硬盘可以作为多个网络工作站用户使用的共享硬盘空间。共享硬盘服务系统的缺点是：用户每次使用服务器硬盘时首先需要进行链接；用户需要自己使用命令来建立专用盘体上的文件目录结构，并且要求用户自己进行维护，因此，它使用起来很不方便，系统效率较低，安全性较差。

3. 文件服务器

为了克服上述缺点，人们提出了基于文件服务的网络操作系统。这类网络操作系统分为两个部分：文件服务器和工作站软件。文件服务器应具有分时系统文件管理的全部功能，它支持文件的概念与标准的文件操作，提供网络用户访问文件、目录的并发控制和安全保密措施，因此，文件服务器应具备完善的文件管理功能，能够对全网实行统一的文件管理，各工作站用户可以不参与文件管理工作。文件服务器能为网络用户提供完善的数据、文件和目录服务。

目前的网络操作系统都属于这类系统，如 Windows NT/2000 操作系统、NetWare 操作系统、LAN Server 操作系统、Linux 操作系统等。这些操作系统能提供强大的网络服务功能与优越的网络性能，它们的发展为局域网的广泛应用奠定了基础。

6.2　典型网络操作系统简介

6.2.1　Windows 操作系统

Windows 是美国微软（Microsoft）公司推出的一个运行在微型机上的图形界面操作系统。对于这类操作系统相信用过计算机的人都不会陌生。微软公司的 Windows 系统不仅在个人操作系统中占有绝对优势，它在网络操作系统中也是具有非常强大的竞争力。Windows 的开发是微型机操作系统发展史上的一个里程碑。1990 年 5 月，首次推出成熟版 Windows3.0 后发展迅速，经历了 Windows 3.x、Windows 95、Windows NT、Windows 2000、Windows XP、Windows 2003、Windows Vista 等。Windows 操作系统的发展历程如图 6-3 所示。

微软最早推出的 NT 版本是 Windows NT 3.1，之后微软公司又在 1994 年正式推出了 Windows NT 3.51 版本。1996 年，微软公司正式推出了 Windows NT 4.0 版本，在之后的 1997 年初又推出 Windows NT 中文版。2000 年微软公司推出了 Windows 2000，包括专业版和服务器版。之后又推出了 Windows 2003 Server。微软的网络操作系统配置在整个局域网配置中是最常见的，但由于它对服务器的硬件要求较高，且稳定性能不是很高，所以一般只是用在中低档服务器中，高端服务器通常采用 UNIX、Linux 或 Solairs 等非 Windows 操作系统。在局域网中，微软的网络操作系统主要有：Windows NT 4.0 Server、Windows 2000 Server/Advance Server，以及最新的 Windows 2003 Server/Advance Server 等，工作站系统可以采用任一 Windows 或非 Windows 操作系统，包括个人操作系统，如 Windows 9x/Me/XP 等。

　　在整个 Windows 网络操作系统中最为成功的还是要算 Windows NT4.0 系统，它几乎成为中、小型企业局域网的标准操作系统。一方面它继承了 Windows 家族统一的界面，使用户学习、使用起来更加容易；另一方面它的功能也的确比较强大，基本上能满足所有中、小型企业的各项网络要求。虽然相比 Windows 2000/2003 Server 系统，在功能上要逊色很多，但它对服务器的硬件配置要求要低很多，可以更大

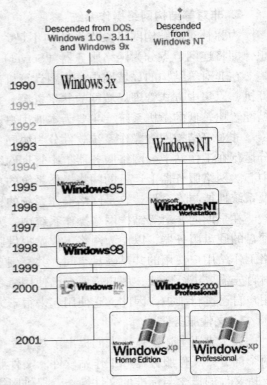

图 6-3　Windows 操作系统的发展历程

程度地满足中、小企业的 PC 服务器配置需求。Windows NT 被设计成一种具有安全性和可靠性的操作系统，这种系统可以很容易地得到维护和扩展，可以随着系统的升级利用新的技术。同时，其操作图形界面友好，与其家族桌面操作系统一致，容易被用户接受。

6.2.2　NetWare 局域网操作系统

　　1983 年，伴随着 Novell 公司的面世，NetWare 局域网操作系统出现了。其中 NetWare 3.12、4.11 两个版本得以广泛使用。1998 年发布了 NetWare 5 版本。NetWare 能够提供"共享文件存取"和"打印"功能，使多台 PC 可以通过局域网同文件服务器连接起来，共享硬盘和打印机。

　　目前，NetWare 操作系统虽然远不如早几年那么风光，在局域网中失去了当年雄霸一方的气势，但是 NetWare 操作系统仍以对网络硬件的要求较低（工作站只要是 286 机就可以了）而受到一些设备比较落后的中、小型企业，特别是学校的青睐。因为它兼容 DOS 命令，其应用环境与 DOS 相似，经过长时间的发展，已具有相当丰富的应用软件支持，技术完善、可靠。目前常用的版本有 3.11、3.12、4.10、V4.11、V5.0 等中英文版本，NetWare 服务器对无盘工作站和游戏的支持较好，常用于教学网和游戏厅。目前这种操作系统的市场占有率呈下降趋势，这部分的市场主要被 Windows NT/2000 和 Linux 系统瓜分了。

　　NetWare 6 的特性：

　　1) NetWare 6 可以简化对所有资源的访问和管理。

2）NetWare 6 可以确保企业全部数码资产的完整性和可用性。

3）NetWare 6 支持以实时方式从中心位置迅速而方便地进行关键性商业信息的备份与恢复。

4）NetWare 6 支持企业网络的高可扩展性。

5）NetWare 6 包括 iFolder 功能。

6）NetWare 6 包含有开放标准及文件协议。

7）NetWare 6 使用了被称为 IPP 的开放标准协议，具有通过互联网安全完成文件打印工作的能力。

6.2.3　UNIX 操作系统

UNIX 操作系统是 1969 年美国贝尔实验室的两名程序员 K. Thompson 和 D. M. Ritchie 为 PDP-7 机器所设计和实现的一个分时操作系统。最初采用汇编语言编写，后采用了 C 语言，并先后形成了第 3、4、5、6、7 版、UNIX System v2.0（UNIX SVR 2）、UNIX SVR 3、UNIX SVR 4、UNIX SVR 4.2 版本以及 BSD UNIX 版本系列。目前常用的 UNIX 系统版本主要有：UNIX SUR4.0、HP-UX 11.0、SUN 的 Solaris8.0 等。

在 UNIX 的发展过程中，形成了 BSD UNIX 和 UNIX System Ⅴ两大主流。

BSD UNIX 在发展中形成了不同的开发组织，分别产生了 FreeBSD、NetBSD、OpenBSD 等 BSD UNIX。与 NetBSD、OpenBSD 相比，FreeBSD 的开发最活跃，用户数量最多。NetBSD 可以用于包括 Intel 平台在内的多种硬件平台。OpenBSD 的特点是特别注重操作系统的安全性。FreeBSD 作为网络服务器操作系统，可以提供稳定的、高效率的 WWW、DNS、FTP、E-mail 等服务，还可用来构建 NAT 服务器、路由器和防火墙。

Solaris 是 Sun 公司开发和发布的企业级操作环境，有运行于 Intel 平台的 Solaris x86 系统，也有运行于 SPARC CPU 结构的系统。它起源于 BSD UNIX，但逐渐转移到了 System Ⅴ标准。在服务器市场上，Sun 的硬件平台具有高可用性和高可靠性，Solaris 是当今市场上处于支配地位的 UNIX 类操作系统。目前比较流行的运行于 x86 架构的计算机上的 Solaris 有 Solaris 8 x86 和 Solaris 9 x86 两个版本。当然 Solaris x86 也可以用于实际生产应用的服务器。

UNIX 操作系统的发展历程如图 6-4 所示。

UNIX 操作系统通常被分成三个主要部分：内核（Kernel）、Shell 和文件系统。内核是 UNIX 操作系统的核心，直接控制着计算机的各种资源，能有效地管理硬件设备、内存空间和进程等，使得用户程序不受错综复杂

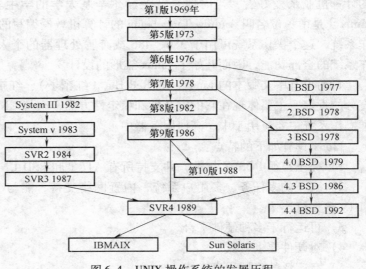

图 6-4　UNIX 操作系统的发展历程

的硬件事件细节的影响。Shell 是 UNIX 内核与用户之间的接口，是 UNIX 的命令解释器。目前常见的 Shell 有 Bourne Shell、Korn Shell、C Shell 和 Bourne-again Shell。文件系统是指对存储在存储设备（如硬盘）中的文件所进行的组织管理，通常是按照目录层次的方式进行组织。每个目录可以包括多个子目录以及文件，系统以"/"为根目录。常见的目录有："/etc"（常用于存放系统配置及管理文件）、"/dev"（常用于存放外围设备文件）、"/usr"（常用于存放与用户相关的文件）等。

UNIX 的稳定性和安全性非常好，但由于它多数是以命令方式来进行操作的，不容易掌握，特别是对于初级用户。正因如此，小型局域网基本不使用 UNIX 作为网络操作系统，它一般用于大型的网站或大型的企业局域网中。UNIX 网络操作系统历史悠久，其良好的网络管理功能已为广大网络用户所接受，拥有丰富的应用软件的支持。UNIX 是针对小型机、主机环境开发的操作系统，是一种集中式分时多用户体系结构，因其体系结构不够合理，目前的市场占有率呈下降趋势。

UNIX 是为多用户环境设计的，即所谓的多用户操作系统，并且具有内建的 TCP/IP 支持。UNIX 具有良好的稳定性、健壮性、安全性等特性。

UNIX 主要特性：

1）模块化的系统设计。

2）逻辑化的文件系统。

3）开放式系统。

4）优秀的网络功能。

5）优秀的安全性。

6）可以在任何档次的计算机上使用。

6.2.4　Linux

这是一种新型的网络操作系统，它的最大的特点就是源代码开放，可以免费得到许多应用程序。1991 年 Linux 出现，最早开始于一位名叫 Linus Torvalds（莱纳斯·托瓦尔德斯）的计算机业余爱好者，当时他是芬兰赫尔辛基大学的学生。他的目的是想设计一个代替 Minix（是由一位名叫 Andrew Tannebaum 的计算机教授编写的一个操作系统示教程序）的操作系统，这个操作系统可用于 386、486 或奔腾处理器的个人计算机上，并且具有 UNIX 操作系统的全部功能，因而开始了 Linux 雏形的设计。

目前也有中文版本的 Linux，如 Red Hat（红帽子）、红旗 Linux 等。在国内得到了用户充分的肯定，主要体现在它的安全性和稳定性方面，它与 UNIX 有许多类似之处，但目前这类操作系统主要应用于中、高档服务器中。

Linux 具有如下的特点：

1）完全遵循 POSLX 标准，并支持所有 AT&T 和 BSD UNIX 特性的网络操作系统。

2）真正的多任务、多用户系统，内置网络支持，能与 NetWare、Windows NT、OS/2、UNIX 等无缝连接。

3）可运行于多种硬件平台。

4）对硬件要求较低。

5）有广泛的应用程序支持。

6）设备独立性。

7）安全性。

8）良好的可移植性。

9）具有庞大且素质较高的用户群。

总的来说，对特定计算环境的支持使得每一个操作系统都有适合于自己的工作场合，这就是系统对特定计算环境的支持。例如，Windows 2000 Professional 适用于桌面计算机，Linux 目前较适用于小型的网络，而 Windows 2000 Server 和 UNIX 则适用于大型服务器应用程序。因此，对于不同的网络应用，需要用户有目的地选择合适的网络操作系统。

【实训一】　Windows 2000 Server 的安装与设置

Windows 2000 Server 可以用两种方法安装：光盘或网络。这里简要介绍光盘安装 Windows 2000 Server。用户安装时网络必须工作正常。Windows 2000 Server 提供了两种方法的安装程序：升级到 Windows 2000 Server 和安装新的 Windows 2000 Server。选择升级到 Windows 2000 Server 会替换当前的操作系统，但不会改变现有设置和已安装的程序；选择安装新的 Windows 2000 Server 要进行全新的安装，必须指定新的设置并重新安装现有软件，这时计算机上可以有数个操作系统。

Windows 2000 Server 提供两个可执行的安装文件：Winnt. exe 和 Winnt32. exe。

1）Winnt. exe：在 MS-DOS 或 Windows 3. x 环境中安装。

2）Winnt32. exe：在 Windows 9X/NT 等 32 位操作系统中安装。

下面将简要介绍 Windows 2000 Server 的安装过程。

1. 开始安装

（1）将计算机的 BIOS 设置为从 CD-ROM 启动。

（2）将 Windows 2000 Server CD-ROM 放入光驱中，启动计算机。启动时，计算机会提示要求用户必须在指定的时间内按任意键后才能从 CD-ROM 启动。

（3）屏幕上出现"Setup is inspecting your computer's hardware Configuration…"信息时，表示安装程序正在检测计算机内的硬件设备，如 COM 端口、键盘、鼠标、软驱等。

（4）当出现"Windows 2000 Setup"提示时，会将 Windows 2000 核心程序、安装时所需的文件等信息加载到计算机的内存中，然后检测计算机的大容量存储设备。所谓的大容量存储设备，就是指光驱、SCSI 接口或 IDE 接口的硬盘等。

（5）出现"欢迎使用安装程序"的对话框时，有以下三个选项：

1）要开始安装 Windows 2000，按"Enter"键。

2）要修复 Windows 2000 中文版的安装，按"R"键。

3）要停止安装 Windows 2000，并退出安装程序，按"F3"键。

在这里，按"Enter"键，继续安装。

（6）出现"Windows 2000 许可协议"对话框时，可以按"Page Down"键阅读协议的内容。如果同意，请按"F8"键继续安装。

（7）弹出"磁盘分区"对话框，有以下三个选项：

1）要在所选分区上安装 Windows 2000，按"Enter"键。

2）要在尚未划分的空间中创建磁盘分区，按"C"键，然后输入磁盘分区的大小。

3）删除所选磁盘分区，请按"D"键，然后按提示再按"Enter"键和"L"键。

划分与选定好要安装 Windows 2000 的磁盘后，按"Enter"键以便将 Windows 2000 安装到这个磁盘分区内（默认是安装到该磁盘分区的 Winnt 文件夹内）。

（8）接着安装程序会要求用户为上述磁盘分区选择文件系统的格式，由以下两种选择：

1）用 NTFS 文件系统格式化磁盘分区。如果要支持活动目录、数据加密、用户的硬盘容量限制、设置域结构的网络，则必须选用 NTFS。

2）用 FAT 文件系统格式化磁盘分区。如果磁盘分区小于 2GB，则会自动将其格式化为 FAT；如果此磁盘分区等于或大于 2GB，则会自动将其格式化为 FAT32。

选择 NTFS 后，按"Enter"键开始格式化磁盘。

（9）格式化完成后，安装程序会将文件复制到此磁盘分区内，这个操作将花费数分钟。一旦复制完成后，屏幕上出现一条红色的长方形，并且开始倒数 15s 后自动重新启动。

（10）重新启动后，安装程序继续将剩余的文件复制到硬盘内，然后启动安装向导。

2. 搜集与该计算机有关的设置

（1）出现"欢迎使用 Windows 2000 安装向导"对话框时，单击"下一步"按钮或稍等，让其自动开始搜集一些与该计算机有关的信息。

（2）出现"正在安装设备"对话框时，安装程序开始检测和安装设备，如键盘和鼠标等。

（3）出现"区域设置"对话框时，可以为不同的区域和语言自定义 Windows 2000，以便用它来决定如何显示数字、日期、时间、货币等。默认的区域为"中文（中国）"。此对话框也可以用来设置与输入法有关的选项，默认的输入法为"中文（简体）"。完成后，单击"下一步"按钮。

（4）出现"自定义软件"对话框，输入姓名以及公司名或单位的名称，然后单击"下一步"按钮。

（5）出现"您的产品密钥"对话框，输入位于产品包装盒背面的黄色不干胶纸上的产品密钥，然后单击"下一步"按钮。

（6）出现"授权模式"对话框，选择希望使用的授权模式。有"每服务器"和"每客户"两种。

（7）弹出"计算机名称和系统管理员密码"对话框。

1）在"计算机名称"文本框处为这台计算机输入一个计算机名称，如 Servercjl。注意，此名称必须是唯一的，也就是不可以与网络上的其他计算机同名。

2）在"系统管理员密码"与"确认密码"文本框中重复输入系统管理员的密码。

（8）弹出"Windows 2000 组件"对话框时，可以直接单击"下一步"按钮，以便只安装默认的组件，或者另外选择想要安装的组件。

（9）弹出"日期和时间设置"对话框时，可以设置目前的日期、时间与时区，然后单击"下一步"按钮。

3. 安装网络组件

（1）弹出"网络设置"对话框时，开始安装网络组件（如检测网卡），以便能够连接到其他计算机、网络与 Internet 上。

（2）弹出下一个"网络设置"对话框时，选择"自定义设置"，以便自行设置网络的配置，然后单击"下一步"按钮。也可以选择"典型设置"，让它自动设置网络配置，若选择"典型设置"，则跳过步骤（3），直接到步骤（4）。

（3）弹出"网络组件"对话框时，选择"Internet 协议（TCP/IP）"中"属性"选项。在"Internet 协议（TCP/IP）属性"的对话框中，选择"使用下面的 IP 地址"选项，然后输入该计算机的 IP 地址和子网掩码。完成后，单击"确定"按钮回到"网络组件"对话框，然后单击"下一步"按钮。

（4）弹出"工作组或计算机域"对话框时，询问是否要将这台计算机加入域，此时可以选择：

1）不要加入域（也就是让其加入工作组）：此时必须在下方的"工作组或计算机域"文本框中输入工作组的名称，完成后单击"下一步"按钮。

2）要加入域：此时必须在下方的"工作组或计算机域"文本框中输入域的名称，单击"下一步"按钮，必须输入具有将计算机加入域权限的用户账号与密码。

（5）弹出"正在安装组件"对话框时，开始安装与设置在前面步骤中所选择的组件；之后弹出"正在执行最后任务"对话框，以便完成最后阶段的工作。

（6）完成安装时会弹出"完成 Windows 2000 安装向导"的对话框，此时应将放在 CD-ROM 中的 Windows 2000 Server CD 取出，然后单击"完成"按钮以便重新启动。

4. 登录测试

（1）重新启动后，当屏幕显示"请按 Ctrl + Alt + Del 开始"时，请同时按着"Ctrl"与"Alt"键不放，然后按"Delete"键。

（2）输入用户的账号名称与密码。

（3）开始登录。登录成功后，将出现"配置服务器"对话框，目前只需选择"我将在以后配置这个服务器"，然后单击"下一步"按钮，接着在下一个对话框中单击右上方的"×"按钮，将对话框关闭即可。

【实训二】　Windows 2000 Server DNS 服务器的配置

1. DNS 服务器的安装

在桌面中打开"我的电脑"→"控制面板"→"添加/删除程序"→"添加/删除 Windows 组件"，在"网络服务"对话框中选中"域名系统"，分别如图 6-5、图 6-6 所示。

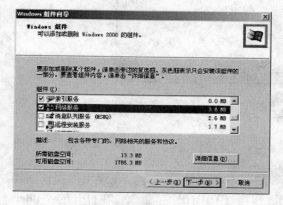

图 6-5　添加网络服务

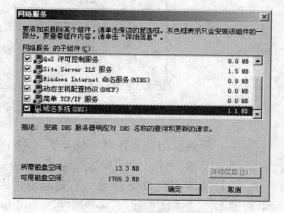

图 6-6　添加域名系统

2. 利用 DNS 服务器创建域（如 www. 123. com）

（1）启动 DNS 控制台：选择"开始"→"管理工具"→"DNS"，打开 DNS 控制台如图 6-7 所示。

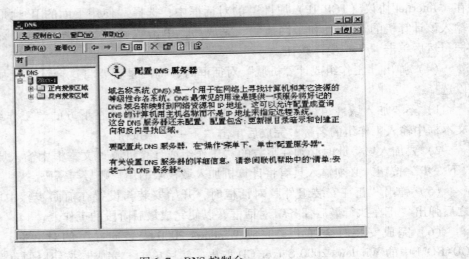

图 6-7　DNS 控制台

（2）新建正向搜索区域：右键单击"正向搜索区域"→"新建区域"→"下一步"命令。

（3）新建主机，如图 6-8 所示。

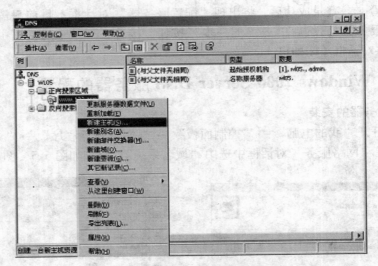

图 6-8　新建主机

（4）新建反向搜索区域，同步骤（2）。

（5）新建指针，如图 6-9 所示。

（6）修改本机 DNS 地址。右键单击"网上邻居"→"属性"命令，在弹出的属性窗体中右键单击"本地连接"→"属性"→"Internet 连接（TCP/IP）"命令，在打开的"Inter-

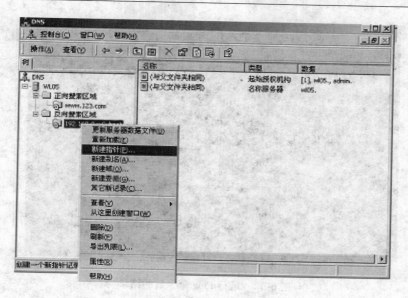

图 6-9　新建指针

net 协议（TCP/IP）属性"窗体中设置 IP 地址及 DNS 服务器，如图 6-10 所示。

（7）测试

1）打开"开始"→"运行"命令，在弹出的运行对话框中，输入"ping www.123.com"命令，如图 6-11 所示。

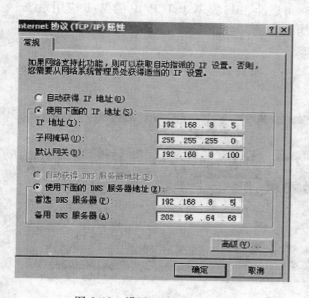

图 6-10　设置 IP 及 DNS 地址

图 6-11　输入"ping www.123.com"命令

2）如果网络连接及设置正常，则运行 Ping 命令的结果如图 6-12 所示。

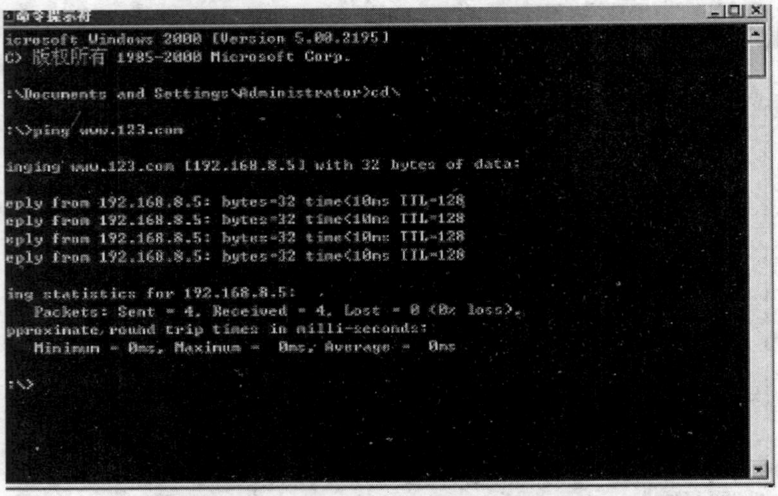

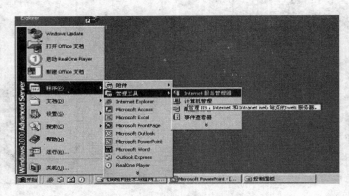

图 6-12　运行 Ping 命令后的结果

【实训三】　Windows 2000 Server Web 服务器的配置

1. IIS 安装

在 Windows 2000 中推出了 Internet Information Server 5.0（简称 IIS5.0），并为其提供了方便的安装和管理，增强的应用环境，基于标准的发布协议。IIS 5.0 在性能和扩展性方面有了很大的改进，为客户提供更佳的稳定性和可靠性。IIS 是基于 TCP/IP 的 Web 应用系统，使用 IIS 可使运行 Windows 2000 的计算机成为大容量、功能强大的 Web 服务器。

IIS5.0 的具体安装步骤如下：

（1）打开"我的电脑"→"控制面板"→"添加或删除程序"→"添加/删除 Windows 组件"命令。

（2）在组件安装向导中，选择"Internet 信息服务（IIS）"，单击"下一步"按钮开始安装，单击"完成"按钮结束。

完成安装后，系统在"开始菜单"→"程序"→"管理工具"程序组中会添加一项"Internet 服务管理器"，如图 6-13 所示，此时服务器的 WWW、FTP 等服务会自动启动。

图 6-13　"Internet 服务管理器"选项

2. 配置 Web 服务器

（1）新建网页：F 盘下新建文件夹（2）→新建 Word 文档→输入内容→另存为 Web 页→文件名 index。

（2）建立 Web 站点："开始"→"程序"→"管理工具"→"Internet 服务管理器"，右键单击，在弹出的快捷菜单中选择"默认 Web 站点"→"新建站点"命令，将主目录路径设为 F：\ 新建文件夹（2），分别如图 6-14、图 6-15 所示。

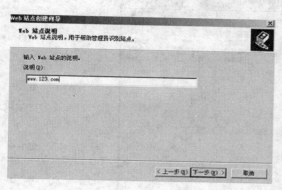

图 6-14 Web 站点说明

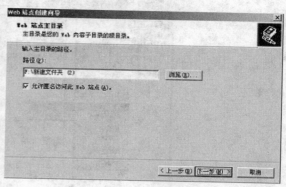

图 6-15 输入主目录路径

（3）右键单击"新建 Web 站点（www.123.com）"，在弹出的快捷菜单中选择"属性"→"文档"→"添加 index.htm 文档"，如图 6-16 所示。

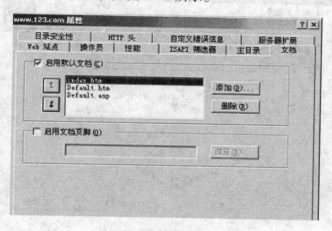

图 6-16 添加 index.htm 文档

（4）测试：打开 IE 浏览器→在地址栏输入"www.123.com"→可浏览到步骤（2）所建网页。

【实训四】 Windows 2000 Server FTP 服务器的配置

1. 建立 FTP 站点

"开始"菜单→"程序"→"管理工具"→"Internet 服务管理器"→右键"默认 FTP站点"→"新建站点"→"下一步"→"完成"，如图 6-17、图 6-18 所示。

2. 创建虚拟目录

右键"新建的 FTP 站点（123）"→"新建"→"虚拟目录"，如图 6-19、图 6-20 所示。

3. 测试

（1）FTP 服务 地址栏→输入 FTP：//192.168.8.5，如图 6-21 所示。

（2）虚拟目录 地址栏→输入 FTP：//192.168.8.5/w（w 为虚拟目录名），如图 6-22 所示。

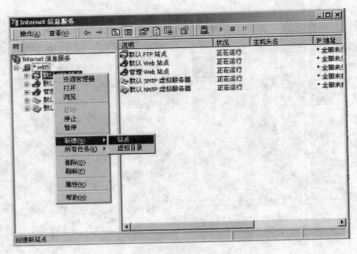

图 6-17　新建 Web 站点

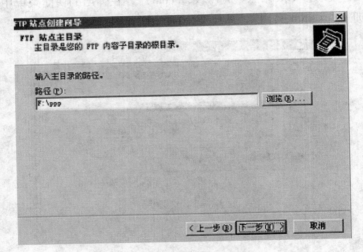

图 6-18　设置主目录路径

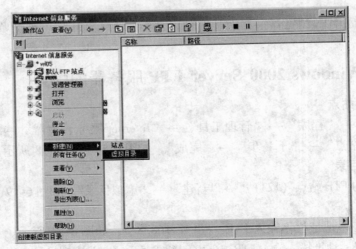

图 6-19　新建虚拟目录

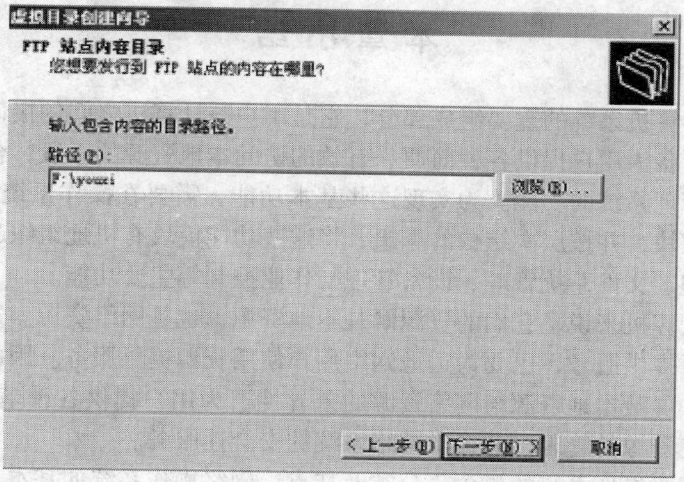

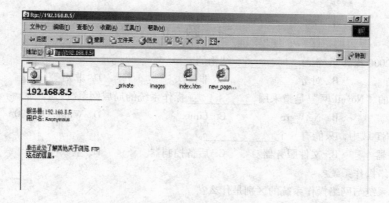

图 6-20　设置虚拟目录路径

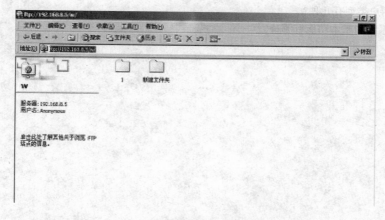

图 6-21　测试 FTP 服务

图 6-22　查看虚拟目录内容

本 章 小 结

操作系统是计算机系统的重要组成部分，它是用户与计算机之间的接口。一般来说，单机操作系统必须具备为用户提供各种简便、有效的访问本地资源的手段，合理地组织系统工作流程，有效地管理系统的功能。为实现这些基本功能，需要在操作系统中建立各种进程，编写不同的功能模块，并按层次结构的思想，将这些功能模块有机地组织起来，以完成处理器管理、存储管理、文件系统管理、设备管理与作业控制等主要功能。

对于连网的计算机来说，它们的资源既是本地资源，也是网络资源。这些计算机既要为本地用户使用资源提供服务，也要为远地网络用户使用资源提供服务。因此，网络操作系统的基本任务就是：屏蔽本地资源与网络资源的差异性，为用户提供各种基本网络服务功能，完成网络共享系统资源的管理，并提供网络系统的安全性服务。

本章介绍了网络操作系统的概念、分类及特点，网络操作系统的基本功能以及典型的网络操作系统，并以实训的方式介绍了 Windows 2000 Server 中 DNS、Web、FTP 服务器的配置。

习 题 6

1. Windows 2000 操作系统是＿＿＿＿＿＿结构的。

A. 层次   B. 对等   C. 非层次   D. 非对等

2. 人们常说的"Novell 网"是指采用＿＿＿＿＿＿操作系统的局域网系统。

A. UNIX   B. NetWare   C. Linux   D. Windows 2000

3. Windows NT 域中，只能有一个＿＿＿＿＿＿。

A. 普通服务器   B. 文件服务器   C. 后备控制器   D. 主域控制器

4. 什么是网络操作系统？

5. 单机操作系统与网络操作系统的区别是什么？

6. 非对等网络操作系统与对等网络操作系统的主要区别是什么？

7. Linux 网络操作系统的特点有哪些？

8. NetWare 用户类型有几种？

9. 网络操作系统的基本功能有哪些？

第 7 章

网络互联及设备

【学习目标】

1) 了解网络互联的概念。
2) 掌握互联设备的工作层次、功能及应用。
3) 了解网络互联设备的工作原理。

7.1　网络互联概述

　　LAN 的迅速增长，把越来越多的彼此独立的个人计算机带入了网络环境，从而达到了共享资源和交换信息的目的。然而，由于 LAN 本身的连接距离限制（一般在几公里之内）和用户针对不同的应用选择 LAN 的类型不一样，所以不同企业甚至是同一个企业的不同部门之间形成了多个 LAN 孤岛，如图 7-1 所示。如何把这些 LAN 互连起来，像使用电话系统那样方便地使用计算机网络，是网络互联要解决的问题。

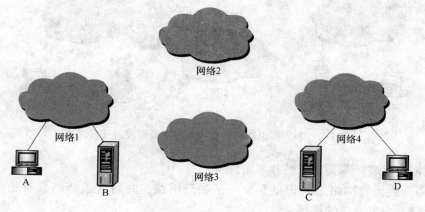

图 7-1　LAN 孤岛

　　网络互联是为了将两个或者两个以上具有独立自治能力、同构或异构的计算机网络连接起来，以形成能够实现数据流通，扩大资源共享范围，或者容纳更多用户的更加庞大的网络系统。

7.1.1　网络互联的概念

计算机网络往往由许多种不同类型的网络互相连接而成。如果几个计算机网络只是在物理上连接在一起，它们之间并不能进行通信，那么这种"互连"并没有什么实际意义。因此通常在谈到"互联"时，就已经暗示这些相互连接的计算机是可以进行通信的，也就是说，从功能上和逻辑上看，这些计算机网络已经组成了一个大型的计算机网络，或称为互联网络。

1. 网络互连与网络互联

互连（Interconnection）：是指网络在物理上的连接，两个网络之间至少有一条在物理上连接的线路，它为两个网络的数据交换提供了物质基础和可能性，但并不能保证两个网络一定能够进行数据交换，这要取决于两个网络的通信协议是不是相互兼容。

互联（Internetworking）：网络互联是指网络在物理和逻辑上，尤其是逻辑上的连接。

网络互联是指将两个或两个以上的计算机网络通过一定的方法，用一种或多种网络通信设备互联起来，从而构成更大的网络系统，实现网络间更广泛的资源共享，并通过通信使不同网络上的用户可以进行信息和数据的交换。

互联的网络和设备可以是同种类型的，也可以是不同种类型的，甚至可以是运行不同网络协议的设备与系统。对于网络用户来说，互联网络的结构对用户是透明的，用户不必区分各子网的网络协议、服务类型和网络管理等方面的差异。图 7-2 所示为利用路由器将物理网络相连而形成的互联网。

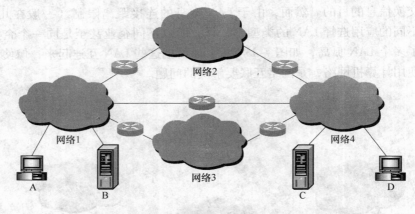

图 7-2　利用路由器将物理网络相连而形成的互联网

要实现网络互联，需要满足的基本条件是：

1）在需要连接的网络之间提供至少一条物理链路，并对这条链路具有相应的控制规程，使之能建立数据交换的连接。

2）在不同网络之间具有合适的路由，以便能相互通信以交换数据。

3）可以对网络的使用情况进行监视和统计，以方便网络的维护和管理。

2. "互连"、"互通" 和 "互操作" 三个术语

1）"互连" 指在两个物理网络之间至少有一条物理链路，它为两个网络的数据交换提供了物质基础和可能性，但并不能保证两个网络一定能够进行数据交换，这取决于两个网络的通信协议是否相互兼容。

2）"互通"指两个网络之间可以交换数据，它仅涉及通信的两个网络之间的端—端连接与数据交换，为互操作提供条件。

3）"互操作"指两个网络中不同计算机系统之间具有透明地访问对方资源的能力，一般由高层软件来实现。

因此，互连、互通、互操作表示了三层含义，互连是基础，互通是手段，互操作才是网络互连的目的。

7.1.2 网络互联的类型

按照地理覆盖范围对网络进行分类，网络互联主要有以下 4 种类型，如图 7-3 所示。

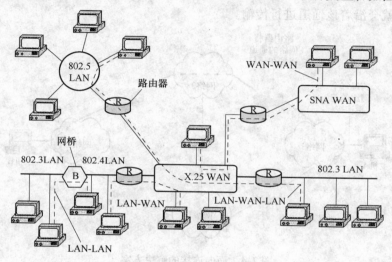

图 7-3 网络互联类型

1）局域网与局域网互连（LAN-LAN），如以太网与令牌环之间的互连。

2）局域网与广域网互连（LAN-WAN），如使用公用电话网、分组交换网、DDN、ISDN、帧中继等连接远程局域网。

3）广域网与广域网互连（WAN-WAN），如专用广域网与公用广域网的互连。

4）局域网与广域网再连接局域网（LAN-WAN-LAN），如以太网通过 DDN 与令牌环之间的互连。

7.1.3 网络互联的解决方案

网络互联的主要目的是使不同网络上的用户能互相通信，其中最主要的内容是网络扩展。进行网络扩展的主要原因有：

1）扩展覆盖范围。由于局域网受到传输介质、通信设备等限制，其通信距离总是有一定限制的，通过网络互联，可扩展其通信距离。

2）形成更大的网络。一个计算机网络所能连接的计算机数量总是有限的，通过网络互联，能增加连网计算机的数量，扩大网络规模。

3）提高网络性能。随着网络的广泛应用，人们要求更快的传输速度、更短的响应时间和更多的业务服务，通过网络互联，可以大大提高网络的整体功能。

网络互连是 ISO/OSI 参考模型的网络层或 TCP/IP 体系结构的互连层需要解决的问题。网络互联可以采用面向连接的和面向非连接的两种解决方案。

1. 面向连接的解决方案

面向连接的解决方案要求两个节点在通信时建立一条逻辑通道，所有的信息单元沿着这条逻辑通道传输。路由器将一个网络中的逻辑通道连接到另一个网络中的逻辑通道，最终形成一条从源节点至目的节点的完整通道。

例如，图 7-4 中主机 A 和主机 B 通信时形成一条逻辑通道。该通道经过网络 1、网络 2 和网络 4，并利用路由器 i 和路由器 m 连接起来。一旦该通道建立起来，主机 A 和主机 B 之间的信息传输就会沿着该通道进行传输。

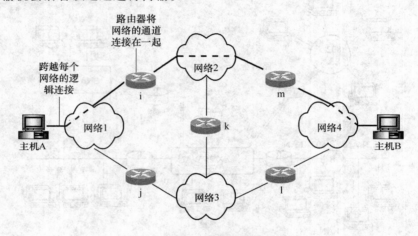

图 7-4　面向连接的解决方案

2. 面向非连接的解决方案

与面向连接的互联网解决方案不同，面向非连接的解决方案并不需要建立逻辑通道。网络中的信息单元被独立对待，这些信息单元经过一系列的网络和路由器，最终到达目的节点。

例如，图 7-5 中当主机 A 需要发送一个数据单元 P1 到主机 B 时，主机 A 首先进行路由选择，判断 P1 到达主机 B 的最佳路径。如果它认为 P1 经过路由器 i 到达主机 B 是一条最佳路径，那么，主机 A 就将 P1 投递给路由器 i。路由器 i 收到主机 A 发送的数据单元 P1 后，根据自己掌握的路由信息为 P1 选择一条到达主机 B 的最佳路径，从而决定将 P1 传递给路由器 k 还是 m。这样，P1 经过多个路由器的中继和转发，最终将到达目的主机 B。

如果主机 A 需要发送另一个数据单元 P2 到主机 B，那么，主机 A 同样需要对 P2 进行路由选择。在面向非连接的解决方案中，由于设备对每一数据单元的路由选择独立进行，因此，数据单元 P2 到达目的主机 B 可能经过了一条与 P1 完全不同的路径。目前流行的互联网都采用这种方案。

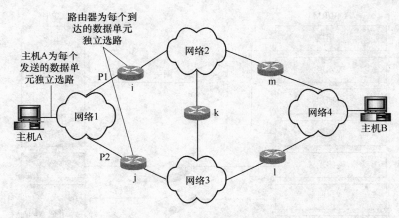

图 7-5　面向非连接的解决方案

7.2　网络互联设备

按照连接网络的不同，网络互联设备分为中继器、集线器、网桥、交换机、路由器和网关等。图 7-6 所示为实际网络中的互联设备。用户在构建网络系统和连接不同的网络时，正确地选择互联设备尤为重要。

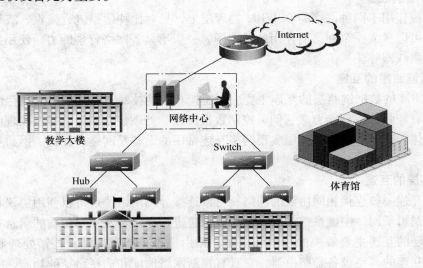

图 7-6　实际网络中的互联设备

7.2.1　网络互联的层次

将网络互相连接起来要使用一些中间设备，ISO 的术语称之为中继（Relay）系统。中继系统在网间进行协议和功能转换，具有很强的层次性，如图 7-7 所示。

根据中继系统所在的层次，可以有以下几种中继系统：

1）物理层中继系统，即转发器或中继器（Repeater）。

2）数据链路层中继系统，即网桥（Bridge）和交换机（Switch）。

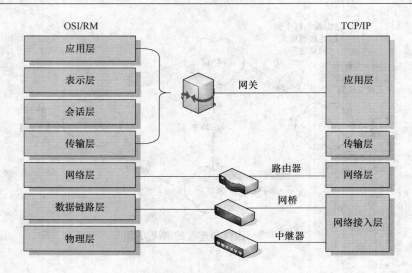

图 7-7　网络互联的层次

3）网络层中继系统，即路由器（Router）和三层交换机（Switch）。

4）网络层以上的中继系统（应用层），即网关（Gateway）。

一般讨论互联网时，都是指用路由器进行互连的网络。

1. 物理层的互连

中继系统作用于同种网络的 OSI/RM 物理层上，只对比特信号进行接收、波形整形、放大和发送，可以扩大一个网络的作用地域范围，一般不具备网络管理能力。使用的设备主要有中继器、集线器等。

2. 数据链路层的互连

在 OSI/RM 的数据链路层的互连主要应用桥接和交换技术，对帧信息进行存储转发，对传输的信息有较强的管理能力。它们可控制数据流量、处理传输错误、提供物理编址以及管理对物理媒体的访问。数据链路层实现网络互连常用的设备是网络适配器、网桥和二层交换机等。

3. 网络层的互连

网络层互连一般连接相同协议的网络，可以连接异构网络，还可以利用协议将整个网络划分为若干逻辑子网。中继系统在网络层对数据包进行存储转发，对传输的信息有很强的管理能力，本层的互连主要解决的技术问题是：路由选择、拥塞控制、差错处理和分段技术等。网络层互连的典型设备是路由器，它具有判断网络地址和选择路径的功能，完成网络层中继的任务。

4. 应用层的互连

网关（Gateway）是应用层使用的互连设备，属于能够连接不同网络的硬件和软件的结合产品，用来连接异类网络，是一个协议转换器。它工作在 OSI/RM 模型或 TCP/IP 体系的高层，通过网关可使不同的格式、不同的通信协议、不同的结构类型的网络连接起来，使不同协议网络间的信息包传送和接收，简化了网络的管理。

7.2.2　物理层互连设备

物理层是 OSI 参考模型的最底层，物理层设备有中继器、集线器、无线 AP 等。工作在物理层的设备由于性能限制，无法分辨出传输信号中的数据信息，其任务就是为和它互相连接的设备提供一个传输数据的物理连接，数据流在物理信道上是以信号的方式进行传输的。

1. 中继器

中继器（Repeater）是连接网络线路的一种装置，常用于两个网络节点之间物理信号的双向转发工作。中继器是最简单的网络互联设备，主要完成物理层的功能，负责在两个节点的物理层上按位传递信息，完成信号的复制、调整和放大功能，以此来延长网络的长度。

中继器的功能是在物理层内实现透明的二进制比特复制、补偿信号衰减。也就是说，中继器接收从一个网段传来的所有信号，放大后发送到另一个网段。由于存在损耗，在线路上传输的信号功率会逐渐衰减，衰减到一定程度时将造成信号失真，因此会导致接收错误。中继器就是为解决这一问题而设计的。它完成物理线路的连接，对衰减的信号进行放大，保持与原数据相同，如图 7-8 所示。一般情况下，中继器两端连接相同的媒体，但有的中继器也可以完成不同媒体的转接工作。

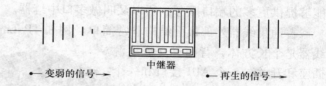

图 7-8　中继器的放大再生信号功能

网络中两个中继器之间或终端与中继器之间的一段完整的、无连接点数据传输段称为网段。中继器放大和转发数据的特点是：中继器不了解传输帧的格式，也没有物理地址。信号转发时，中继器不等一个完整的帧发送过来就把信号从一个网段发送到另外一个网段中。经过中继器，能把有效的连接距离扩大一倍。例如，以太网段的最大连接距离是 500m，经一个中继器将两个网段连接起来，可以使以太网长度达到 1000m。由此可见，中继器不但具有接收、放大、整形和转发网络信息的作用，而且使用带有不同接口的中继器，可以连接两个使用不同的传输介质、不同类型的以太网段。

从理论上讲中继器的使用是无限的，网络也因此可以无限延长。事实上这是不可能的，因为网络标准中都对信号的延迟范围作了具体的规定，中继器只能在此规定范围内进行有效的工作，否则会引起网络故障。在以太网中使用中继器要注意"5-4-3-2-1 原则"，即 4 个中继器连接 5 个段，其中只有 3 个段可以连接主机，另外 2 个段是连接段，它们共处于 1 个广播域中。用中继器连接两个网段，如图 7-9 所示。

图 7-9　用中继器连接两个网段

中继器的应用特点：

（1）中继器的主要优点　中继器安装简单，可以轻易地扩展网络的长度，使用方便、价格相对低廉。另外，中继器工作在物理层，因此它要求所连接的网段在物理层以上使用相同或兼容协议。

（2）中继器的主要缺点

1）中继器用于局域网之间有条件的连接。

2）中继器不能提供所连接网段之间的隔离功能。

3）中继器不能抑制广播风暴。

4）使用中继器扩展网段和网络距离时，其数目有所限制。

2. 集线器

集线器的英文为"Hub"，"Hub"是"中心"的意思。集线器的主要功能是对接收到的信号进行再生整形放大，以扩大网络的传输距离，同时把所有节点集中在以它为中心的节点上。集线器工作于 OSI 参考模型的物理层，与网卡、网线等传输介质一样，属于局域网中的基础设备，采用 CSMA/CD 访问方式。集线器实际上就是中继器的一种，区别仅在于集线器能够提供更多的端口服务，所以又叫做多口中继器。

普通集线器外部板面结构非常简单。例如 TP-Link 最简单的 10BASE-T Ethernet Hub 集线器是个长方体，背面有交流电源插座和开关、一个 AUI 接口和一个 BNC 接口，正面的大部分位置分布有一行 17 个 RJ-45 接口。在正面的右边还有与每个 RJ-45 接口对应的 LED 接口指示灯和 LED 状态指示灯，如图 7-10 所示。高档集线器从外表上看，与现代路由器或交换式路由器没有多大区别。尤其是

图 7-10　TP-Link 集线器

现代双速自适应以太网集线器，由于普遍内置有可以实现内部 10Mbit/s 和 100Mbit/s 网段间相互通信的交换模块，使得这类集线器完全可以在以该集线器为节点的网段中，实现各节点之间的通信交换，有时也将此类交换式集线器简单地称为交换机，这些都使得初次使用集线器的用户很难正确地辨别它们。但根据背板接口类型来判别集线器，是一种比较简单的方法。

（1）集线器的工作特点　依据 IEEE 802.3 协议，集线器功能是随机选出某一端口的设备，并让它独占全部带宽，与集线器的上联设备（交换机、路由器或服务器等）进行通信。由此可以看出，集线器在工作时具有以下两个特点。

首先，Hub 只是一个多端口的信号放大设备，工作中当一个端口接收到数据信号时，由于信号在从源端口到 Hub 的传输过程中已有了衰减，所以 Hub 便将该信号进行整形放大，使被衰减的信号再生（恢复）到发送时的状态，紧接着转发到其他所有处于工作状态的端口上。从 Hub 的工作方式可以看出，它在网络中只起到信号放大和重新发送的作用，其目的是扩大网络的传输范围，而不具备信号的定向传送能力，是一个标准的共享式设备。因此有人称集线器为"傻 Hub"或"哑 Hub"。

其次，Hub 只与它的上联设备（如上层 Hub、交换机或服务器）进行通信，同层的各端口之间不会直接进行通信，而是通过上联设备再将信息广播到所有端口上。由此可见，即

使在同一 Hub 的不同两个端口
之间进行通信，也必须要经过
两步操作：第一步是将信息上
传到上联设备；第二步是上联
设备再将该信息广播到所有端
口上，如图 7-11 所示。

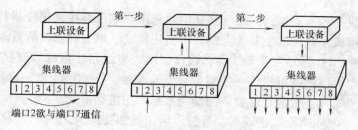

图 7-11　集线器的工作特点

不过，随着技术的发展和
需求的变化，目前的许多 Hub
在功能上进行了拓宽，不再受这种工作机制的影响。由 Hub 组成的网络是共享式网络，同
时 Hub 也只能够在半双工下工作。

Hub 主要用于共享网络的组建，是解决从服务器直接到桌面最经济的方案。在交换式网
络中，Hub 直接与交换机相连，将交换机端口的数据送到桌面。使用 Hub 组网灵活，它处
于网络的一个星形节点，对节点相连的工作站进行集中管理，不让出问题的工作站影响整个
网络的正常运行，并且用户的加入和退出也很自由。

（2）集线器的分类

1）按结构和功能分类。按结构和功能分类，集线器可分为未管理的集线器、堆叠式集
线器和底盘集线器三类。

① 未管理的集线器。最简单的集线器通过以太网总线提供中央网络连接，以星形的形
式连接起来，称为未管理的集线器。未管理的集线器只用于很小型的至多 12 个节点的网络
中（在少数情况下，可以更多一些）。未管理的集线器没有管理软件或协议来提供网络管理
功能。这种集线器可以是无源的，也可以是有源的，有源集线器使用得更多。

② 堆叠式集线器。堆叠式集线器是稍微复杂一些的集线器。堆叠式集线器最显著的特
征是 8 个转发器可以直接彼此相连。这样只需简单地添加集线器并将其连接到已经安装的集
线器上就可以扩展网络，这种方法不仅成本低，而且简单易行。

③ 底盘集线器。底盘集线器是一种模块化的设备，在其底板电路板上可以插入多种类
型的模块。有些集线器带有冗余的底板和电源。同时，有些模块允许用户不必关闭整个集线
器便可替换那些失效的模块。集线器的底板给插入模块准备了多条总线，这些插入模块可以
适应不同的网段，如以太网、快速以太网、光纤分布式数据接口（Fiber Distributed Data
Interface，FDDI）和异步传输模式（Asynchronous Transfer Mode，ATM）。有些集线器还包含
有网桥、路由器或交换模块。有源的底盘集线器有时会有重定时的模块，用来与放大的数据
信号关联。

2）按局域网的类型分类。从局域网角度来区分，集线器可分为五种不同类型。

① 单中继网段集线器。它是最简单的集线器，是一类用于最简单的中继式 LAN 网段的
集线器，与堆叠式以太网集线器或令牌环网多站访问部件（MAU）等类似。

② 多网段集线器。从单中继网段集线器直接派生而来，采用集线器背板，这种集线器
带有多个中继网段。其主要优点是可以将用户分布于多个中继网段上，以减少每个网段的信
息流量负载，网段之间的信息流量一般要求独立的网桥或路由器。

③ 端口交换式集线器。该集成器是在多网段集线器基础上，将用户端口和多个背板网
段之间的连接过程自动化，并通过增加端口交换矩阵（PSM）来实现的集线器。PSM 可提

供一种自动工具，用于将任何外来用户端口连接到集线器背板上的任何中继网段上。端口交换式集线器的主要优点是，可实现移动、增加和修改的自动化。

④ 网络互联集线器。端口交换式集线器注重端口交换，而网络互联集线器在背板的多个网段之间可提供一些类型的集成连接，该功能通过一台综合网桥、路由器或 LAN 交换机来完成。目前，这类集线器通常都采用机箱形式。

⑤ 交换式集线器。目前，集线器和交换机之间的界限已变得模糊。交换式集线器有一个核心交换式背板，采用一个纯粹的交换系统代替传统的共享介质中继网段。此类产品已经上市，并且混合的（中继/交换）集线器很可能在以后几年控制这一市场。应该指出，这类集线器和交换机之间的特性几乎没有区别。

（3）局域网集线器的选择　随着技术的发展，在局域网尤其是在一些大中型局域网中，集线器已逐渐退出应用，而被交换机代替。目前，集线器主要应用于一些中小型网络或大中型网络的边缘部分。下面以中小型局域网的应用为特点，介绍其选择方法。

1）以速度为标准。集线器速度的选择，主要决定于以下三个因素。

① 上联设备带宽。如果上联设备允许 100Mbit/s，自然可购买 100Mbit/s 集线器；否则 10Mbit/s 集线器应是理想选择。这是因为对于网络连接设备数较少，而且通信流量不是很大的网络来说，10Mbit/s 集线器就可以满足应用需要。

② 提供的连接端口数。由于连接在集线器上的所有站点都争用同一个上行总线，所以连接的端口数目越多，就越容易造成冲突。同时，发往集线器任一端口的数据将被发送至与集线器相连的所有端口上，端口数过多将降低设备有效利用率。依据实践经验，一个 10Mbit/s 集线器所管理的计算机数不宜超过 15 个，100Mbit/s 集线器所管理的计算机数不宜超过 25 个。如果超过，则应使用交换机来代替集线器。

③ 应用需求。当传输的内容不涉及语音、图像，且传输量相对较小时，选择 10Mbit/s 即可。如果传输量较大，且有可能涉及多媒体应用（注意集线器不适于用来传输时间敏感性信号，如语音信号）时，应当选择 100Mbit/s 或 10/100Mbit/s 自适应集线器。10/100Mbit/s 自适应集线器的价格一般要比 100Mbit/s 的集线器高。

2）以能否满足拓展为标准。当一个集线器提供的端口不够时，一般有以下两种拓展用户数目的方法。

① 堆叠。堆叠是解决单个集线器端口不足时的一种方法，但是因为堆叠在一起的多个集线器还是工作在同一个环境下，所以堆叠的层数也不能太多。然而，市面上许多集线器以其堆叠层数比其他品牌的多而作为卖点，如果遇到这种情况，要区别对待：一方面可堆叠层数越多，一般说明集线器的稳定性越高；另一方面可堆叠层数越多，每个用户实际可享有的带宽则越小。

② 级连。级连是在网络中增加用户数的另一种方法，但是此项功能的使用一般是有条件的，即 Hub 必须提供可级连的端口，此端口上常标有"Uplink"或"MDI"的字样，可用此端口与其他的 Hub 进行级连。如果没有提供专门的端口而必须要进行级连时，连接两个集线器的双绞线在制作时必须要进行错线。

3）以是否提供网管功能为标准。早期的 Hub 属于一种低端的产品，且不可管理。近年来，随着技术的发展，部分集线器在技术上引进了交换机的功能，可通过增加网管模块实现对集线器的简单管理（SNMP），以方便使用。但需要指出的是，尽管同是对 SNMP 提供支持，不同厂商的模块是不能混用的，即使是同一厂商的不同产品的模块也不能误用。目前提供 SNMP 功能的 Hub 其售价较高，如 D-Link 公司的 DEl824 非智能型 24 口 10Base-T 的售价比加装网管模块后的 DEl8241 要便宜 1000 元人民币左右。

　　4）以外形尺寸为参考。如果网络系统比较简单，没有楼宇之间的综合布线，而且网络内的用户比较少，如一个家庭、一个或几个相邻的办公室，则没有必要再考虑 Hub 的外形尺寸。但是有的时候情况并非如此，例如为了便于对多个 Hub 进行集中管理，在购买 Hub 之前已经购置了机柜，这时在选购 Hub 时必须要考虑它的外形尺寸，否则 Hub 无法安装在机架上。现在市面上的机柜在设计时一般都遵循 19in（1in = 0.0254m）的工业规范，它可安装大部分的 5 口、8 口、16 口和 24 口的 Hub。不过，为了防止意外，在选购时一定注意它是否符合 19in 工作规范，以便在机柜中安全、集中地进行管理。

　　5）适当考虑品牌和价格。像网卡一样，目前市面上的 Hub 基本由美国品牌和中国台湾品牌占据，近来内地几家公司也相继推出了集线器产品。其中高档 Hub 主要还是由美国品牌占领，如 3COM、Intel、Bay 等，它们在设计上比较独特，一般几个甚至是每个端口配置一个处理器，当然，价格也较高。我国台湾地区的 D-Link 和 Accton 占有了中低端 Hub 的主要份额，内地的联想、实达、TP-Link 等公司分别以雄厚的实力向市场上推出了自己的产品。这些中低档产品均采用单处理器技术，其外围电路的设计思想大同小异，实现这些思想的焊接工艺手段也基本相同，价格相差不多，内地产品相对略便宜些，正日益占据更大的市场份额。近来，随着交换机产品价格的日益下降，集线器市场日益萎缩，不过，在特定的场合，集线器以其低延迟的特点可以用更低的投入带来更高的效率。集线器特别适合家庭几台机器的网络或者中小型公司作为分支网络使用。交换机不可能完全代替集线器。

3. 无线访问节点

　　无线访问节点（Access Point，AP）是一个包含很广的名称，它不仅包含单纯性无线接入点（无线 AP），也同样是无线路由器（含无线网关、无线网桥）等类设备的统称。主要提供无线工作站对有线局域网和从有线局域网对无线工作站的访问，在访问接入点覆盖范围内的无线工作站可以通过它进行相互通信，是无线网和有线网之间沟通的桥梁，相当于一个无线集线器、无线收发器。

　　各种文章或厂家在面对无线 AP 时的称呼目前比较混乱，但随着无线路由器的普及，目前的情况下如没有特别的说明，我们一般还是只将所称呼的无线 AP 理解为单纯性无线 AP，以示和无线路由器加以区分。

　　单纯性无线 AP 就是一个无线的交换机，仅仅提供一个无线信号发射的功能。其工作原理是将网络信号通过双绞线传送过来，经过 AP 产品的编译，将电信号转换成为无线电信号发送出来，形成无线网的覆盖。根据不同的功率，可以实现不同程度、不同范围的网络覆盖，一般无线 AP 的最大覆盖距离可达 300m。多数单纯性无线 AP 本身不具备路由功能，包括 DNS、DHCP、Firewall 在内的服务器功能都必须有独立的路由或是计算机来完成。目前大多数的无线 AP 都支持多用户（30 ~ 100 台计算机）接入、数据加密、多速率发送等功能，在家庭、办公室内，一个无线 AP 便可实现所有计算机的无线接入。

　　无线 AP 与无线路由器类似，按照协议标准本身来说 IEEE 802.11b 和 IEEE 802.11g 的覆盖范围是室内 100m、室外 300m。这个数值仅是理论值，在实际应用中，会碰到各种障碍物，其中玻璃、木板、石膏墙对无线信号的影响最小，而混凝土墙壁和铁对无线信号的屏蔽最大。所以通常实际使用范围是室内 30m、室外 100m（没有障碍物）。

7.2.3　数据链路层互联设备

数据链路可以粗略地理解为数据传输通道，位于物理层与网络层之间，是数据传输过程中比较重要的一层。物理层设备为终端设备间提供传输媒介及连接，但通信设备之间的传输连接只在通信时暂时连接。每次通信都要经过建立通信连接和拆除通信连接两个过程，这种建立起来的数据收发关系叫做数据链路。承担这种工作任务的设备叫做数据链路层设备。常见的数据链路层设备有网卡、网桥和二层交换机。

1. 网卡

网卡（Network Interface Card，NIC），也称网络适配器，是计算机与局域网相互连接的设备。无论是普通计算机还是高端服务器，只要连接到局域网，就需要安装一块网卡。如果有必要，一台计算机也可以同时安装两块或多块网卡。网卡是局域网中最基本的部件之一，它是连接计算机与网络的硬件设备。无论是双绞线连接、同轴电缆连接还是光纤连接，都必须借助于网卡才能实现数据的通信。平常所说的网卡就是连接 PC 和 LAN 的网络适配器。网卡插在计算机主板插槽中，负责将用户要传递的数据转换为网络上其他设备能够识别的格式，并通过网络介质传输。它的主要技术参数有带宽、总线方式、电气接口方式等。

（1）网卡的功能　网卡的功能主要有并行到串行的数据转换、包的装配和拆装、网络存取控制、数据缓存和网络信号。其基本功能有两个：一是将计算机的数据封装为帧，并通过网线（对无线网络来说就是电磁波）将数据发送到网络上去；二是接收网络上其他设备传过来的帧，并将帧重新组合成数据，发送到所在的计算机中。网卡能接收所有在网络上传输的信号，但正常情况下只接受发送到该计算机的帧和广播帧，而将其余的帧丢弃。然后，传送到系统 CPU 做进一步处理。当计算机发送数据时，网卡等待合适的时间将分组插入到数据流中。接收系统通知计算机消息是否完整地到达，如果出现问题，将要求对方重新发送。

（2）网卡的工作原理　发送数据时，网卡首先侦听介质上是否有载波（载波由电压指示），如果有，则认为其他站点正在传送信息，继续侦听介质。一旦通信介质在一定时间段内（称为帧间缝隙 IFG = 9.6μs）是安静的，即没有被其他站点占用，则开始进行帧数据发送，同时继续侦听通信介质，以检测冲突。在发送数据期间如果检测到冲突，则立即停止该次发送，并向介质发送一个"阻塞"信号，告知其他站点已经发生冲突，从而丢弃那些可能一直在接收的受到损坏的帧数据，并等待一段随机时间（CSMA/CD 确定等待时间的算法是二进制指数退避算法）。在等待一段随机时间后，再进行新的发送。如果重传多次后（大于 16 次）仍发生冲突，就放弃发送。

接收数据时，网卡浏览介质上传输的每个帧，如果其长度小于 64 字节，则认为是冲突碎片。如果接收到的帧不是冲突碎片且目的地址是本地地址，则对帧进行完整性校验，如果帧长度大于 1518 字节（称为超长帧，可能由错误的 LAN 驱动程序或干扰造成）或未能通过 CRC 校验，则认为该帧发生了畸变。通过校验的帧被认为是有效的，网卡将它接收下来进行本地处理。

（3）网卡的分类　根据网络技术的不同，网卡的分类也有所不同，如大家所熟知的 ATM 网卡、令牌环网卡和以太网网卡等，目前约有 80% 的局域网采用以太网技术；就兼容网卡而言，网卡一般分为普通工作站网卡和服务器专用网卡；按网卡所支持带宽的不同可分为 10Mbit/s 网卡、100Mbit/s 网卡、10Mbit/s/100Mbit/s 自适应网卡、1000Mbit/s 网卡几种；根据网卡总线类型的不同，主要分为 ISA 网卡、EISA 网卡和 PCI 网卡三大类。

目前，对于大数据量网络来说，服务器应该采用千兆以太网网卡，这种网卡多用于服务器与交换机之间的连接，以提高整体系统的响应速率。而 10Mbit/s、100Mbit/s 和 10/100Mbit/s 网卡则属于人们经常购买且常用的网络设备，这三种产品的价格相差不大。所谓 10/100Mbit/s 自适应是指网卡可以与远端网络设备（集线器或交换机）自动协商，确定当前的可用速率是 10Mbit/s 还是 100Mbit/s。对于通常的文件共享等应用来说，10Mbit/s 网卡就已经足够了，但对于将来可能的语音和视频等应用来说，100Mbit/s 网卡将更利于实时应用的传输。鉴于 10Mbit/s 技术已经拥有的基础（如以前的集线器和交换机等），通常的变通方法是购买 10/100Mbit/s 网卡，这样既有利于保护已有的投资，又有利于网络的进一步扩展。就整体价格和技术发展而言，千兆以太网到桌面机尚需时日，但 10Mbit/s 的时代已经逐渐远去。因而对于中小企业来说，10/100Mbit/s 网卡应该是采购时的首选。

当前计算机常见的总线接口方式都可以从主流网卡厂商那里找到适用的产品。但值得注意的是，市场上很难找到 ISA 接口的 100Mbit/s 网卡。ISA 接口的网卡，如图 7-12 所示。1994 年以来，PCI 总线架构日益成为网卡的首选总线，目前已牢固地确立了在服务器和高端桌面机中的地位。ISA 总线网卡的带宽一般为 10Mbit/s，PCI 总线网卡的带宽从 10Mbit/s 到 1000Mbit/s 都有。同样是 10Mbit/s 网卡，因为 ISA 总线为 16 位，而 PCI 总线为 32 位，所以 PCI 网卡要比 ISA 网卡快。PCI 以太网网卡的高性能、易用性和增强了的可靠性使其被标准以太网网络所广泛采用，并得到了 PC 业界的支持。图 7-13 所示即为目前常用的 PCI 网卡。

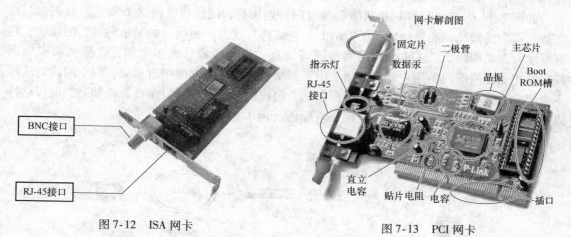

图 7-12　ISA 网卡　　　　　　　　　图 7-13　PCI 网卡

（4）MAC 地址　MAC 地址又叫做网卡的物理地址或硬件地址，通常是由网卡生产厂家植入网卡的 EPROM（一种闪存芯片，通常可以通过程序擦写）。它存储的是传输数据时真正赖以标识发出数据的计算机和接收数据的主机的地址。MAC 地址由 48 比特长（6 字节），16 进制的数字组成，0 ~ 23 位叫做组织唯一（Organizationally Unique）标志符，是识别 LAN 节点的标识，24 ~ 47 位是由厂家自己分配，如 44-45-53-54-00-00，以机器可读的方式存入主机接口中。

IP 地址就如同一个职位，而 MAC 地址则好像是去应聘这个职位的人才，职位既可以让甲坐，也可以让乙坐，同样的道理一个节点的 IP 地址对于网卡不做要求，基本上什么样的厂家都可以用，也就是说 IP 地址与 MAC 地址并不存在着绑定关系。有的计算机本身流动性就比较强，正如同人才可以给不同的单位干活的道理一样，人才的流动性也是比较强的。如果一个网卡坏了，可以被更换，而无须取得一个新的 IP 地址。如果一个 IP 主机从一个网络移到另一个网络，可以给它一个新的 IP 地址，而无须换一个新的网卡。当然 MAC 地址只有这个功能还是不够的，就拿人类社会与网络进行类比，通过类比就可以发现其中的类似之处，更好地理解 MAC 地址的作用。无论是局域网，还是广域网中的计算机之间的通信，最终都表现为将数据包从某种形式的链路上的初始节点出发，从一个节点传递到另一个节点，最终传送到目的节点。数据包在这些节点之间的移动都是由地址解析协议（Address Resolution Protocol，ARP）负责将 IP 地址映射到 MAC 地址上来完成的。其实人类社会和网络也是类似的，试想在人际关系网络中，甲要捎个口信给丁，就会通过乙和丙中转一下，最后由丙转告给丁。在网络中，这个口信就好比是一个网络中的数据包。数据包在传送过程中会不断询问相邻节点的 MAC 地址，这个过程就好比是人类社会的口信传送过程。通过这两个例子，读者可以进一步理解 MAC 地址的作用。

2. 网桥

网桥是连接两个局域网的设备，工作在数据链路层，准确地说，它工作在 MAC 子层上，可以完成具有相同或相似体系结构网络系统的连接。网桥对端点用户是透明的，像一个"聪明的"中继器。网桥是为各种局域网存储转发数据而设计的，可以将不同的局域网连在一起，组成一个扩展的局域网。它将两个相似的网络连接起来，对网络数据的流通进行管理，不但能扩展网络的距离或范围，而且可以提高网络的性能以及网络的可靠性和安全性。

如图 7-14 所示，网络 1 和网络 2 通过网桥连接后，网桥接收网络 1 发送的数据包，检查数据包中的地址，如果地址属于网络 1，它就将其放弃；相反，如果是网络 2 的地址，它就继续发送给网络 2。这样可利用网桥隔离信息，将网络划分成多个网段，隔离出安全网段，防止其他网段内的用户非法访问。由于网络的分段，各网段相对独立，一个网段的故障不会影响到另一个网段的运行。网桥可以是专门硬件设备，也可以由计算机加装的网桥软件来实现，这时计算机上会安装多个网络适配器（网卡）。

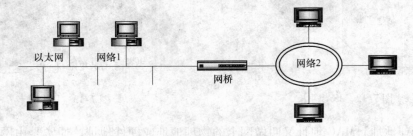

图 7-14　网桥互连

（1）网桥的功能　　网桥的功能在延长网络跨度上类似于中继器，然而它能提供智能化连接服务，即根据帧的终点地址处于哪一网段来进行转发和滤除。网桥对站点所处网段的了解是靠"自学习"实现的。

　　当使用网桥连接两段 LAN 时，网桥对来自网段 1 的 MAC 帧，首先要检查其终点地址。如果该帧是发往网段 1 上某一站的，网桥则不将该帧转发到网段 2，而是将其滤除；如果该帧是发往网段 2 上某一站的，网桥则将它转发到网段 2。这表明，如果 LAN1 和 LAN2 上各有一对用户在本网段上同时进行通信，显然是可以实现的，因为网桥起到了隔离作用。可以看出，网桥在一定条件下具有增加网络带宽的作用。

　　网桥的功能主要有以下几点：

　　1）网桥对所接收的信息帧不做任何修改，只查看 MAC 帧的源地址和目的地址。

　　2）网桥可以过滤和转发信息。

　　3）网桥可以连接两个同种网络，起信号中继放大作用，从而延伸网络范围。

　　4）网桥具有地址学习功能。

　　图 7-15 所示为 OSI/RM 中的网桥。

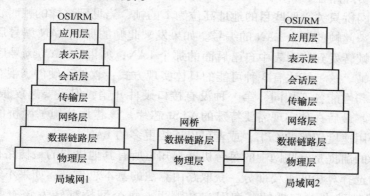

图 7-15　OSI/RM 中的网桥

（2）网桥的种类

　　1）透明网桥　透明网桥以混杂方式工作，它接收与之连接的所有 LAN 传送的每一帧。当一帧到达时，网桥必须决定将其丢弃还是转发。如果要转发，则必须决定发往哪个 LAN。这需要通过查询网桥中一张大型散列表里的目的地址而作出决定。该表可列出每个可能的目的地，以及它属于哪一条输出线路（LAN）。在插入网桥之初，所有散列表均为空。由于网桥不知道任何目的地的位置，因而采用扩散算法（Flooding Algorithm）：把每个到来的、目的地不明的帧输出到连在此网桥的所有 LAN 中（除了发送该帧的 LAN）。随着时间的推移，网桥将了解每个目的地的位置。一旦知道了目的地位置，发往该处的帧就只放到适当的 LAN 上，而不再散发。

　　透明网桥采用的算法是逆向学习法（Backward Learning）。由于网桥按混杂的方式工作，所以它能看见所连接的任一 LAN 上传送的帧。查看源地址即可知道在哪个 LAN 上可访问哪台机器，于是在散列表中添上一项。

　　到达帧的路由选择过程取决于发送的 LAN（源 LAN）和目的地所在的 LAN（目的 LAN），按如下处理：如果源 LAN 和目的 LAN 相同，则丢弃该帧；如果源 LAN 和目的 LAN 不同，则转发该帧；如果目的 LAN 未知，则进行扩散。

　　为了提高可靠性，有人在 LAN 之间设置了并行的两个或多个网桥，但是，这种配置引起了另外一些问题，因为在拓扑结构中产生了回路，可能引发无限循环。其解决方法是采用生成树（Spanning Tree）算法。使用生成树，可以确保任意两个 LAN 之间只有唯一一条路径。一旦网桥商定好生成树，LAN 间的所有传送都遵从此生成树。由于从每个源到每个目的地只有唯一的路径，故不可能再有循环。

2）源路由选择网桥　透明网桥的优点是易于安装，只需插进电缆即大功告成。但是从另一方面来说，这种网桥并没有最佳地利用带宽，因为它们仅仅用到了拓扑结构的一个子集（生成树）。这两个（或其他）因素的相对重要性导致了 802 委员会内部的分裂。支持 CSMA/CD 和令牌总线的人选择了透明网桥，而令牌环的支持者则偏爱一种称为源路由选择（Source Routing）的网桥（受到 IBM 的鼓励）。

源路由选择的核心思想是假定每个帧的发送者都知道接收者是否在同一 LAN 上。当发送一帧到另外的 LAN 时，源机器将目的地址的高位设置成 1 作为标记。另外，它还在帧头加进此帧应走的实际路径。

源路由选择网桥只关心那些目的地址高位为 1 的帧，当见到这样的帧时，它扫描帧头中的路由，寻找发来此帧的那个 LAN 的编号。如果发来此帧的那个 LAN 编号后跟的是本网桥的编号，则将此帧转发到路由表中自己后面的那个 LAN；如果该 LAN 编号后跟的不是本网桥，则不转发此帧。这一算法有 3 种可能的具体实现方式：软件、硬件、混合。这三种具体实现方式的价格和性能各不相同，第一种没有接口硬件开销，但需要速度很快的 CPU 来处理所有到来的帧。最后一种实现需要特殊的 VLSI 芯片，该芯片分担了网桥的许多工作，因此，网桥可以采用速度较慢的 CPU，或者可以连接更多的 LAN。

源路由选择的前提是互联网中的每台机器都知道所有其他机器的最佳路径。如何得到这些路由是源路由选择算法的重要部分。获取路由算法的基本思想是：如果不知道目的地地址的位置，源机器就发布一广播帧，询问它在哪里。每个网桥都转发该查找帧（Discovery Frame），这样该帧就可到达互联网中的每一个 LAN。当答复回来时，途经的网桥将它们自己的标识记录在答复帧中，于是，广播帧的发送者就可以得到确切的路由，并可从中选取最佳路由。

虽然此算法可以找到最佳路由（它找到了所有的路由），但同时也面临着帧爆炸的问题。透明网桥也会发生类似的状况，但是没有这么严重。其扩散是按生成树进行，所以传送的总帧数是网络大小的线性函数，而不像源路由选择是指数函数。一旦主机找到至某目的地的一条路由，它就将其存入到高速缓冲器之中，无需再作查找。虽然这种方法大大遏制了帧爆炸，但它给所有的主机增加了事务性负担，而且整个算法肯定是不透明的。

透明网桥一般用于连接以太网段，而源路由选择网桥则一般用于连接令牌环网段。

3）远程桥　网桥有时也被用来连接两个或多个相距较远的 LAN。例如，某个公司分布在多个城市中，该公司在每个城市中均有一个本地的 LAN，最理想的情况就是所有的 LAN 均连接起来，整个系统就像一个大型的 LAN 一样。

该目标可通过下述方法实现：每个 LAN 中均设置一个网桥，并且用点到点的连接（如租用电话公司的电话线）将它们两两地连接起来。点到点连线可采用各种不同的协议。办法之一就是选用某种标准的点到点数据链路协议，将完整的 MAC 帧加到有效载荷中。如果所有的 LAN 均相同，这种方法的效果最好，唯一的问题就是必须将帧送到正确的 LAN 中。另一种方法是在源网桥中去掉 MAC 的头部和尾部，并把剩下的部分加到点到点协议的有效载荷中，然后在目的网桥中产生新的头部和尾部。它的缺点是到达目的主机的校验和并非是源主机所计算的校验和，因此网桥存储器中某位损坏所产生的错误可能不会被检测到。

　　远程网桥通过一个较慢的链路（如电话线）连接两个远程 LAN，如图 7-16 所示。对本地网桥而言，性能比较重要，而对远程网桥而言，在长距离上可正常运行是更重要的。

图 7-16　远程网桥

　　（3）网桥的基本特征

　　1）网桥在数据链路层上实现局域网互连。

　　2）网桥能够互连两个采用不同数据链路层协议、不同传输介质与不同传输速率的网络。

　　3）网桥以接收、存储、地址过滤与转发的方式实现互连的网络之间的通信。

　　4）网桥需要互连的网络在数据链路层以上采用相同的协议。

　　5）网桥可以分隔两个网络之间的广播通信量，有利于改善互连网络的性能与安全性。

　　（4）网桥与其他设备比较

　　1）网桥与中继器　网桥的存储和转发功能与中继器相比有优点也有缺点。其优点是：使用网桥进行互连克服了物理限制，这意味着构成 LAN 的数据站总数和网段数很容易扩充；网桥纳入存储和转发功能可使其适应于连接使用不同 MAC 协议的两个 LAN，因而构成一个不同 LAN 混连在一起的混合网络环境；网桥的中继功能仅仅依赖于 MAC 帧的地址，因而对高层协议完全透明；网桥将一个较大的 LAN 分成段，有利于改善可靠性、可用性和安全性。

　　网桥的主要缺点是：由于网桥在执行转发前先接收帧并进行缓冲，与中继器相比会引入更多时延；由于网桥不提供流控功能，因此在流量较大时有可能使其过载，从而造成帧的丢失。

　　总之，网桥的优点多于缺点，这正是其被广泛使用的原因。

　　2）网桥与路由器　网桥工作在数据链路层，将两个 LAN 连起来，根据 MAC 地址来转发帧，可以看做一个"低层的路由器"（路由器工作在网络层，根据网络地址如 IP 地址进行转发）。

　　网桥并不了解其转发帧中高层协议的信息，这使它可以同时以同种方式处理 IP、IPX 等协议，它还提供了将无路由协议的网络（如 NetBEUI）分段的功能。

　　由于路由器处理网络层的数据，因此它们更容易互连不同的数据链路层，如令牌环网段和以太网段。网桥通常比路由器难控制。像 IP 等协议有复杂的路由协议，使网管易于管理路由；IP 等协议还提供了较多的网络如何分段的信息（即使其地址也提供了此类信息），而网桥则只用 MAC 地址和物理拓扑进行工作。因此网桥一般适于小型较简单的网络。

3. 交换机

　　交换（Switching）是按照通信两端传输信息的需要，用人工或设备自动完成的方法，把要传输的信息送到符合要求的相应路由上的技术的统称。广义的交换机（Switch）就是一种在通信系统中完成信息交换功能的设备。

交换机是一种基于 MAC 地址识别，能完成封装、转发数据包功能的网络设备。交换机可以"学习" MAC 地址，并把其存放在内部地址表中，通过在数据帧的始发者和目标接收者之间建立临时的交换路径，使数据帧直接由源地址到达目的地址。

（1）交换机的功能　交换机的主要功能包括物理编址、网络拓扑结构、错误校验、帧序列以及流控。目前交换机还具备了一些新的功能，如对 VLAN（虚拟局域网）的支持、对链路汇聚的支持，甚至有的还具有防火墙的功能。

1）学习。以太网交换机了解每一端口相连设备的 MAC 地址，并将地址同相应的端口映射起来，存放在交换机缓存中的 MAC 地址表中。

2）转发/过滤。当一个数据帧的目的地址在 MAC 地址表中有映射时，它被转发到连接目的节点的端口而不是所有端口（如该数据帧为广播/组播帧则转发至所有端口）。

3）消除回路。当交换机包括一个冗余回路时，以太网交换机通过生成树协议避免回路的产生，同时允许存在后备路径。

交换机除了能够连接同种类型的网络之外，还可以在不同类型的网络（如以太网和快速以太网）之间起到互连作用。如今许多交换机都能够提供支持快速以太网或 FDDI 等的高速连接端口，用于连接网络中的其他交换机或者为带宽占用量大的关键服务器提供附加带宽。

一般来说，交换机的每个端口都用来连接一个独立的网段，但是有时为了提供更快的接入速度，可以把一些重要的网络计算机直接连接到交换机的端口上。这样，网络的关键服务器和重要用户就拥有更快的接入速度，支持更大的信息流量。

下面简略地概括一下交换机的基本功能：

1）像集线器一样，交换机提供了大量可供线缆连接的端口，这样可以采用星形拓扑布线。

2）像中继器、集线器和网桥那样，当它转发帧时，交换机会重新产生一个不失真的矩形电信号。

3）像网桥那样，交换机在每个端口上都使用相同的转发或过滤逻辑。

4）像网桥那样，交换机将局域网分为多个冲突域，每个冲突域都有独立的宽带，因此大大提高了局域网的带宽。

5）除了具有网桥、集线器和中继器的功能外，交换机还提供了更先进的功能，如虚拟局域网（VLAN）和更高的性能。

（2）交换机的交换方式　交换机通过以下三种方式进行交换：

1）直通式　直通方式的以太网交换机可以理解为在各端口间是纵横交叉的线路矩阵电话交换机。它在输入端口检测到一个数据包时，检查该包的包头，获取包的目的地址，启动内部的动态查找表将目的地址转换成相应的输出端口，在输入与输出交叉处接通，把数据包直通到相应的端口，实现交换功能。由于不需要存储，所以延迟非常小、交换非常快，这是它的优点。它的缺点是，因为数据包内容并没有被以太网交换机保存下来，所以无法检查所传送的数据包是否有误，不能提供错误检测能力。由于没有缓存，不能将具有不同速率的输入/输出端口直接接通，而且容易丢包。

2）存储转发　存储转发方式是计算机网络领域应用最为广泛的方式。它把输入端口的数据包先存储起来，然后进行 CRC（循环冗余码校验）检查，在对错误包处理后才取出数据包的目的地址，通过查找表转换成输出端口送出数据包。正因如此，存储转发方式在数据处理时延时大，这是它的不足，但是它可以对进入交换机的数据包进行错误检测，有效地改善网络性能。尤其重要的是，它可以支持不同速度的端口间的转换，保持高速端口与低速端口间的协同工作。

　　3）碎片隔离　这是介于前两者之间的一种解决方案。它检查数据包的长度是否够 64 字节，如果小于 64 字节，则说明是假包，并丢弃该包；如果大于 64 字节，则发送该包。这种方式也不提供数据校验。它的数据处理速度比存储转发方式快，但比直通方式慢。

　　（3）交换机的种类　从广义上来看，网络交换机分为两种：广域网交换机和局域网交换机。广域网交换机主要应用于电信领域，提供通信用的基础平台。而局域网交换机则应用于局域网络，用于连接终端设备，如 PC 及网络打印机等。从传输介质和传输速度上可分为以太网交换机、快速以太网交换机、千兆以太网交换机、FDDI 交换机、ATM 交换机和令牌环交换机等。从规模应用上又可分为企业级交换机、部门级交换机和工作组交换机等。各厂商划分的尺度并不是完全一致的，一般来讲，企业级交换机都是机架式，部门级交换机可以是机架式（插槽数较少），也可以是固定配置式，而工作组级交换机多为固定配置式（功能较为简单）。另一方面，从应用的规模来看，作为骨干交换机时，支持 500 个信息点以上大型企业应用的交换机为企业级交换机，支持 300 个信息点以下中型企业的交换机为部门级交换机，而支持 100 个信息点以内的交换机为工作组级交换机。

　　按照工作的层次，交换机可分为二层交换机、三层交换机和四层交换机。

　　1）二层交换机　二层交换技术的发展比较成熟。二层交换机属于数据链路层设备，可以识别数据包中的 MAC 地址信息，根据 MAC 地址进行转发，并将这些 MAC 地址与对应的端口记录在自己内部的一个地址表中。

　　具体的工作流程如下：

　　① 当交换机从某个端口收到一个数据包时，它先读取包头中的源 MAC 地址，这样它就知道源 MAC 地址的机器是连在哪个端口上的。

　　② 再去读取包头中的目的 MAC 地址，并在地址表中查找相应的端口。

　　③ 如果表中有与该目的 MAC 地址对应的端口，则把数据包直接复制到对应的端口上。

　　④ 如果表中找不到相应的端口，则把数据包广播到所有端口上，当目的机器对源机器回应时，交换机又可以记录这一目的 MAC 地址与哪个端口对应，在下次传送数据时就不再需要对所有端口进行广播了。不断地循环这个过程，可以学习到全网的 MAC 地址信息，二层交换机就是这样建立和维护自己的地址表的。

　　从二层交换机的工作原理可以推知以下三点：

　　① 由于交换机对多数端口的数据进行同时交换，所以就要求具有很宽的交换总线带宽。如果二层交换机有 N 个端口，每个端口的带宽是 M，交换机总线带宽超过 N × M，那么该交换机就可以实现线速交换。

　　② 学习端口连接的机器的 MAC 地址，写入地址表，地址表的大小（一般两种表示方式：BEFFER RAM 和 MAC 表项数值），地址表大小影响交换机的接入容量。

　　③ 二层交换机一般都含有专门用于处理数据包转发的专用集成电路（Application Specific Integrated Circuit，ASIC）芯片，因此转发速度可以非常快。由于各个厂家采用的 ASIC 不同，所以各厂家产品性能也不同。

以上三点也是评判二、三层交换机性能优劣的主要技术参数，这一点请大家在考虑设备选型时注意比较。

2）三层交换机（见 7.2.4 节网络层互联设备）

3）四层交换机　第四层交换的一个简单定义是：它是一种功能，它决定传输不仅仅依据 MAC 地址（第二层网桥）或源/目标 IP 地址（第三层路由），而且依据 TCP/UDP（第四层）应用端口号。第四层交换功能就像虚 IP，指向物理服务器。它传输的业务服从的协议多种多样，有 HTTP、FTP、NFS、Telnet 或其他协议。这些业务在物理服务器基础上，需要复杂的载量平衡算法。

在 IP 世界，业务类型由终端 TCP 或 UDP 端口地址来决定，在第四层交换中的应用区间则由源端和终端 IP 地址、TCP 和 UDP 端口共同决定。在第四层交换中为每个供搜寻使用的服务器组设立虚 IP（VIP）地址，每组服务器支持某种应用。在域名服务器（DNS）中存储的每个应用服务器地址是 VIP，而不是真实的服务器地址。当某用户申请应用时，一个带有目标服务器组的 VIP 连接请求（如一个 TCP SYN 包）发给服务器交换机。服务器交换机在组中选取最好的服务器，将终端地址中的 VIP 用实际服务器的 IP 取代，并将连接请求传给服务器。这样，同一区间所有的包由服务器交换机进行映射，在用户和同一服务器间进行传输。

OSI 模型的第四层是传输层。传输层负责端对端通信，即在网络源和目标系统之间协调通信。在 IP 协议栈中这是 TCP（一种传输协议）和 UDP（用户数据包协议）所在的协议层。

在第四层中，TCP 和 UDP 标题包含端口号（Port Number），它们可以唯一地区分每个数据包所包含的应用协议（如 HTTP、FTP 等）。端点系统利用这种信息来区分包中的数据，尤其是端口号使一个接收端计算机系统能够确定它所收到的 IP 包类型，并把它交给合适的高层软件。端口号和设备 IP 地址的组合通常称作"插口（Socket）"。1 ~ 255 之间的端口号被保留，它们称为"熟知"端口，也就是说，在所有主机 TCP/IP 协议栈实现中，这些端口号是相同的。除了"熟知"端口外，标准 UNIX 服务分配在 256 ~ 1024 端口范围，定制的应用一般在 1024 以上分配端口号。

TCP/UDP 端口号提供的附加信息可以为网络交换机所利用，这是第四层交换的基础。具有第四层功能的交换机能够起到与服务器相连接的"虚拟 IP"（VIP）前端的作用。每台服务器和支持单一或通用应用的服务器组都配置一个 VIP 地址。这个 VIP 地址被发送出去并在域名系统上注册。在发出一个服务请求时，第四层交换机通过判定 TCP 开始，来识别一次会话的开始。然后它利用复杂的算法来确定处理这个请求的最佳服务器。一旦做出这种决定，交换机就将会话与一个具体的 IP 地址联系在一起，并用该服务器真正的 IP 地址来代替服务器上的 VIP 地址。

每台第四层交换机都保存一个与被选择的服务器相配的源 IP 地址以及源 TCP 端口相关联的连接表。第四层交换机向这台服务器转发连接请求，所有后续包在客户机与服务器之间重新影射和转发，直到交换机发现会话为止。

选择第四层交换时应考虑以下因素：

① 速度。第四层交换必须在所有端口以全介质速度操作，即使在多个千兆以太网连接上亦如此。千兆以太网速度等于以每秒 1488000 个数据包的最大速度路由（假定最坏的情形，即所有包为以太网定义的最小尺寸，长 64 字节）。

② 服务器容量平衡算法。依据所希望的容量平衡间隔尺寸，第四层交换机将应用分配给服务器的算法有很多种，有简单地检测环路最近的连接、检测环路时延或检测服务器本身的闭环反馈。在所有的预测中，闭环反馈提供能够反映服务器现有业务量的最精确的检测。

③ 表容量。应注意的是，进行第四层交换的交换机需要有区分和存储大量发送表项的能力。交换机处在一个企业网的核心时尤其如此。许多第二、三层交换机倾向发送表的大小与网络设备的数量成正比。对第四层交换机，这个数量必须乘以网络中使用的不同应用协议和会话的数量。因而发送表的大小随端点设备和应用类型数量的增长而迅速增长。第四层交换机设计者在设计其产品时需要考虑表的这种增长。大的表容量对制造支持线速发送第四层流量的高性能交换机至关重要。

④ 冗余。第四层交换机内部有支持冗余拓扑结构的功能。在具有双链路的网卡容错连接时，就可能建立从一个服务器到网卡、链路和服务器交换器的完全冗余系统。

表面上看，第三层交换机是第二层交换器与路由器的合二为一，然而这种结合并非简单的物理结合，而是各取所长的逻辑结合。其重要表现是，当某一信息源的第一个数据流进行第三层交换后，其中的路由系统将会产生一个 MAC 地址与 IP 地址的映射表，并将该表存储起来，当同一信息源的后续数据流再次进入交换环境时，交换机将根据第一次产生并保存的地址映射表，直接从第二层由源地址传输到目的地址，不再经过第三路由系统处理，从而消除了路由选择时造成的网络延迟，提高了数据包的转发效率，解决了网间传输信息时路由产生的速率瓶颈。所以说，第三层交换机既可完成第二层交换机的端口交换功能，又可完成部分路由器的路由功能，即第三层交换机的交换机方案，实际上是一个能够支持多层次动态集成的解决方案。虽然这种多层次动态集成功能在某些程度上可以由传统路由器和第二层交换机搭载完成，但这种搭载方案与采用三层交换机相比，不仅需要更多的设备配置、占用更大的空间、设计更多的布线和花费更高的成本，而且数据传输性能也要差得多，因为在海量数据传输中，搭载方案中的路由器无法克服路由传输速率瓶颈。

显然，第二层交换机和第三层交换机都是基于端口地址的端到端的交换过程。虽然这种基于 MAC 地址和 IP 地址的交换机技术，能够极大地提高各节点之间的数据传输率，但却无法根据端口主机的应用需求来自主确定或动态限制端口的交换过程和数据流量，即缺乏第四层智能应用交换需求。第四层交换机不仅可以完成端到端交换，还能根据端口主机的应用特点，确定或限制它的交换流量。简单地说，第四层交换机是基于传输层数据包的交换过程的，是基于 TCP/IP 应用层，能够满足用户应用交换需求的新型局域网交换机。第四层交换机支持 TCP/UDP 第四层以下的所有协议，可识别至少 80 个字节的数据包包头长度，可根据 TCP/UDP 端口号来区分数据包的应用类型，从而实现应用层的访问控制和服务质量保证。所以，与其说第四层交换机是硬件网络设备，不如说它是软件网络管理系统。也就是说，第四层交换机是一类以软件技术为主、以硬件技术为辅的网络管理交换设备。

最后值得指出的是，某些人在不同程度上还存在一些模糊概念，认为所谓第四层交换机实际上就是在第三层交换机上增加了具有通过辨别第四层协议端口的能力，只是在第三层交换机上增加了一些增值软件罢了，因而并非工作在传输层，而是仍然在第三层上进行交换操作，只不过是对第三层交换更加敏感而已，从根本上否定第四层交换的关键技术与作用。我们知道，数据包的第二层 IEEE802.1P 字段或第三层 IPToS 字段可以用于区分数据包本身的优先级，我们说第四层交换机基于第四层数据包交换，这是说它可以根据第四层 TCP/UDP

端口号来分析数据包应用类型，即第四层交换机不仅完全具备第三层交换机的所有交换功能和性能，还能支持第三层交换机不可能拥有的网络流量和服务质量控制的智能型功能。

（4）如何选购交换机　交换机是非常重要的，它把握着一个网络的命脉，那么如何选购交换机呢？在选购交换机时交换机的优劣无疑是十分重要的，而对交换机优劣的评价要从总体构架、性能和功能三方面入手。

随着用户业务的增加和应用的深入，在选购交换机时，除了要满足 RFC2544 建议的基本标准，即吞吐量、时延、丢包率外，还要满足了一些额外的指标，如 MAC 地址数、路由表容量（三层交换机）、ACL 数目、LSP 容量、支持 VPN 数量等。

1）交换机功能是最直接指标。对于一般的接入层交换机，简单的 QoS 保证、安全机制、支持网管策略、生成树协议和 VLAN 都是必不可少的功能。经过仔细分析，对某些功能进行进一步的细分，而这些细分功能正是导致产品差异的主要原因，也是体现产品附加值的重要途径。

2）交换机的应用级 QoS 保证。交换机的 QoS 策略支持多级别的数据包优先级设置，即可以分别针对 MAC 地址、VLAN、IP 地址、端口进行优先级设置，为用户提供更大的灵活性。同时，交换机应具有良好的拥塞控制和流量限制的能力，支持 Diffserv 区分服务，能够根据源/目的的 MAC/IP 智能地区分不同的应用流，从而满足实时网络的多媒体应用的需求。应注意的是，目前市场上的某些交换机号称具有 QoS 保证，实际上只支持单级别的优先级设置，为实际应用带来很多不便，所以用户在选购时需要特别注意。

3）交换机应有 VLAN 支持。VLAN 即虚拟局域网。通过将局域网划分为虚拟网络（VLAN）网段，不但可以强化网络管理和网络安全，控制不必要的数据广播，而且可以使网络中工作组突破共享网络中的地理位置限制，根据管理功能来划分子网。不同厂商的交换机对 VLAN 的支持能力不同，支持 VLAN 的数量也不同。

4）交换机应有网管功能。交换机的网管功能可以使用户通过管理软件来管理、配置交换机，如可通过 Web 浏览器、Telnet、SNMP、RMON 等对交换机进行管理。通常，交换机厂商都提供管理软件或第三方管理软件远程管理交换机。一般的交换机都满足 SNMPMIBI/MIBII 统计管理功能，并且支持配置管理、服务质量的管理、告警管理等策略，而复杂一些的千兆交换机会通过增加内置 RMON 组（Mini-RMON）来支持 RMON 主动监视功能。

5）交换机应支持链路聚合。链路聚合可以让交换机之间、交换机与服务器之间的链路带宽有非常好的伸缩性。例如，可以把 2 个、3 个、4 个千兆的链路绑定在一起，使链路的带宽成倍增长。链路聚合技术可以实现不同端口的负载均衡，同时也能够互为备份，保证链路的冗余性。在一些千兆以太网交换机中，最多可以支持 4 组链路聚合，每组中最多 4 个端口。生成树协议和链路聚合都可以保证一个网络的冗余性。在一个网络中设置冗余链路，并用生成树协议使备份链路阻塞，在逻辑上不形成环路，而一旦出现故障，就启用备份链路。

6）交换机要支持 VRRP。VRRP（虚拟路由冗余协议）是一种保证网络可靠性的解决方案。在该协议中，对共享多存取访问介质上终端 IP 设备的默认网关（Default Gateway）进行冗余备份，从而在其中一台三层交换机设备宕机时，备份的设备会及时接管转发工作，向用户提供透明的切换，提高了网络服务质量。VRRP 与 Cisco 的 HSRP 有异曲同工之妙，只不过 HSRP 是 Cisco 私有的。目前，主流交换机厂商均已在其产品中支持了 VRRP，但广泛应用尚需时日。

（5）交换机与集线器的区别　在计算机网络系统中，交换概念的提出改进了共享工作模式。前面介绍过的 Hub 集线器就是一种共享设备，Hub 本身不能识别目的地址，当同一局域网内的 A 主机给 B 主机传输数据时，数据包在以 Hub 为架构的网络上是以广播方式传输的，由每一台终端通过验证数据包头的地址信息来确定是否接收。也就是说，在这种工作方式下，同一时刻网络上只能传输一组数据帧的通信，如果发生碰撞还得重试，这种方式就是共享网络带宽。共享式以太网如图 7-17 所示。

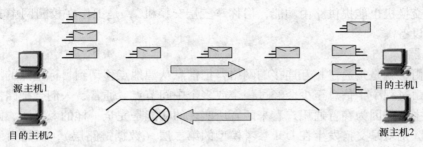

图 7-17　共享式以太网

交换机拥有一条很高带宽的背部总线和内部交换矩阵，交换机的所有的端口都挂接在这条背部总线上。控制电路收到数据包以后，处理端口会查找内存中的地址对照表以确定目的 MAC（网卡的硬件地址）的 NIC（网卡）挂接在哪个端口上，通过内部交换矩阵迅速将数据包传送到目的端口。若目的 MAC 不存在，则广播到所有的端口，接收端口回应后交换机会"学习"新的地址，并把它添加入内部 MAC 地址表中。

使用交换机还可以把网络"分段"，通过对照 MAC 地址表，交换机只允许必要的网络流量通过交换机。通过交换机的过滤和转发，可以有效地隔离广播风暴，减少误包和错包的出现，避免共享冲突。

交换机在同一时刻可以进行多个端口对之间的数据传输。每一端口都可以视为独立的网段，连接在其上的网络设备独自享有全部的带宽，无须同其他设备竞争使用。当节点 A 向节点 D 发送数据时，节点 B 可同时向节点 C 发送数据，而且这两个传输都享有网络的全部带宽，都有着自己的虚拟连接。例如，这里使用的是 10Mbit/s 的以太网交换机，那么该交换机这时的总流通量就等于 $2 \times 10\text{Mbit/s} = 20\text{Mbit/s}$，而使用 10Mbit/s 的共享式 Hub 时，一个 Hub 的总流通量也不会超出 10Mbit/s。交换式以太网如图 7-18 所示。

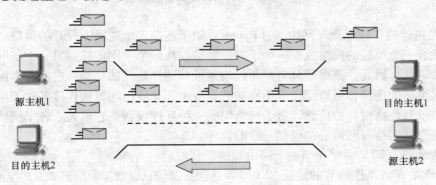

图 7-18　交换式以太网

7.2.4　网络层互连设备

网络层属于 OSI 模型第三层，用于解决不同网络之间数据通信，即网际间的数据通信问题。工作在网络层设备的主要功能是为网络间数据包提供传输路由，即设备在收到数据包后，选择到达目标主机的最佳路径，并沿该路径传送数据包到目的计算机上。

此外，网络层设备还解决网络拥挤、网络流量控制问题。路由器是工作在网络层最典型设备。高档交换机也能提供路由功能，俗称"三层交换机"，是工作在校园网中实现网络层互连最常见设备。

1. 路由器

所谓路由，就是指通过相互连接的网络，把信息从源地点移动到目标地点的活动。一般来说，在路由过程中，信息至少会经过一个或多个中间节点。通常，人们会把路由和交换进行对比，这主要是因为在普通用户看来两者所实现的功能是完全一样的。其实，路由和交换之间的主要区别就是交换发生在 OSI 参考模型的第二层（数据链路层），而路由发生在第三层，即网络层。这一区别决定了路由和交换在移动信息的过程中需要使用不同的控制信息，所以两者实现各自功能的方式是不同的。

路由器是互联网的主要节点设备。路由器通过路由决定数据的转发。转发策略称为路由选择（Routing），这也是路由器名称的由来（Router，转发者）。作为不同网络之间互相连接的枢纽，路由器系统构成了基于 TCP/IP 的国际互联网 Internet 的主体脉络，也可以说，路由器构成了 Internet 的骨架。它的处理速度是网络通信的主要瓶颈之一，它的可靠性则直接影响着网络互连的质量。图 7-19 所示为用路由器连接的网络。

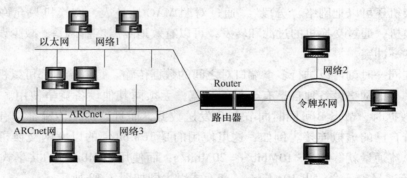

图 7-19　用路由器连接的网络

（1）路由器的工作原理　路由器（Router）用于连接多个逻辑上分开的网络。所谓逻辑网络，是代表一个单独的网络或者一个子网。当数据从一个子网传输到另一个子网时，可通过路由器来完成。因此，路由器具有判断网络地址和选择路径的功能，它能在多网络互连环境中，建立灵活的连接，可以用完全不同的数据分组和介质访问方法连接各种子网。路由器只接收源站或其他路由器的信息，属于网络层的一种互连设备。它不关心各子网使用的硬件设备，但要求其运行与网络层协议相一致的软件。

下面结合图 7-20，简单介绍一下路由器的工作原理。

1）工作站 A 将工作站 B 的地址 12.0.0.5 连同数据信息以数据帧的形式发送给路由器 1。

2）路由器 1 收到工作站 A 的数据帧后，先从报头中取出地址 12.0.0.5，并根据路径表

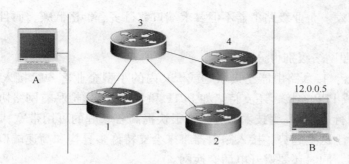

图 7-20 路由器工作原理

计算出发往工作站 B 的最佳路径：1→2→4→B；并将数据帧发往路由器 2。

3）路由器 2 重复路由器 1 的工作，并将数据帧转发给路由器 4。

4）路由器 4 同样取出目的地址，发现 12.0.0.5 就在该路由器所连接的网段上，于是将该数据帧直接交给工作站 B。

5）工作站 B 收到工作站 A 的数据帧，一次通信过程宣告结束。

（2）路由器的功能　路由器的一个功能是连通不同的网络，另一个功能是选择信息传送的线路。选择通畅快捷的近路，能大大提高通信速度，减轻网络系统通信负荷，节约网络系统资源，提高网络系统畅通率，从而让网络系统发挥出更大的效益来。

从过滤网络流量的角度来看，路由器的作用与交换机和网桥非常相似。但是与工作在网络物理层，从物理上划分网段的交换机不同，路由器使用专门的软件协议从逻辑上对整个网络进行划分。例如，一台支持 IP 的路由器可以把网络划分成多个子网段，只有指向特殊 IP 地址的网络流量才可以通过路由器。对于每一个接收到的数据包，路由器都会重新计算其校验值，并写入新的物理地址。因此，使用路由器转发和过滤数据的速度往往要比只查看数据包物理地址的交换机慢。但是，对于那些结构复杂的网络，使用路由器可以提高网络的整体效率。路由器的另外一个明显优势就是可以自动过滤网络广播。从总体上说，在网络中添加路由器的整个安装过程要比即插即用的交换机复杂很多。

一般说来，异种网络互连与多个子网互连都应采用路由器来完成。路由器的主要工作就是为经过路由器的每个数据帧寻找一条最佳的传输路径，并将该数据有效地传送到目的站点。由此可见，选择最佳路径的策略即路由算法是路由器的关键所在。为了完成这项工作，在路由器中保存着各种传输路径的相关数据——路径表（Routing Table），供路由选择时使用。路径表中保存着子网的标志信息、网上路由器的个数和下一个路由器的名字等内容。路径表可以是由系统管理员固定设置好的，也可以由系统动态修改。

由系统管理员事先设置好固定的路径表称之为静态（Static）路径表。它一般是在系统安装时就根据网络的配置情况预先设定的，不会随未来网络结构的改变而改变。动态（Dynamic）路径表是路由器根据网络系统的运行情况而自动调整的路径表。路由器根据路由选择协议（Routing Protocol）提供的功能，自动学习和记忆网络运行情况，在需要时自动计算数据传输的最佳路径。

（3）路由器的分类　互联网各种级别的网络中随处都可见到路由器。互联网的快速发展无论是对骨干网、企业网还是接入网都带来了不同的挑战。骨干网要求路由器能对少数链路进行高速路由转发。企业级路由器不但要求端口数目多、价格低廉，而且要求配置起来简单方便，并提供 QoS。

1）路由器按照网络级别可分为：

① 接入路由器。接入路由器连接家庭或 ISP 内的小型企业客户。接入路由器已经开始不只是提供 SLIP 或 PPP 连接，还支持诸如 PPTP 和 IPSec 等虚拟私有网络协议，这些协议要能在每个端口上运行。ADSL 等技术的应用将很快提高各家庭的可用带宽，进一步增加接入路由器的负担。由于这些趋势，接入路由器将来会支持许多异构和高速端口，并在各个端口能够运行多种协议，同时还要避开电话交换网。

② 企业级路由器。企业级路由器连接许多终端系统，其主要目标是以尽量便宜的方法实现尽可能多的端点互连，并且进一步要求支持不同的服务质量。许多现有的企业网络都是由 Hub 或网桥连接起来的以太网段。尽管这些设备价格便宜、易于安装、无需配置，但是它们不支持服务等级。相反，有路由器参与的网络能够将机器分成多个碰撞域，并因此能够控制一个网络的大小。此外，路由器还支持一定的服务等级，至少允许分成多个优先级别。但是路由器的端口造价要贵些，并且在能够使用之前要进行大量的配置工作。因此，企业路由器的成败就在于是否提供大量端口且端口的造价很低，是否容易配置，是否支持 QoS。另外，还要求企业级路由器可以有效地支持广播和组播。企业网络还要处理历史遗留的各种 LAN 技术，支持多种协议，包括 IP、IPX 和 Vine。它们还要支持防火墙、包过滤以及大量的管理和安全策略以及 VLAN。

③ 骨干级路由器。骨干级路由器实现企业级网络的互连。对它的要求是速度和可靠性，而代价则处于次要地位。硬件可靠性可以采用电话交换网中使用的技术，如热备份、双电源、双数据通路等来获得。这些技术对所有骨干级路由器而言差不多是标准的。骨干 IP 路由器的主要性能瓶颈是在转发表中查找某个路由所耗的时间。当收到一个数据包时，输入端口在转发表中查找该数据包的目的地址以确定其目的端口，当数据包越短或者当数据包要发往许多目的端口时，势必增加路由查找的代价。因此，将一些常访问的目的端口放到缓存中能够提高路由查找的效率。不管是输入缓冲还是输出缓冲路由器，都存在路由查找的瓶颈问题。除了性能瓶颈问题，路由器的稳定性也是一个常被忽视的问题。

2）路由器按照所使用的技术可分为

① 宽带路由器。宽带路由器是近几年来新兴的一种网络产品，它伴随着宽带的普及应运而生。宽带路由器在一个紧凑的箱子中集成了路由器、防火墙、带宽控制和管理等功能，具备快速转发，灵活的网络管理和丰富的网络状态等特点。多数宽带路由器应用优化设计，可满足不同的网络流量环境，具备良好的电网适应性和网络兼容性。多数宽带路由器采用高度集成设计，集成 10/100Mbit/s 宽带以太网 WAN 接口、并内置多口 10/100Mbit/s 自适应交换机，方便多台机器连接内部网络与 Internet，可以广泛应用于家庭、学校、办公室、网吧、小区接入、政府、企业等场合。

② 模块化路由器。模块化路由器主要是指该路由器的接口类型及部分扩展功能可以根据用户的实际需求来配置的路由器。这些路由器在出厂时一般只提供最基本的路由功能，用户可以根据所要连接的网络类型来选择相应的模块，不同的模块可以提供不同的连接和管理功能。例如，绝大多数模块化路由器可以允许用户选择网络接口类型，有些模块化路由器可以提供 VPN 等功能模块，有些模块化路由器还提供防火墙的功能等。目前的多数路由器都

是模块化路由器。

③ 非模块化路由器。非模块化路由器都是低端路由器，平时家用的即为这类非模块化路由器。该类路由器将来会支持许多异构和高速端口，并在各个端口能够运行多种协议，同时还要避开电话交换网。

④ 虚拟路由器。虚拟路由器以虚求实。最近，一些有关 IP 骨干网络设备的新技术突破，为将来互联网新服务的实现铺平了道路。虚拟路由器就是这样一种新技术，它使一些新型互联网服务成为可能。通过这些新型服务，用户将可以对网络的性能、互联网地址和路由以及网络安全等进行控制。以色列 RND 网络公司是一家提供从局域网到广域网解决方案的厂商，该公司最早提出了虚拟路由的概念。

⑤ 核心路由器。核心路由器又称"骨干路由器"，是位于网络中心的路由器。核心路由器和边缘路由器是相对概念。它们都属于路由器，但是有不同的大小和容量。某一层的核心路由器是另一层的边缘路由器。

⑥ 无线路由器。无线路由器就是带有无线覆盖功能的路由器。它主要应用于用户上网和无线覆盖。市场上流行的无线路由器一般都支持专线 xDSL、Cable、动态 xDSL，PPTP 四种接入方式，它还具有其他一些网络管理的功能，如 DHCP 服务、NAT 防火墙、MAC 地址过滤等功能。

⑦ 独臂路由器。独臂路由器的概念出现在三层交换机之前。这种路由方式的不足之处在于它仍然是一种集中式的路由策略，因此在主干网上一般均设置有多个冗余"独臂"路由器，来分担数据处理任务，从而可以减少因路由器引起的瓶颈问题，还可以增加冗余链路，但如果网络中 VLAN 之间的数据传输量比较大，那么在路由器处将形成瓶颈。独臂路由器现在基本被第三层交换机取代。

⑧ 无线网络路由器。无线网络路由器是一种用来连接有线和无线网络的通信设备，它可以通过 Wi-Fi 技术收发无线信号来与个人数码助理和笔记本等设备通信。无线网络路由器可以在不设电缆的情况下，方便地建立一个计算机网络。但是，在户外通过无线网络进行数据传输时，它的速度可能会受到天气的影响。其他的无线网络还包括了红外线、蓝牙及卫星微波等。

⑨ 智能流控路由器。智能流控路由器能够自动地调整每个节点的带宽，这样每个节点的网速均能达到最快，而不用限制每个节点的速度，这是其最大的特点。智能流控路由器经常用在电信的主干道上。

⑩ 动态限速路由器。动态限速路由器可以实时地计算每位用户所需要的带宽，精确分析用户上网类型，并合理分配带宽，达到按需分配、合理利用带宽的目的；同时，它还具有优先通道的智能调配功能，这种功能主要应用于网吧、酒店、小区、学校等。

2. 三层交换机

三层交换机就是具有部分路由器功能的交换机。三层交换机的最重要目的是加快大型局域网内部的数据交换，其所具有的路由功能也是为这一目的服务的，能够做到一次路由，多次转发。对于数据包转发等规律性的过程由硬件高速实现，而像路由信息更新、路由表维护、路由计算、路由确定等功能，则由软件实现。三层交换机可以在功能上实现子网间路由功能，如图 7-21 所示。

（1）三层交换机的工作原理　三层交换技术就是二层交换技术加上三层转发技术。传统的交换技术是在 OSI 网络标准模型中的第二层——数据链路层进行操作的，而三层交换技术是在网络模型中的第三层实现了数据包的高速转发。应用第三层交换技术即可实现网络路

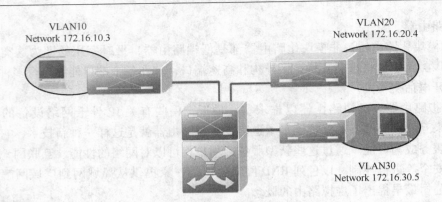

图 7-21　三层交换机在功能上实现子网间路由功能

由的功能，又可以根据不同的网络状况做到最优的网络性能。

下面先通过一个简单的网络来看看三层交换机的工作过程。

如图 7-22 所示，若主机 A 要给主机 B 发送数据，已知目的 IP，那么 A 就用子网掩码取得网络地址，判断目的 IP 是否与自己在同一网段。如果在同一网段，但不知道转发数据所需的 MAC 地址，A 就发送一个 ARP 请求，B 返回其 MAC 地址，A 用此 MAC 封装数据包并发送给交换机，交换机起用二层交换模块，查找 MAC 地址表，将数据包转发到相应的端口。

图 7-22　用三层交换机互连网络

如果目的 IP 地址显示的不是同一网段，且在流缓存条目中没有对应 MAC 地址条目，而 A 为实现和 B 的通信，就将第一个正常数据包发送到一个默认网关，这个默认网关一般在操作系统中已经设好，对应第三层路由模块，所以可见对于不是同一子网的数据，最先在 MAC 表中放的是默认网关的 MAC 地址；然后就由三层模块接收到此数据包，查询路由表以确定到达 B 的路由，将构造一个新的帧头，其中以默认网关的 MAC 地址为源 MAC 地址，以主机 B 的 MAC 地址为目的 MAC 地址。通过一定的识别触发机制，确立主机 A 与主机 B 的 MAC 地址及转发端口的对应关系，并记录进流缓存条目表，以后主机 A 到主机 B 的数据，就直接交由二层交换模块完成。这就是通常所说的"一次路由，多次转发"。

以上就是三层交换机工作过程的简单概括，从中可以看出三层交换的特点：

1）由硬件结合实现数据的高速转发。这并不是简单的二层交换机和路由器的叠加，三层路由模块直接叠加在二层交换的高速背板总线上，突破了传统路由器的接口速率限制，速率可达几十 Gbit/s。算上背板带宽，这些是三层交换机性能的两个重要参数。

2）简洁的路由软件使路由过程简化。除了必要的路由选择交由路由软件处理外，大部分的数据转发都是由二层模块高速转发。路由软件大多都是经过处理的高效优化软件，并不是简单地照搬路由器中的软件。

二层交换机用于小型的局域网络。在小型局域网中，广播包影响不大，二层交换机的快速交换功能、多个接入端口和低廉的价格为小型网络用户提供了完善的解决方案。

　　路由器的优点在于接口类型丰富，支持的三层功能强大，路由能力强大，适用于大型的网络间的路由。它的优势在于具有最佳路由选择，分担负荷，链路备份及和其他网络进行路由信息的交换等功能。

　　三层交换机最重要的功能是加快大型局域网络内部的数据的转发速度，加入路由功能也是为这个目的服务的。如果把大型网络按照部门、地域等因素划分成一个个小局域网，将导致大量的网际互访，单纯地使用二层交换机不能实现网际互访；如单纯地使用路由器，由于接口数量有限和路由转发速度慢，将限制网络的速度和网络规模，采用具有路由功能的快速转发的三层交换机就成为首选。

　　一般来说，在网内数据流量大、转发响应要求高的网络中，若全部由三层交换机来做这个工作，则会造成三层交换机负担过重，从而使响应速度受到影响；若将网间的路由交由路由器去完成，充分发挥不同设备的优点，则不失为一种好的组网策略。当然，前提是客户有充足的预算，不然就退而求其次，让三层交换机兼为网际互连。

　　（2）为什么使用三层交换机

　　1）网络骨干少不了三层交换。用"中流砥柱"形容三层交换机在诸多网络设备中的作用并不为过。在校园网、城域教育网中都有三层交换机的用武之地，尤其是核心骨干网一定要用到三层交换机，否则整个网络成千上万台的计算机都在一个子网中，不仅毫无安全可言，也会因为无法分割广播域而无法隔离广播风暴。

　　采用传统的路由器虽然可以隔离广播，但是性能又得不到保障。而三层交换机的性能非常高，既有三层路由的功能，又有二层交换的网络速度。二层交换是基于 MAC 寻址，三层交换则是基于第三层地址的业务流；除了必要的路由决定过程外，大部分数据转发过程由二层交换机处理，提高了数据包转发的效率。

　　三层交换机通过使用硬件交换机构实现了 IP 的路由功能，其优化的路由软件提高了路由过程的效率，解决了传统路由器软件路由的速度问题。因此，可以说三层交换机具有"路由器的功能、交换机的性能"。

　　2）连接子网少不了三层交换。同一网络上的计算机如果超过一定数量（通常在 200 台左右，视通信协议而定），就很可能会因为网络上大量的广播而导致网络传输效率下降。为了避免在大型交换机上广播所引起的广播风暴，可将其进一步划分为多个虚拟网（VLAN）。但是这样做将导致一个问题，即 VLAN 之间的通信必须通过路由器来实现。但是传统路由器也难以胜任 VLAN 之间的通信任务，因为相对于局域网的网络流量来说，传统的普通路由器的路由能力太弱，而且千兆级路由器的价格也是难以接受的。如果使用三层交换机上的千兆端口或百兆端口连接不同的子网或 VLAN，就可以在保持性能的前提下，经济地解决子网划分之后子网之间必须依赖路由器进行通信的问题，因此三层交换机是连接子网的理想设备。

　　除了优秀的性能之外，三层交换机还具有一些传统的二层交换机没有的特性，这些特性可以给校园网和城域教育网的建设带来许多好处，列举如下：

　　1）高可扩充性。三层交换机在连接多个子网时，子网只是与第三层交换模块建立逻辑连接，不像传统外接路由器那样需要增加端口，从而保护了用户对校园网、城域教育网的投资，并满足 3～5 年内网络应用快速增长的需要。

　　2）高性价比。三层交换机具有连接大型网络的能力，功能基本上可以取代某些传统路由器，但是价格却接近二层交换机。现在一台百兆三层交换机的价格只有几万元，与高端的二层交换机的价格差不多。

3）内置安全机制。三层交换机可以与普通路由器一样，具有访问列表的功能，可以实现不同 VLAN 间的单向或双向通信。如果在访问列表中进行设置，则可以限制用户访问特定的 IP 地址。

访问列表不仅可以用于禁止内部用户访问某些站点，也可以用于防止校园网、城域教育网外部的非法用户访问校园网、城域教育网内部的网络资源，从而提高网络的安全性。

4）适合多媒体传输。三层交换机具有 QoS（服务质量）的控制功能，可以给不同的应用程序分配不同的带宽。

例如，在传输视频流时，可以专门为视频传输预留一定量的专用带宽，相当于在网络中开辟了专用通道，其他的应用程序不能占用这些预留的带宽，从而保证视频流传输的稳定性。而普通的二层交换机就没有这种特性，因此在传输视频数据时，就会出现视频忽快忽慢的抖动现象。

另外，视频点播（VOD）也是经常使用的业务。但是由于有些视频点播系统使用广播来传输，而广播包是不能实现跨网段的，这样 VOD 就不能实现跨网段进行；如果采用单播形式实现 VOD，虽然可以实现跨网段，但是支持的同时连接数就非常少，一般几十个连接就占用了全部带宽。而三层交换机具有组播功能，VOD 的数据包以组播的形式发向各个子网，既实现了跨网段传输，又保证了 VOD 的性能。

5）计费功能。因为三层交换机可以识别数据包中的 IP 地址信息，因此可以统计网络中计算机的数据流量，并按流量计费；也可以统计计算机连接在网络上的时间，并按时间进行计费。而普通的二层交换机就难以同时做到这两点。

图 7-23 所示为三层交换机组建的智能校园网。

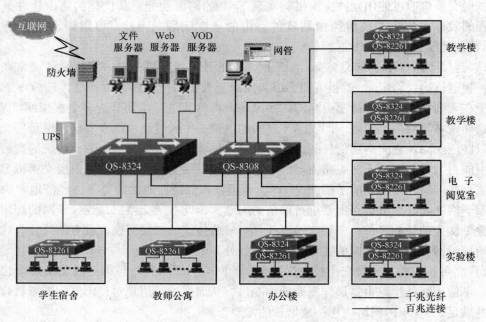

图 7-23　三层交换机组建的智能校园网

7.2.5　应用层互连设备

应用层主要是为用户提供访问网络的接口。应用层主要表现为软件包的形式，但应用层的服务也有通过硬件形式来提供的。应用层的网络安全控制产品主要有防火墙和入侵监测系统（IDS）。作为网络安全的重要组成部分，防火墙和 IDS 是日常使用最多的安全设备。图 7-24 所示为用防火墙和 IDS 互连的网络。

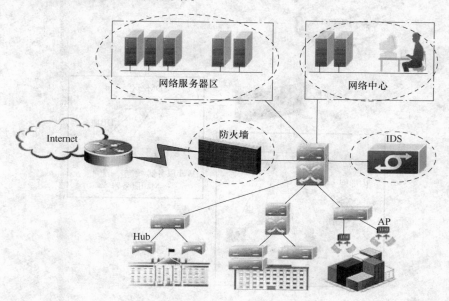

图 7-24　用防火墙和 IDS 互连的网络

1. 防火墙

防火墙（Firewall）的本义是指为防止火灾的发生和蔓延，人们将坚固的石块堆砌在房屋周围作为屏障，这种防护构筑物被称为"防火墙"。其实与防火墙一起起作用的是"门"。如果没有门，各个房间的人如何沟通呢？这些房间的人又如何进去呢？当火灾发生时，人们又如何逃离现场呢？这个门就相当于这里所讲的防火墙的"安全策略"，所以防火墙实际并不是一堵实心墙，而是带有一些小孔的墙，并在小孔中安装了过滤机制，这些小孔就是用来留给那些允许进行的通信。防火墙是指一种将内部网和公众访问网（如 Internet）分开的方法，实际上是一种隔离技术。防火墙可以使企业内部局域网（LAN）网络与 Internet 之间或者与其他外部网络互相隔离，限制网络互访以保护内部网络，最大限度地阻止网络中的黑客来访问网络。

（1）防火墙的基本特性　典型的防火墙具有以下三个方面的基本特性：

1）内部网络和外部网络之间的所有网络数据流都必须经过防火墙。因为只有当防火墙是内、外部网络之间通信的唯一通道时，才可以全面、有效地保护企业内部网络不受侵害。

根据美国国家安全局制定的《信息保障技术框架》，防火墙适用于用户网络系统的边界，属于用户网络边界的安全保护设备。所谓网络边界是指采用不同安全策略的两个网络连接处，例如用户网络和互联网之间的连接、和其他业务往来单位的网络连接、用户内部网络不同部门之间的连接等。防火墙的目的就是在网络连接之间建立一个安全控制点，通过允许、拒绝或重新定向经过防火墙的数据流，实现对进、出内部网络的服务和访问的审计和控制。

典型的防火墙体系网络结构如图 7-25 所示。从图中可以看出，防火墙的一端连接企事业单位内部的局域网，而另一端则连接着互联网。所有的内、外部网络之间的通信都要经过防火墙。其中 DMZ 是"Demilitarized Zone"的缩写，中文名称为"隔离区"。

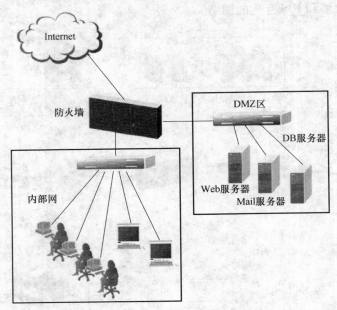

图 7-25　典型的防火墙体系网络结构

2）只有符合安全策略的数据流才能通过防火墙。防火墙最基本的功能是确保网络流量的合法性，并在此前提下将网络的流量快速从一条链路转发到另外的链路上。原始的防火墙具备两个网络接口，同时拥有两个网络层地址。防火墙将网络上的流量通过相应的网络接口接收过来，按照 OSI 协议栈的七层结构顺序上传，在适当的协议层进行访问规则和安全审查，然后将符合通过条件的报文从相应的网络接口送出，而对于那些不符合通过条件的报文则予以阻断。因此，从这个角度上来说，防火墙是一个类似于桥接或路由器的、多端口的（网络接口≥2）转发设备，它跨接于多个分离的物理网段之间，并在报文转发过程之中完成对报文的审查工作。

3）防火墙自身应具有非常强的抗攻击免疫力。这是防火墙之所以能担当企业内部网络安全防护重任的先决条件。防火墙处于网络边缘，它就像一个边界卫士一样，每时每刻都要面对黑客的入侵，这就要求防火墙自身具有非常强的抗击入侵本领。它之所以具有这么强的本领，防火墙操作系统本身是关键，只有自身具有完整信任关系的操作系统才可以谈论系统的安全性。防火墙自身具有非常低的服务功能，除了专门的防火墙嵌入系统外，再没有其他应用程序在防火墙上运行。当然这些安全性也只是相对的。

（2）防火墙的功能　防火墙最基本的功能就是控制计算机网络中不同信任程度区域间传送的数据流。典型信任的区域包括互联网（一个没有信任的区域）和一个内部网络（一个高信任的区域）。

例如，TCP/IP Port 135～139 是 Microsoft Windows 的 "网上邻居" 所使用的。如果计算机有使用 "网上邻居" 的 "共享文件夹"，又没使用任何防火墙相关的防护措施的话，就等于把自己的 "共享文件夹" 公开到 Internet 上，使不特定的任何人有机会浏览目录内的文件。

防火墙对流经它的网络通信进行扫描，这样能够过滤掉一些攻击，以免其在目标计算机上被执行。防火墙可以关闭不使用的端口，而且能禁止特定端口的流出通信，封锁特洛伊木马。防火墙还可以禁止来自特殊站点的访问，从而防止来自不明入侵者的所有通信。

1）防火墙是网络安全的屏障。一个防火墙（作为阻塞点、控制点）能极大地提高一个内部网络的安全性，并通过过滤不安全的服务而降低风险。由于只有经过精心选择的应用协议才能通过防火墙，所以网络环境变得更安全。例如，防火墙可以禁止诸如众所周知的不安全的 NFS 协议进出受保护网络，这样外部的攻击者就不可能利用这些脆弱的协议来攻击内部网络。同时，防火墙可以保护网络免受基于路由的攻击，如 IP 选项中的源路由攻击和 ICMP 重定向中的重定向路径。防火墙应该可以拒绝所有以上类型攻击的报文并通知网络管理员。

2）防火墙可以强化网络安全策略。通过以防火墙为中心的安全方案配置，能将所有安全软件（如口令、加密、身份认证、审计等）配置在防火墙上。与将网络安全问题分散到各个主机上相比，防火墙的集中安全管理更经济。例如，在网络访问时，"一次一密" 口令系统和其他的身份认证系统，完全可以集中在防火墙上，而不必分散在各个主机上。

3）对网络存取和访问进行监控审计。如果所有的访问都经过防火墙，那么，防火墙就能记录下这些访问并作出日志记录，同时也能提供网络使用情况的统计数据。当发生可疑动作时，防火墙能进行适当的报警，并提供网络是否受到监测和攻击的详细信息。另外，收集一个网络的使用和误用情况也是非常重要的。这样就可以清楚防火墙是否能够抵挡攻击者的探测和攻击，并且清楚防火墙的控制是否充足。

4）防止内部信息的外泄。通过利用防火墙对内部网络的划分，可实现内部网络重点网段的隔离，从而限制了局部重点或敏感网络安全问题对全局网络造成的影响。再者，隐私是内部网络非常关心的问题，一个内部网络中不引人注意的细节可能包含了有关安全的线索而引起外部攻击者的兴趣，甚至因此而暴露了内部网络的某些安全漏洞。使用防火墙就可以隐蔽那些透露的内部细节，如 Finger、DNS 等服务。Finger 显示了主机的所有用户的注册名、真名，最后登录时间和使用 shell 类型等。Finger 显示的信息非常容易被攻击者所获悉，攻击者可以知道一个系统使用的频繁程度，这个系统是否有用户正在连线上网，这个系统是否在被攻击时引起注意等。防火墙可以同样阻塞有关内部网络中的 DNS 信息，这样一台主机的域名和 IP 地址就不会被外界所了解。

除了安全作用，防火墙还支持具有 Internet 服务特性的企业内部网络技术体系 VPN（虚拟专用网）。

（3）防火墙工作原理简介　防火墙就是一种过滤筛，可以让需要的东西通过这个筛子，其他的都统统过滤掉。在网络的世界里，防火墙所过滤的就是承载通信数据的通信包。

所有防火墙至少都会说两个词：Yes 或 No，直接说就是接受或者拒绝。最简单的防火墙是以太网桥，但几乎没有人会认为这种原始防火墙能管多大用。所有的防火墙都具有 IP 地址过滤功能。这项任务要检查 IP 包头，根据其 IP 源地址和目标地址作出放行/丢弃决定。如图 7-26 所示，两个网段之间隔了一个防火墙，防火墙的一端有一台 UNIX 计算机，另一边的则连接一台 PC。

当 PC 向 UNIX 计算机发起 Telnet 请求时，PC 的 Telnet 客户程序就产生一个 TCP 包并把它传给本地的协议栈准备发送。接下来，协议栈将这个 TCP 包"塞"到一个 IP 包里，然后通过 PC 的 TCP/IP 协议栈所定义的路径将它发送给 UNIX 计算机。在这个例子里，IP 包只有经过横在 PC 和 UNIX 计算机之间的防火墙才能到达 UNIX 计算机，如图 7-27 所示。

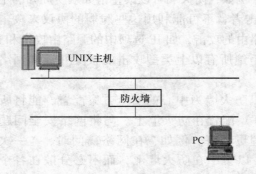

图 7-26　IP 地址过滤

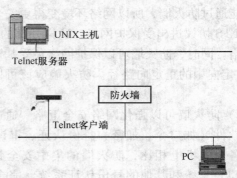

图 7-27　Telnet 客户端通过防火墙进行通信

现在我们"命令"（用专业术语来说就是配制）防火墙把所有发给 UNIX 计算机的数据包都拒绝了，完成这项工作后，"心肠"比较好的防火墙还会通知客户程序一声。既然发向目标的 IP 数据未转发，那么只有和 UNIX 计算机同在一个网段的用户才能访问 UNIX 计算机。

还有一种情况，用户可以命令防火墙专给哪台 PC "找茬"，别人的数据包都允许通过只有它不行。这正是防火墙最基本的功能：根据 IP 地址做转发判断。但要上了大场面这种小伎俩就玩不转了，由于黑客们可以采用 IP 地址欺骗技术，伪装成合法地址的计算机就可以穿越信任这个地址的防火墙了。另外要注意的一点是，不要用 DNS 主机名建立过滤表，对 DNS 的伪造比 IP 地址欺骗要容易得多。

1）服务器 TCP/UDP 端口过滤。仅仅依靠地址进行数据过滤在实际运用中是不可行的，因为目标主机上往往运行着多种通信服务。比如，用户被禁止采用 Telnet 方式连到系统，但这绝不等于同时禁止他们使用 SMTP/POP 邮件服务器，所以，在地址之外还要对服务器的 TCP/ UDP 端口进行过滤，如图 7-28 所示。

例如，默认的 Telnet 服务连接端口号是 23。假如不允许 PC 建立对 UNIX 计算机（在这时我

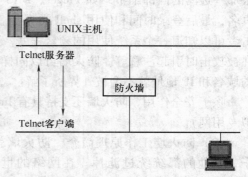

图 7-28　客户端 TCP/UDP 端口过滤

们当它是服务器）的 Telnet 连接，那么只需命令防火墙检查发送目标是 UNIX 服务器的数据包，把其中具有 23 目标端口号的包过滤掉就行了。这样，把 IP 地址和目标服务器 TCP/UDP 端口结合起来不就可以作为过滤标准来实现相当可靠的防火墙了吗？不，没这么简单。

2）客户机也有 TCP/UDP 端口。TCP/IP 是一种端对端协议，每个网络节点都具有唯一的地址。网络节点的应用层也是这样，处于应用层的每个应用程序和服务都具有自己的对应"地址"，也就是端口号。只有地址和端口都具备了才能建立客户机和服务器的各种应用之间的有效通信联系。例如，Telnet 服务器在端口 23 侦听入站连接。同时 Telnet 客户机也有一个端口号，否则客户机的 IP 栈如何知道某个数据包属于哪个应用程序呢？

由于历史的原因，几乎所有的 TCP/IP 程序都使用大于 1023 的随机分配端口号。所以，除非我们让所有具有大于 1023 端口号的数据包进入网络，否则各种网络连接都没法正常工作。

这对防火墙而言可就麻烦了，如果阻塞入站的全部端口，那么所有的客户机都无法使用网络资源。因为服务器发出响应外部连接请求的入站（就是进入防火墙的意思）数据包都无法经过防火墙的入站过滤。反过来，打开所有高于 1023 的端口就可行了吗？也不尽然。由于很多服务使用的端口都大于 1023，例如 X client、基于 RPC 的 NFS 服务以及为数众多的非 UNIX IP 产品等（NetWare/IP）。

3）双向过滤。如图 7-29 所示，给防火墙这样下命令：服务的数据包可以进来，其他的全部挡在防火墙之外。例如，如果知道用户要访问 Web 服务器，那就只让具有源端口号 80 的数据包进入网络。不过新问题又出现了。首先，如何知道要访问的服务器具有哪些正在运行的端口号呢？像 HTTP 这样的服务器本来就是可以任意配置的，所采用的端口也可以随意配置。如果这样设置防火墙，就无法访问那些没采用标准端口号的网络站点了！反过来，也没法保证进入网络的数据包中具有端口号 80

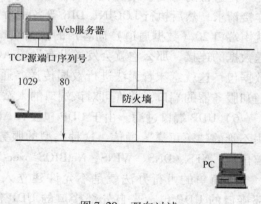

图 7-29　双向过滤

的就一定来自 Web 服务器。有些黑客就是利用这一点制作自己的入侵工具，并让其运行本机的 80 端口！

4）检查 ACK 位。TCP 是一种可靠的通信协议，"可靠"这个词意味着协议具有包括纠错机制在内的一些特殊性质。为了实现其可靠性，每个 TCP 连接都要先经过一个"握手"过程来交换连接参数。还有，每个发送出去的包在后续的其他包被发送出去之前必须获得一个确认响应。但并不是对每个 TCP 包都非要采用专门的 ACK 包来响应，实际上仅仅在 TCP 包头上设置一个专门的位就可以完成这个功能。所以，只要产生了响应包就要设置 ACK 位。连接会话的第一个包不用于确认，所以它就没有设置 ACK 位，后续会话交换的 TCP 包需要设置 ACK 位。

如图 7-30 所示，PC 向远端的 Web 服务器发起一个连接，它生成一个没有设置

ACK 位的连接请求包。当服务器响应该请求时，服务器就发回一个设置了 ACK 位的数据包，同时在包里标记从客户机所收到的字节数。然后客户机就用自己的响应包再响应该数据包，这个数据包也设置了 ACK 位，并标记了从服务器收到的字节数。通过监视 ACK 位，就可以将进入网络的数据限制在响应包的范围之内。

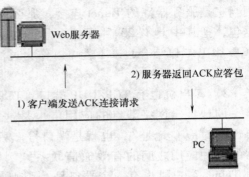

2) 服务器返回ACK应答包

1) 客户端发送ACK连接请求

图 7-30　检查 ACK 位

　　这套机制还不能算是无懈可击。例如，如果有台内部 Web 服务器，那么端口 80 就不得不被打开以便外部请求可以进入网络。还有，对 UDP 包而言就无法监视 ACK 位了，因为 UDP 包没有 ACK 位。还有一些 TCP 应用程序，例如 FTP，连接就必须由这些服务器程序自己发起。

　　5）FTP 带来的困难。一般的 Internet 服务对所有的通信都只使用一对端口号，FTP 程序在连接期间则使用两对端口号。第一对端口号用于 FTP 的"命令通道"，提供登录和执行命令的通信链路；而另一对端口号则用于 FTP 的"数据通道"，提供客户机和服务器之间的文件传送。

　　在通常的 FTP 会话过程中，客户机首先向服务器的端口 21（命令通道）发送一个 TCP 连接请求，然后执行 LOGIN、DIR 等各种命令，一旦用户请求服务器发送数据，FTP 服务器就用端口 20（数据通道）向客户的数据端口发起连接。但是，如果服务器向客户机发起传送数据的连接，那么它就会发送没有设置 ACK 位的数据包，防火墙按照刚才的规则拒绝该数据包，这就意味着无法进行数据传送。通常只有高级的防火墙才能"看出"客户机刚才通知服务器的端口，并许可对该端口的入站连接。

　　6）UDP 端口过滤。由于 UDP 包没有 ACK 位，所以不能进行 ACK 位过滤。UDP 是发出去不管的"不可靠"通信，这种类型的服务通常用于广播、路由、多媒体等广播形式的通信任务。NFS、DNS、WINS、NetBIOS- over- TCP/IP 和 NetWare/IP 都使用 UDP。

　　最简单的可行办法就是不允许建立入站 UDP 连接。防火墙设置为只许转发来自内部接口的 UDP 包，来自外部接口的 UDP 包则不转发。但这样做也会产生一些问题，例如，DNS 名称解析请求就使用 UDP，如果网络提供 DNS 服务，则至少得允许一些内部请求穿越防火墙。还有，IRC 这样的客户程序也使用 UDP，如果让用户使用它，就同样要让他们的 UDP 包进入网络。我们能做的就是对那些从本地到可信任站点之间的连接进行限制。

　　有些新型路由器可以通过"记忆"出站 UDP 包来解决这个问题：如果入站 UDP 包匹配最近出站 UDP 包的目标地址和端口号就让它进来，如果在内存中找不到匹配的 UDP 包就只好拒绝。但是，如何确信产生数据包的外部主机就是内部客户机希望通信的服务器呢？如果黑客诈称 DNS 服务器的地址，那么在理论上当然可以从附着 DNS 的 UDP 端口发起攻击。只要允许 DNS 查询和反馈包进入网络，这个问题就必然存在。解决的办法是采用代理服务器。

　　所谓代理服务器，顾名思义就是代表本地网络和外界打交道的服务器。代理服务器不允许存在任何网络内外的直接连接。它本身就提供公共和专用的 DNS、邮件服务器等多种功能。代理服务器重写数据包而不是简单地将其转发了事。给人的感觉就是网络内部的主机都站在了网络的边缘，但实际上它们都躲在代理的后面，露面的不过是代理这个假面具。

目前，国内的防火墙几乎被国外的品牌占据了一半的市场，国外品牌的优势主要在于技术和知名度比国内产品高。而国内防火墙厂商对国内用户了解更加透彻，价格上也更具有优势。防火墙产品中，国外主流厂商为思科（Cisco）、CheckPoint、NetScreen等，国内主流厂商为东软、天融信、网御神州、联想、方正等，它们都提供不同级别的防火墙产品。

2. IDS

当越来越多的公司将其核心业务向互联网转移的时候，网络安全作为一个无法回避的问题摆在人们面前。公司一般采用防火墙作为安全的第一道防线。而随着攻击者技能的日趋成熟，攻击工具与手法的日趋复杂多样，单纯的防火墙策略已经无法满足对安全高度敏感部门的需要，网络的防卫必须采用一种纵深的、多样的手段。与此同时，目前的网络环境也变得越来越复杂，各式各样的复杂的设备，需要不断升级、补漏的系统使得网络管理员的工作不断加重，不经意的疏忽便有可能造成重大的安全隐患。在这种情况下，入侵检测系统（Intrusion Detection System，IDS）就成了构建网络安全体系中不可或缺的组成部分。IDS 主要用于检测黑客（Hacker 或 Cracker）通过网络进行的入侵行为。专业上讲就是依照一定的安全策略，对网络、系统的运行状况进行监视，尽可能发现各种攻击企图、攻击行为或者攻击结果，以保证网络系统资源的机密性、完整性和可用性。做一个形象的比喻：假如防火墙是一幢大楼的门锁，那么 IDS 就是这幢大楼里的监视系统，一旦小偷爬窗进入大楼，或内部人员有越界行为，实时监视系统就会发现情况并发出警告。图 7-31 所示为经典入侵检测系统的部署方式。

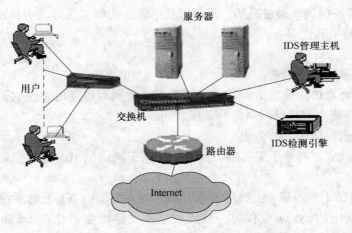

图 7-31 经典入侵检测系统的部署方式

（1）IDS 的作用 与防火墙不同，IDS 入侵检测系统是一个监听设备，没有跨接在任何链路上，无须网络流量流经它便可以工作。因此，对 IDS 的部署，唯一的要求是：IDS 应当挂接在所有所关注流量都必须流经的链路上。"所关注流量"指的是来自高危网络区域的访问流量和需要进行统计、监视的网络报文。在如今的网络拓扑中，已经很难找到以前的 Hub 式的共享介质冲突域的网络，绝大部分的网络区域都已经全面升级到交换式的网络结构。因此，IDS 在交换式网络中的位置一般选择在：

1）尽可能靠近攻击源。

2）尽可能靠近受保护资源。

这些位置通常是：服务器区域的交换机、Internet 接入路由器之后的第一台交换机、重点保护网段的局域网交换机。防火墙和 IDS 可以分开操作，在实际的使用中，由于大多数入侵检测的接入方式采用 Pass-by 方式来侦听网络上的数据流，从而限制了 IDS 本身的阻断功能。IDS 只有靠发阻断数据包来阻断当前行为，并且 IDS 的阻断范围也很小，只能阻断建立在 TCP 基础之上的一些行为，如 Telnet、FTP、HTTP 等，而对于一些建立在 UDP 基础之上的行为就无能为力了。由于防火墙的策略都是事先设置好的，无法动态设置策略，缺少针对攻击的必要的灵活性，不能更好地保护网络的安全，所以 IDS 与防火墙联动的目的就是更有效地阻断所发生的攻击事件，从而使网络隐患降至较低限度。

（2）IDS 的实现方式　国际顶尖的入侵检测系统（IDS）主要以模式发现技术为主，并结合异常发现技术。IDS 一般从实现方式上分为两种：基于主机的 IDS 和基于网络的 IDS。一个完备的入侵检测系统 IDS 一定是基于主机和基于网络两种方式兼备的分布式系统。另外，能够识别入侵手段的数量多少，最新入侵手段的更新是否及时也是评价入侵检测系统的关键指标。从具体工作方式上看，绝大多数入侵检测系统都采取两种不同的方式来进行入侵检测：基于网络和基于主机的。不管使用哪一种工作方式，都用不同的方式使用了上述两种分析技术，都需要查找攻击签名（Attack Signature）。所谓攻击签名，就是用一种特定的方式来表示已知的攻击方式。

1）基于网络的 IDS。基于网络的 IDS 使用原始的网络分组数据包作为进行攻击分析的数据源，一般利用一个网络适配器来实时监视和分析所有通过网络进行传输的通信。一旦检测到攻击，IDS 应答模块便通过通知、报警以及中断连接等方式对攻击作出反应。基于网络的入侵检测系统的主要优点有：

① 成本低。

② 攻击者转移证据很困难。

③ 一旦发生恶意访问或攻击，基于网络的 IDS 检测可以随时发现它们，因此能够更快地作出反应，从而将入侵活动对系统的破坏减到最低。

④ 能够检测未成功的攻击企图。

⑤ 操作系统独立。与基于主机的 IDS 不同，基于网络的 IDS 并不依赖主机的操作系统作为检测资源。

2）基于主机的 IDS。基于主机的 IDS 一般监视 Windows NT 上的系统、事件、安全日志以及 UNIX 环境中的 Syslog 文件。一旦发现这些文件发生变化，IDS 将对新的日志记录与攻击签名进行比较，如果匹配，检测系统就向管理员发出入侵报警并且采取相应的行动。

基于主机的 IDS 的主要优势有：

① 非常适用于加密和交换环境。

② 接近实时的检测和应答。

③ 不需要额外的硬件。

（3）IDS 的发展趋势　早期的 IDS 仅仅是一个监听系统，它可以将与 IDS 位于同一交换机/Hub 的服务器的访问、操作全部记录下来以供分析使用，与常用的 Windows 操作系统的事件查看器类似。后来，由于 IDS 的记录太多了，于是提供了将记录的数据进行分析的功能，仅仅列出有危险的一部分记录，这一点上与目前 Windows 所用的策略审核相似。目前，新一代的 IDS，更是增加了分析应用层数据的功能，使得其能力大大增加。而更新一代的 IDS，通过与防火墙联动，由 IDS 分析出有敌意的地址并阻止其访问。

基于网络的 IDS 和基于主机的 IDS 都有各自的优势，两者相互补充。这两种方式都能发现对方无法检测到的一些入侵行为。从某个重要服务器的键盘发出的攻击并不经过网络，因此就无法通过基于网络的 IDS 检测到，而只能通过使用基于主机的 IDS 来检测。基于网络的 IDS 通过检查所有的包首标（Header）进行检测，而基于主机的 IDS 并不查看包首标。许多基于 IP 的拒绝服务攻击和碎片攻击，只能通过查看它们通过网络传输时的包首标才能识别。基于网络的 IDS 可以研究负载的内容，查找特定攻击中使用的命令或语法，这类攻击可以被实时检查包序列的 IDS 迅速识别。而基于主机的系统无法看到负载，因此也无法识别嵌入式的负载攻击。联合使用基于主机和基于网络这两种方式能够达到更好的检测效果。比如基于主机的 IDS 使用系统日志作为检测依据，因此它们在确定攻击是否已经取得成功时与基于网络的检测系统相比具有更大的准确性。在这方面，基于主机的 IDS 对基于网络的 IDS 是一个很好的补充，人们完全可以使用基于网络的 IDS 提供早期报警，而使用基于主机的 IDS 来验证攻击是否取得成功。

在下一代的入侵检测系统中，将把现在的基于网络和基于主机这两种检测技术很好地集成起来，提供集成化的攻击签名、检测、报告和事件关联功能。相信未来的集成化的入侵检测产品不仅功能更加强大，而且部署和使用上也更加灵活、方便。从现实来看，市场上所主流的 IDS 产品价格从数十万到数百万不等，这种相对昂贵的价格导致的结果就是：一般中小企业并不具备实施 IDS 产品的能力，它们的精力会放在路由器、防火墙以及三层以上交换机的加固上；大中型企业虽然很多已经安装了 IDS 产品，但 IDS 天然的缺陷导致其似乎无所作为。

3. 网关

从一个房间走到另一个房间，必然要经过一扇门。同样，从一个网络向另一个网络发送信息，也必须经过一道"关口"，这道关口就是网关。顾名思义，网关就是一个网络连接到另一个网络的"关口"。网关（Gateway）又称网间连接器、协议转换器。网关在传输层上以实现网络互连，是最复杂的网络互连设备，仅用于两个高层协议不同的网络互连。网关既可以用于广域网互连，也可以用于局域网互连。网关是一种充当转换重任的计算机系统或设备。在使用不同的通信协议、数据格式或语言，甚至体系结构完全不同的两种系统之间，网关是一个翻译器。与网桥只是简单地传达信息不同，网关对收到的信息要重新打包，以适应目的系统的需求。同时，网关也可以提供过滤和安全功能。大多数网关运行在 OSI 七层协议的顶层——应用层。按照不同的分类标准，网关也有很多种。TCP/IP 里的网关是最常用的，在这里所讲的"网关"均指 TCP/IP 下的网关。网关在 OSI 模型中的位置如图 7-32 所示。

网关到底是什么呢？网关实质上是一个网络通向其他网络的 IP 地址。例如有网络 A 和网络 B，网络 A 的 IP 地址范围为"192.168.1.1 ~ 192.168.1.254"，子网掩码为 255.255.255.0；网络 B 的 IP 地址范围为"192.168.2.1 ~ 192.168.2.254"，子网掩码为 255.255.255.0。在没有路由器的情况下，两个网络之间是不能进行 TCP/IP 通信的，即使是两个网络连接在同一台交换机（或集线器）上，TCP/IP 也会根据子网掩码（255.255.255.0）判定两个网络中的主机处在不同的网络里。而要实现这两个网络之间的通信，则必须通过网关。如果网络 A 中的主机发现数据包的目的主机不在本地网络中，就把数据包转发给它自己的网关，再由网关转发给网络 B 的网关，网络 B 的网关再转发给网络 B 的某个主机，如图 7-33 所示。

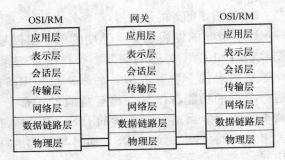

图 7-32　网关在 OSI 模型中的位置

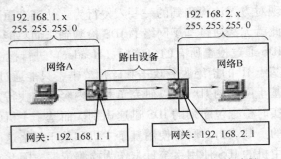

图 7-33　网络 B 向网络 A 转发数据包的过程

所以说，只有设置好网关的 IP 地址，TCP/IP 才能实现不同网络之间的相互通信。那么这个 IP 地址是哪台机器的 IP 地址呢？网关的 IP 地址是具有路由功能的设备的 IP 地址。具有路由功能的设备有路由器、启用了路由协议的服务器（实质上相当于一台路由器）、代理服务器（也相当于一台路由器）。

网关可以连接不同类型的网络，如图 7-34 所示。在与 Novell NetWare 网络交互操作的上下文中，网关可以在 Windows 网络使用的服务器信息块（SMB）协议以及 NetWare 网络使用的 NetWare 核心协议（NCP）之间起到桥梁的作用。

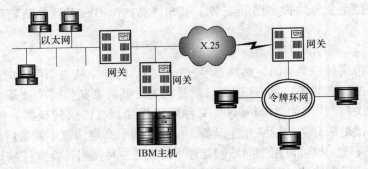

图 7-34　网关连接不同类型网络

如果搞清了什么是网关，默认网关也就好理解了。就好像一个房间可以有多扇门一样，一台主机可以有多个网关。默认网关的意思是一台主机如果找不到可用的网关，就把数据包发给默认指定的网关，由这个网关来处理数据包。现在主机使用的网关，一般指的是默认网关。

（1）网关的作用及工作流程的通俗解释　假设你的名字叫小不点，住在一个大院子里。你的邻居家里有很多小伙伴，在门口传达室还有个看大门的李大爷，李大爷就是你的网关。当你想跟院子里的某个小伙伴玩时，只要在院子里大喊一声他的名字，他就会跑出来跟你玩。但是不允许你走出大门，如果想与外界发生联系，必须由门口的李大爷（网关）用电话帮你联系。假如你想找你的同学小明聊天，小明家住在很远的另外一个院子里，他家的院子里也有一个看门的王大爷（小明的网关）。但是你不知道小明家的电话号码，不过你的班主任有一份全班同学的名单和电话号码对照表，你的班主任就是你的 DNS 服务器。于是你在家里拨通了门口李大爷的电话，有了下面的对话：

小不点：李大爷，我想找班主任查一下小明的电话号码行吗？

李大爷：好，你等着。（接着李大爷给你的班主任挂了一个电话，问清楚了小明的电话）问到了，他家的号码是 211.99.99.99。

小不点：太好了！李大爷，我想找小明，你再帮我联系一下小明吧。

李大爷：没问题。（接着李大爷向电话局发出了请求接通小明家电话的请求，最后一关当然是被转接到了小明家那个院子的王大爷那里，然后王大爷把电话给转到小明家）

就这样你和小明取得了联系。

（2）各类网关协议的区别

1）网关-网关协议（GGP）。核心网关为了正确和高效地路由报文，需要知道 Internet 其他部分发生的情况，包括路由信息和子网特性。当一个网关负载重，并且这个网关是访问子网的唯一途径时，通常会使用这种类型的信息，网络中的其他网关能剪裁交通流量以减轻网关的负载。

GGP 主要用于交换路由信息，不要混淆路由信息（包括地址、拓扑和路由延迟细节）和作出路由决定的算法。路由算法在网关内通常是固定不变的。核心网关之间通过发送 GGP 信息并等待应答来通信，如果收到包含特定信息的应答就更新路由表。

要想有效地进行工作，网关必须含有互联网络上所有网关的完整信息，否则，计算得到一个目的地的有效路由将是不可能的。因为这个原因，所有的核心网关维护一张 Internet 上所有核心网关的列表。这是一个相当小的表，网关能很容易对其进行处理。

2）外部网关协议（EGP）。外部网关协议用于非核心的相邻网关之间传输信息。非核心网关包含互联网上所有与其直接相邻的网关的路由信息及其所连机器信息，但是它们不包含 Internet 上其他网关的信息。对绝大多数 EGP 而言，只限制维护其服务的局域网或广域网信息。这样可以防止过多的路由信息在局域网或广域网之间传输。

由于核心网关使用 GGP，非核心网关使用 EGP，而二者都应用在 Internet 上，所以必须有某些方法使二者彼此之间能够通信。Internet 使任何自治（非核心）网关给其他系统发送"可达"信息，这些信息至少要送到一个核心网关。

和 GGP 一样，EGP 使用一个查询过程来让网关清楚它的相邻网关，并不断地与其相邻者交换路由和状态信息。EGP 是状态驱动的协议，它依赖于一个反映网关情况的状态表和一组当状态表项变化时必须执行的一组操作。

3）内部网关协议（IGP）。有几种内部网关协议可用，最流行的是 RIP 和 Hello 以及开放式最短路径优先协议（OSPF）。

一般来讲，由于它们的路由表包含很多项，因此消息比较长。RIP 和 Hello 一直维护相邻网关之间的连接性以确保机器是活跃的。路由信息协议使用广播技术，网关每隔一定时间要把路由表广播给其他网关，但这会增加网络流量，降低网络性能。Hello 协议与 RIP 的不同之处在于 Hello 使用时间而不是距离作为路由因素，这要求网关对每条路由有合理的准确时间信息。

开放式最短路径优先协议是由 Internet 工程任务组开发的协议，希望它能成为居于主导地位的 IGP。用"最短路径"来描述协议的路由过程不准确，更好一些的名字是"最优路径"，这其中要考虑许多因素来决定到达目的地的最佳路由。

（3）网关的类型

1）传输网关。传输网关用于在两个网络间建立传输连接。利用传输网关，不同网络上的主机间可以建立起跨越多个网络的、级联的、点对点的传输连接。例如，通常使用的路由器就是传输网关。网关的作用体现在连接两个不同的网段，或者是两个不同的路由协议之间的连接，如 RIP、EIGRP、OSPF、BGP 等。

2）应用网关。应用网关在应用层上进行协议转换。例如，一个主机执行的是 ISO 电子邮件标准，另一个主机执行的是 Internet 电子邮件标准，如果这两个主机需要交换电子邮件，那么必须经过一个电子邮件网关进行协议转换，这个电子邮件网关是一个应用网关。

现在的网关产品分类越来越细了，有信令网关，中继网关，还有接入网关等。

本 章 小 结

本章介绍了什么是网络互连以及网络互连使用到的设备。网络互连是为了将两个或者两个以上具有独立自治能力、同构或异构的计算机网络连接起来，以形成能够实现数据流通，扩大资源共享范围，或者容纳更多用户的、更加庞大的网络系统。将网络互相连接起来要使用一些中间设备，ISO 的术语称之为中继系统。中继系统在网间进行协议和功能转换，具有很强的层次性，并且不同层次网络的互连要使用不同的设备。按照 OSI/RM 的层次划分，可将网络互连分为物理层的互连，使用到的设备有中继器、集线器、无线 AP 等；数据链路层的互连，使用到的设备有网卡、网桥和二层交换机；网络层的互连，使用到的设备有路由器和三层交换机；应用层的互连，使用到的设备有防火墙和入侵监测系统。

习 题 7

1. 什么是网络互联？按照地理覆盖范围对网络进行分类，网络互联主要有哪几种类型？
2. 什么是"互连"、"互通"和"互操作"，它们之间的关系如何？
3. 根据中继系统所在的层次，可分为哪几种中继系统？它们分别使用哪些网络互连设备？
4. 什么是中继器？中继器有哪些功能？
5. 集线器的功能是什么？集线器的工作特点是什么？
6. 试述网卡功能及工作原理。
7. 什么是 MAC 地址？
8. IP 地址和 MAC 地址有何不同？
9. 交换机有哪些功能？试述二层交换机的工作原理。

10. 交换机和集线器的区别是什么？

11. 什么是路由器？路由器有哪些功能？

12. 什么是防火墙？防火墙有哪些基本特性？

13. 什么是代理服务？

14. 什么是 IDS？IDS 有什么作用？

15. 什么是网关？当前网关协议有哪些？

第8章

Internet 技术基础

【学习目标】

1）了解 Internet 的定义、起源及发展现状。

2）掌握 Internet 的基本结构及组成部分。

3）了解 Internet 提供的网络服务。

4）了解 Internet 的接入设备及使用方法。

8.1 Internet 概述

8.1.1 什么是 Internet

Internet 是全球性的计算机互联网。Internet 具有这样的能力：它将各种各样的网络连接在一起，而不论其网络规模的大小、主机数量的多少、地理位置的异同。通过网络互连，就可以把网络的资源组合起来。Internet 也是一个面向公众的社会性组织，世界各地数以百万计的人们可以通过 Internet 进行信息交流和资源共享。

Internet 是多个网络互连而成的网络的集合。从网络技术的观点来看，Internet 是一个以 TCP/IP（传输控制协议/网际协议）连接世界范围计算机网络的数据通信网。从信息资源的观点来看，Internet 集各个领域和各个学科的各种信息资源为一体，是一个开放的数据资源网。

8.1.2 Internet 起源与发展

Internet 最早源于美国国防部的 ARPANet 计划，目的是为了把当时美国各种不同的网络连接起来，共享信息。

1969 年 9 月 2 日，美国国防部高级计划研究局（Advanced Research Projects Agency, AR-PA）启动了 ARPA 网络（ARPANet）。ARPANet 的设计要求是要在发送信息时将信息分成最小单元，即将它的数据进行 IP 分组，这个分组有正确的地址，通信计算机负责确定传输是否完成。ARPANet 是 Internet 的雏形。

20 世纪 80 年代初期，TCP/IP 诞生了。它是一种通信协议，TCP 及 IP 的中文意义分别是传输控制协议和网际协议。1983 年，当 TCP/IP 成为 ARPANet 上的标准通信协议时，人们才认为真正的 Internet 出现了。Internet 采用 TCP/IP，原则上任何计算机只要遵守 TCP/IP 都能接入 Internet。1986 年，美国国家科学基金会使用 TCP/IP 建立了新的 NSFNet 网，将全美各大校园网及地区局域网连接起来，并在这个网络的基础上发展了互联网通信协议的一些最基本的概念。ARPANet 分解为两个网络：一个是纯军事用网络 MALNet，另一个则是美国国家科学基金会网络（National Science Foundation Network，NSFNet）。1990 年，ARPANet 解体，NSFNet 完全取代 ARPANet 成为 Internet。1992 年，Internet 协会成立，Internet 协会把 Internet 定义为"组织松散、独立国际合作的互连网络"，"通过自主遵守协议和过程，支持主机对主机的通信"。

1989 年，由 CERN 开发成功的万维网（World Wide Web，WWW），为 Internet 实现广域超媒体信息截取/检索奠定了基础。从此，Internet 开始进入迅速发展时期。

1994 年，Internet 由美国的商业机构接管，世界各地无数的企业和个人纷纷涌入 Internet，使得 Internet 从美国国家科学网络演变到一个世界性的商业网络，从而加速了 Internet 的普及和发展。

在此之后，Internet 更是以极为迅猛的速度发展着，席卷了全世界几乎所有的国家，一个全球性的信息高速公路已经初步形成。

8.1.3　Internet 基本结构

Internet 的结构大致分为 5 层。

1）第一层为 NAP（互联网交换中心）层。为提高不同的 ISP 之间的互访速率，节约有限的骨干网络资源，NAP 在全国或某一地区内建立统一的一个或多个交换中心，为国内或本地区的各个网络的互通提供一个快速的交换通道。建立 NAP 的目的是实现 Internet 数据的高速交换。

2）第二层为全国性骨干网层。主要是一些大的 IP 运营商和电信运营公司所经营的全国性 IP 网络。这些运营商成为骨干网络的提供者。

3）第三层为区域网，类似于第二层，但其经营地域范围较小。

4）第四层为 ISP 层。ISP 是 Internet 网络的基本服务单位，与本地电话网、传输网有直接的联系，为信息源及信息提供者提供接入服务。

5）第五层为用户接入层，包括用户接入设备和用户终端。

Internet 主要是由通信线路、路由器、计算机设备与信息资源等部分组成的。

1. 通信线路

通信线路是 Internet 的基础设施，负责将 Internet 中的路由器与主机等连接起来，如光缆、铜缆、卫星、无线等。人们使用"带宽"与"传输速率"等术语来描述通信线路的数据传输能力。通信线路的最大传输速率与它的带宽成正比。通信线路的带宽越宽，它的传输速率也就越高。

2. 路由器

路由器是 Internet 中最为重要的设备，它实现了 Internet 中各种异构网络间的互连，并提供最佳路径选择、负载平衡和拥塞控制等功能。

当数据从一个网络传输到路由器时，它需要根据数据所要到达的目的地，通过路径选择算法为数据选择一条最佳的输出路径。如果路由器选择的输出路径比较拥挤，则由其负责管理数据传输的等待队列。当数据从源主机出发后，往往需要经过多个路由器的转发，经过多个网络才能到达目的主机。

3. 计算机设备

接入 Internet 的计算机设备可以是普通的 PC，也可以是巨型机等其他设备，是 Internet 不可缺少的设备。计算机设备分为服务器和客户机两大类，服务器是 Internet 服务和信息资源的提供者，有 WWW 服务器、电子邮件服务器、文件传输服务器、视频点播服务器等，它们为用户提供信息搜索、信息发布、信息交流、网上购物、电子商务、娱乐、电子邮件、文件传输等功能；客户机是 Internet 服务和信息资源的使用者。

在 Internet 中提供了很多类型的服务，如电子邮件、远程登录、文件传输、WWW 服务、Gopher 服务与新闻组服务等。通过这些 Internet 服务，人们可以在网上搜索信息、互相交流、网上购物、发布信息与进行娱乐。

4. 信息资源

在 Internet 中存在着很多类型的信息资源，如文本、图像、声音与视频等，并涉及社会生活的各个方面。通过 Internet，人们可以查找科技资料、获得商业信息、下载流行音乐、参与联机游戏或收看网上直播等。

8.2　Internet 提供的网络服务

Internet 是全世界依据 TCP/IP 连接起来的所有计算机及其各级网络的统称，是所谓"信息高速公路"的客观实物。现在 Internet 上已有很多具体服务，主要包括万维网（WWW）、文件传送（FTP）、电子邮件（E-mail）三大主功能群和电子公告牌（BBS）、远程登录（Telnet）等其他功能群。

8.2.1　电子邮件服务

电子邮件最初是作为一种从一台计算机终端向另一台计算机终端传送信息的、相对简单的方法而发展起来的，现在已经演变成为一个更加复杂、丰富的系统。电子邮件在 Internet 流行以前就已经存在了，Internet 扩展了其应用的范围。过去只能在局域网上进行交谈的公司现在可以通过互联网与他们的客户、竞争伙伴和世界上的任何人进行通信和交流。

1. 电子邮件的概念

电子邮件（Electronic Mail，E-mail），它是 Internet 上使用最频繁、应用范围最广（无所不在的）的一种服务。与其他 Internet 服务相比，电子邮件具有速度快、异步传输、广域性、费用低等优点。电子邮件系统不但可以传输各种格式的文本信息，而且还可以传输图像、声音、视频等多种信息。

Internet 电子邮件系统是一个采用简单邮件传输协议（Simple Mail Transfer Protocol，SMTP）发送邮件并采用邮局协议的第 3 个版本（Post Office Protocol3，POP3）接收邮件的系统。SMTP 服务器是信件发送时，电子邮件客户程序（起草、发送、阅读和存储邮件的程序）所要连接的系统。它的任务是将待发送的邮件转移到一个

POP3 服务器上，该服务器将信息存储并转发给接收者。当用户接收 Internet 邮件时，需要通过电子邮件客户程序登录到 POP3 服务器上，并请求查看存放在邮箱中的信件。

当用户向 ISP 申请 Internet 账户时，ISP 就会在它的邮件服务器上建立该用户的电子邮件账户，它包括用户名（User Name）与用户密码（Password）。

2. 电子邮件服务的工作过程

如同邮政业务一样，如果发信的目的地与起始地不在相同的网络上，那么电子邮件会从一个网络传递到另一网络上。完成电子邮件网络连接的是一台被称作"网关"的计算机。当然，在电子邮件的头部要写上收信人地址与发信人地址。

电子邮件系统采用"存储—转发"的工作方式，将用户要发送的邮件从电子信箱中转发到接收者的电子信箱中并存储起来。

电子邮件系统至少包含两个组成部分：一是用户前端的应用程序，称为电子邮件用户代理，它用来接收用户的输入，并且将电子邮件传递给电子邮件传递系统；另一个是运行在后台的应用程序，称为邮件传输代理，用来在邮件服务器之间交换电子邮件。

电子邮件服务器有接收电子邮件服务器（POP3）和发信电子邮件服务器（SMTP）。电子邮件服务基于 C/S 结构，其工作原理如图 8-1 所示。

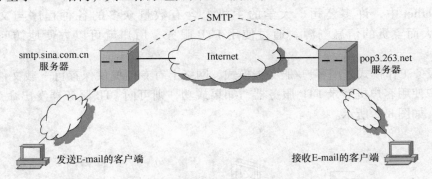

图 8-1　电子邮件工作原理

3. 电子邮件地址的结构

用户的电子邮件信箱地址为：用户名 @ 电子邮件服务器地址。例如，zhang @ mail. sie. edu. cn 表示在 mail. sie. edu. cn 这台电子邮件服务器上，有一个 zhang 的用户。

在发信时必须要知道对方的地址，否则这封信将发不出去。

4. 电子邮件协议

电子邮件使用的相关协议主要有 SMTP、POP、IMAP、MIME。在电子邮件程序向邮件服务器中发送邮件时，使用的是简单邮件传输协议（SMTP）。在电子邮件程序从邮件服务器中读取邮件时，可以使用邮局协议（POP）或交互式邮件存取协议（IMAP），这取决于邮件服务器支持的协议类型。MIME 则用来支持多媒体信息。

1）SMTP：定义了递送邮件的机制。SMTP 服务器将邮件转发到接收者的 SMTP 服务器，直至最后被接收者通过 POP 或者 IMAP 协议获取。

2）POP：目前使用第 3 个版本，即 POP3。POP 定义了一种用户如何获得邮件的机制。它规定每个用户使用一个单独的邮箱。

3）IMAP：使用在接收信息的高级协议，目前版本为第 4 版，也称 IMAP4。在使用 IMAP 时，邮件服务器必须支持该协议，用户并不能完全使用 IMAP 来替代 POP，不能期待 IMAP 在任何地方都被支持。

IMAP 与 POP3 都是按 C/S 方式工作，但它们有很大的差别。对于 POP3，POP3 服务器 是具有存储转发功能的中间服务器，在邮件交付给用户之后，POP3 服务器就不再保存这些 邮件；当客户程序打开 IMAP 服务器的邮箱时，用户就可以看到邮件的首部，如果用户需要 打开某个邮件，则可以将该邮件传送到用户的计算机，在用户未发出删除邮件的命令前， IMAP 服务器邮箱中的邮件一直保存着。POP3 是在脱机状态下运行，而 IMAP 是在联机状态 下运行。

4）MIME（多用途邮件的扩展）：MIME 并不是用于传送邮件的协议，它作为多用途邮 件的扩展定义了邮件内容的格式，如信息格式、附件格式等。

8.2.2　文件传输服务

文件传输服务是 Internet 中最早提供的服务功能之一，目前仍然在广泛使用中。文件传 输协议（File Transfer Protocol，FTP）遵循的是 TCP/IP 组中的相关协议，它允许用户将文件 从一台计算机传输到另一台计算机上，并且能保证传输的可靠性。

在 Internet 中，许多公司、大学的主机上含有数量众多的各种程序与文件，这是 Internet巨大而宝贵的信息资源。通过使用 FTP 服务，用户就可以方便地访问这些信息 资源。

FTP 服务工作模式采用客户/服务器模式，网络上有专门提供保存可下载文件的 FTP 服 务器，用户使用客户机登录 FTP 服务器，如果成功，则可向 FTP 服务器发出命令。FTP 的 工作模式，如图 8-2 所示。

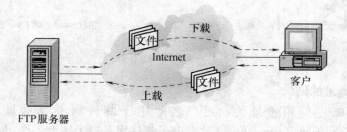

图 8-2　FTP 的工作模式

Internet 上的 FTP 服务器提供匿名 FTP 服务与注册 FTP 服务。

1）匿名 FTP 服务：实质是提供服务的机构在它的 FTP 服务器上建立一个公开账户（一 般名为 Anonymous），并赋予该账户访问公共目录的权限，以便提供免费服务。如果用户要 访问这些提供匿名服务的 FTP 服务器，用户名为 Anonymous，用户密码为任意一个电子邮件 地址即可。

2）注册 FTP 服务：即为非公开的 FTP 服务，用户在提供此服务的服务器上需有专用的 用户账户。

8.2.3　万维网服务

WWW 又称为万维网，简称为 Web，采用了客户/服务器模式。在 Web 中信息资源以 Web 页的形式存储在 WWW 服务器中，用户可以通过 WWW 客户端，浏览图、文、声并茂的 Web 页内容；通过 Web 页中的链接，用户可以方便地访问位于其他 WWW 服务器中的 Web 页，或是其他类型的网络信息资源，如图 8-3 所示。

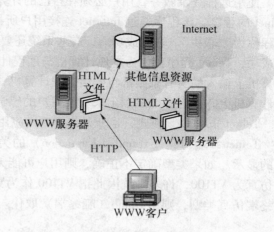

图 8-3　WWW 服务

1. HTTP 和 HTML

WWW 服务的核心技术是：超文本标记语言（HTML）和超文本传输协议（HTTP）。

1）超文本传输协议（HTTP）：HTTP 是 WWW 客户机与 WWW 服务器之间的应用层传输协议。

2）超文本标记语言（HTML）：WWW 服务器中所存储的页面是一种结构化的文档，采用 HTML 写成。HTML 利用不同的标签定义格式、引入链接和多媒体等内容。

2. 统一资源定位符（URL）

统一资源定位符（URL）用来标明 Web 中资源路径。URL 由三部分组成：协议类型、主机名和路径及文件名。协议类型有 HTTP、FTP、Gopher、Telnet、File 等。

3. WWW 浏览器

WWW 浏览器是用来浏览 Internet 上主页的客户软件。在 WWW 的客户机/服务器工作环境中，WWW 浏览器起着控制作用。WWW 浏览器的任务是使用一个 URL（Internet 地址）来获取一个 WWW 服务器上的 Web 文档，解释 HTML，并将文档内容以用户环境所许可的效果最大限度地显示出来。整个流程如下：

1）WWW 浏览器根据用户输入的 URL 连到相应的远端 WWW 服务器上。

2）取得指定的 Web 文档。

3）断开与远端 WWW 服务器的连接。

4. WWW 服务器软件

目前，在世界各地有许多公司和学术团体，根据不同的计算机系统，开发出不同的 WWW 服务器，如 Apache、CERN httpd、Microsoft Internet Information Server、NCSA httpd、Plexus httpd、WebSite 等。

8.2.4　远程登录服务

远程登录是指在网络通信协议 Telnet 的支持下，使用户的计算机通过 Internet 暂时成为远程计算机终端的过程。要在远程计算机上登录，首先要成为该系统的合法用户并有相应的账号和口令。一经登录成功后，用户便可以实时使用远程计算机对外开放的全部资源。这些资源包括该主机的硬件资源、软件资源以及数据资源。

使用远程登录服务，用户必须在自己的计算机（称作"本地计算机"）上运行一个称为 Telnet 的程序，该程序通过 Internet 连接用户所指定的计算机（称作"远程计算机"）。这个过程称为"联机"。联机成功后，有些系统还要求输入用户的标识和密码进行登录。一旦登录成功，Telnet 程序就作为本地计算机与远程计算机之间的中介而工作。用户用键盘在本地计算机上输入的所有东西都将传给远程计算机，而远程计算机显示的一切东西也将传送到本地计算机上并在屏幕上显示出来。就用户的感觉来说，好像就是在使用本地机。

Telnet 采用 C/S 模式，也就是说 Telnet 应用系统由两部分组成：客户机和服务器。

Telnet 终端仿真（Terminal Emulation）的类型直接影响到数据如何在自己使用的计算机上的显示。如果类型确定不正确，则用户可能无法识读网络终端上显示的信息。最常用的终端仿真为 VT100，许多系统因此把 VT100 作为默认值（Default）。如果用户不清楚自己所用的终端仿真类型，则用 Dumb（哑终端）取代。大多数 PC 的终端程序使用的是 ANSI 终端协议。

8.2.5 域名解析服务

域名解析服务器（Domain Name Server，DNS）可以实现 IP 地址到域名地址间的映射。在 Internet 中，采用 IP 地址可以直接访问网络中的一切主机资源，但是 IP 地址难于记忆，于是便产生了一套易于记忆的、具有一定意义的、用字符来表示的 IP 地址，这就是域名（Domain Name）。例如：

202.205.161.2 = www.crtvu.edu.cn = 中央广播电视大学 Web 服务器

1. 域名系统的层次结构

域名系统的层次结构，如图 8-4 所示。

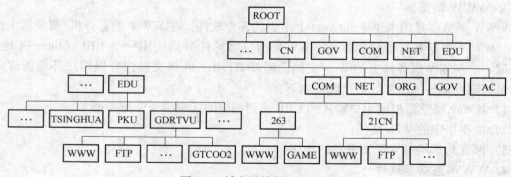

图 8-4　域名系统的层次结构

域名系统采用层次型命名机制，语法是：

主机名．第 n 级子域名…第 2 级子域名．第 1 级子域名

域名地址一般包含四部分内容，分别是：计算机名．机构名．网络分类名．国家名，如，www.pku.edu.cn。

第 1 级子域名（顶级域名：Top-level Domain）是一种标准化的标号以保证域名系统的通用性。有关第 1 级域名的规定如下：

1）一般地，Internet 地址的最后一部分代表了最大的区域，通常为国家代码。国家代码与国家名称的对应关系，见表 8-1。

表 8-1　国家代码与国家名称的对应关系

域　名	国家/地区代码	域　名	国家/地区代码
au	澳大利亚	de	德国
ca	加拿大	uk	英国
cn	中国	fi	芬兰
fr	法国	it	意大利
jp	日本	es	西班牙
hk	香港	dk	丹麦
tw	台湾	nz	新西兰

2）美国通常不使用国家代码作为地址的最后一部分，美国通常使用的顶级域名，见表 8-2。

表 8-2　美国通常使用的顶级域名

域　名	意　义	例
com	商业组织	www. microsoft. com
edu	教育部门	www. mit. edu
gov	政府部门	www. whitehouse. gov
mil	军事部门	www.
net	网络组织	www. internic. net
org	非赢利组织	www. ims. org
int	国际组织	www.

3）中国的顶级域名是 cn，下属的第 2 级域名分为两类：

① 机构类别域名（最初为 6 个，1997 年后增加了 7 个）。

　　　ac. cn——用于科研机构　　　com. cn——用于工、商、金融企业

　　　edu. cn——用于教育机构　　　org. cn——用于非盈利组织

　　　gov. cn——用于政府部门　　　net. cn——用于互联网

② 行政区类别域名（34 个）。适用于各省、市、直辖市，一般取地名前两个汉字的拼音缩写。例如：

　　　bj. cn——北京　　　sh. cn——上海　　　gd. cn——广东　　　hn. cn——湖南

2. 地址与域名的解析

在 Internet 上的每一台主机，都可能同时具备以下 3 个地址标识：

1）域名：这是一个具有一定含义又便于记忆的名字，由授权单位认定，在 Internet 上是唯一的。

2）IP 地址（逻辑地址）：这是一个数字型的地址（32 位），由授权单位认定，在 Internet 上也是唯一的。

3）物理地址（网卡地址）：这是安装在主机上的网卡地址，每一块网卡都有一个全球范围内唯一的地址（48 位），它存储在网卡的 ROM 中。

将 IP 地址与物理地址之间建立一个双向的映射关系，称为地址解析（Address Resolution）。

在 Internet 协议组中，有两种地址解析协议：正向解析和反向解析。正向解析指从 IP 地址到物理地址的映射，使用 ARP（Address Resolution Protocol），在互联网中，IP 及其以上各层所发出的数据都要使用 IP 地址进行标识，而物理网络本身不认识 IP 地址，故必须将 IP 地址映射成物理地址，才能将数据发往目的地，这一过程就是正向地址解析协议的工作原理，如图 8-5 所示。反向解析指从物理地址到 IP 地址的映射，使用 RARP（Reverse Address Resolution Protocol），此映射主要用于网络中的无盘站，因为无盘站的 IP 地址和其他各类文件都存放在服务器上，无盘站本身只用到一个物理地址。通过 RARP 使无盘站能获取自己的 IP 地址。也只有无盘站才使用 RARP。

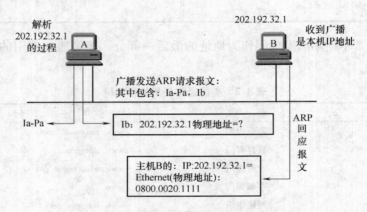

图 8-5　正向地址解析协议的工作原理

在 Internet 上，"域名⇌IP 地址"的映射或解析工作由一组既独立又协作的服务器来完成，这些服务器被称为域名服务器（Domain Name Server，DNS）。

8.3　Internet 接入设备及使用方法

8.3.1　接入方式介绍

1876 年，Alexander Graham Bell 发明了世界上第一部电话机。此后直到 1890 年，真正意义上的电话系统才建立起来，它就是人们常提到的公用电话交换网（PSTN）。

1984 年，由（CCITT）共同提出了在 21 世纪初建立一个新的、全数字、电路交换和综合语音及非语音业务的系统，称作综合业务数字网（Integrated Services Digital Network，ISDN）。

ISDN 技术已提出了十几年，但在用户环路建设上仍未见到有太大的起色。为了在现有用户环路上提高速率，一种称作数字用户环路（Digital Subscriber Line，DSL）的技术被提出并逐渐得到了应用。

Internet 的飞速发展使得用户接入问题变得十分突出。提到接入网，首先要涉及一个带宽问题，随着互联网技术的不断发展和完善，接入网的带宽被人们分为窄带和宽带，业内专家普遍认为宽带接入是未来发展方向。

宽带运营商网络结构如图 8-6 所示。整个城市网络由核心层、汇聚层、边缘汇聚层、接入层组成。

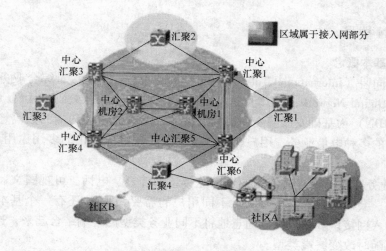

图 8-6 宽带运营商网络结构

在接入网中，目前可供选择的接入方式主要有 PSTN、ISDN、DDN、LAN、ADSL、VD-SL、Cable-modem、PON 和 LMDS。

8.3.2 PSTN 拨号

普通电话拨号技术是历史最久的远程连接技术，同时也是目前很多企业建立远程连接用得最多的一种方式。其基本方式是在两个计算机之间分别安装一种称为调制解调器（Modem）的网络连接设备，通过电话拨号的形式建立计算机之间的远程连接，计算机之间的数据通过公共电话网（Public Switched Telephone Network，PSTN）来传输，如图 8-7 所示。这种接入方式传输速率较低，受电话线质量及相关技术限制，目前这种方式的最快传输速率为 56kbit/s，适合以文本为主、持续使用时间短的数据通信。

图 8-7 用调制解调器和公共电话网建立两台计算机之间的远程连接

计算机一旦利用电话拨号方式与局域网建立了远程连接，它就与局域网上的其他计算机一样可以与其他计算机进行数据通信，享受网络上的各种服务，只是数据传输速度要比直接连入到局域网上慢得多。

拨号入网的方式最常见的有两种：一种是终端仿真方式，一种是 PPP/SLIP 方式。终端仿真方式连接主机之后，用户的计算机相当于主机的一个终端，可以运行主机的字符命令，一般主机采用 UNIX 操作系统，用户需要对 UNIX 有初步了解。PPP/SLIP 方式连接相当于主机直接连在 Internet 网上，用户的计算机成为 Internet 的一个节点。采用 PPP/SLIP 方式入网可以运用 IE、Netscape 等 WWW 浏览器。

对于拨号入网用户，用户需要一台 PC，一个调制解调器（Modem）和一条电话线。拨号上网的软件主要包括：拨号网络适配器驱动程序、TCP/IP、浏览器等必须的应用软件。

8.3.3 ISDN 拨号

1. ISDN 基本概念

国际电信同盟（International Telecommunications Union，ITU）对综合业务数字网（Integrated Service Digital Network，ISDN）这样定义：ISDN 是以综合数码电话网（Integrated Digital Network，IDN）为基础发展演变而成的通信网，能够提供端到端的数码连接，用来支持包括话音在内的多种电信业务，用户能够通过有限的一组标准化的多用途用户/网络接口接入网内。

ISDN 的业务覆盖了现有通信网的全部业务，如传真、电话、可视图文、监视、电子邮件、可视电话、会议电视等，可以满足不同用户的需要。ISDN 还有一个基本特性是向用户提供了标准的入网接口。用户可以随意地将不同业务类型的终端结合起来，连接到同一接口上，并且可以随时改变终端类型。

2. ISDN 业务

ISDN 可向用户提供各种各样的业务。目前 CCITT 将 ISDN 的业务分为三类：承载业务、用户终端业务和补充业务。

承载业务是 ISDN 网络提供的信息传送业务，它提供用户之间的信息传送而不改变信息的内容。常用的承载业务有：话音业务、3.1kHz 音频业务和不受限 64kbit/s 数字业务。打电话时一般采用话音业务。3.1kHz 音频承载业务主要用于用调制解调器进行数据传输或用模拟传真机发传真的情况。若要使用 ISDN 拨号上网，则需要用不受限 64kbit/s 数字业务。

用户终端业务是指所有面向用户的应用业务，它既包含了网络的功能，又包含了终端设备的功能。用户可以使用电话、4 类传真、数据传输、会议电视等用户终端业务，但均需要终端设备的支持。

补充业务则是 ISDN 网络在承载业务和用户终端业务的基础上提供的其他附加业务，目的是为了给用户提供更方便的服务。目前，可以提供的补充业务有：多用户号码、子地址、主叫号码显示、呼叫等待、呼叫保持等。

3. ISDN 接口

ISDN 分为窄带 ISDN（N-ISDN）与宽带 ISDN（B-ISDN）。常用的 ISDN 设备如图 8-8 所示。

NT1　　ISDN适配卡　　TA128适配器　　ISDN数字话机

图 8-8　常用的 ISDN 设备

目前国内的 N-ISDN 线路一般为 2B+D 模式，即 2 个基本数码通道（B 通道），1 个控制数码通道（D 通道）。B 通道用于传输话音、数据等，每个 B 通道的带宽为 64kbit/s。D 通道则用于传输指令，每个 D 通道的带宽为 16kbit/s。因此，一个 2B+D 连接，可以提供高达 144kbit/s 的传输速率，其中纯数据速率可达 128kbit/s。由于一路电话只占用一个 B 通道，因此 ISDN 用户可以同时在两个终端进行工作，如一边发送传真一边打电话。

宽带 ISDN 基群速率接口 PRI 提供 30B+D 信道，带宽可高达 2.048Mbit/s，一般用于中继接入服务。

4. 用户终端装置

（1）基本速率网络终端　网络终端（Network Termination，NT）是实现 ISDN 功能的必备终端。NT 又包括 NT1（第一类网络终端）和 NT2（第二类网络终端）。它提供了 N-ISDN 用户线与数字终端设备（如数字电话机）之间的接口转换，如图 8-9 所示。

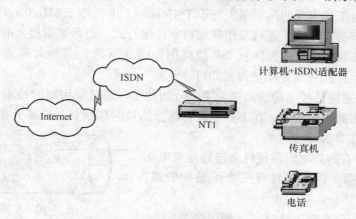

图 8-9　ISDN 设备连接

（2）ISDN 内置终端适配器或外置终端适配器　由于计算机属于 TE2 设备（非 S/T 接口标准 ISDN 设备），因此需要使用终端适配器来与 NT1 的 S/T 口连接，这种终端适配器包括内置 PC 卡和外置 TA 两大类，类似于普通 Modem 的"内猫"和"外猫"。

（3）终端设备（TE）　TE 又可分为 TE1（第一类终端设备）和 TE2（第二类终端设备）。其中，TE1 通常是指 ISDN 的标准终端设备，如 ISDN 数字电话机、G4 传真机等。它们符合 IS-DN 用户与网络接口协议，用户使用这些设备时可以不需要终端适配器（TA），即可直接连入网络终端（NT）。TE2 则是指非 ISDN 终端设备，也就人们普遍使用的普通模拟电话机、G3 传真机、PC、调制解调器等。使用 TE2 设备，用户必须购买终端适配器（TA）才能接入网络终端（NT）。

（4）ISDN 路由器　主要用于小型局域网的 Internet 接入，以实现多个用户共用一个 Internet 账号，拨号共享 Internet 上网，或者作为 DDN 等专线的备份线路。ISDN 路由器一般都集成了 TA（提供 S/T 接口与 NT1 连接）或者 NT1（提供 U 接口直接与 ISDN 线路连接），可以提供网络地址转换、防火墙等功能。有些 ISDN 路由器还支持多条 ISDN 线路的捆绑链接，以实现更高的宽带。

8.3.4　ADSL

1. ADSL 基本概念

数字用户线（Digital Subscriber Line，DSL）是美国贝尔通信研究所于 1989 年开发出的用户线高速传输技术，而后被搁置了很长一段时间。近年来随着 Internet 的迅速发展，对固定连接的高速用户线需求日益高涨，基于双绞铜线的 xDSL 技术因其以低成本实现用户线高速化而重新崛起，打破了高速通信由光纤独揽的局面。

DSL 技术在传统的电话网络的用户线路上支持对称和非对称的传输模式，解决了发生在网络服务供应商和最终用户间的"最后一公里"的传输瓶颈问题。因此 DSL 技术很快就得到了重视，并在一些国家和地区得到大量应用。

1997 年，一些 ADSL 的厂商和运营商对 ADSL 作了简化，并降低了速率，大大加快了 ADSL 的推广过程，并使之成为一个新版本标准，称作通用 ADSL（Universal ADSL）。1998 年 10 月，ITU 将之命名为 G. Lite 标准，从而为 ADSL 的商业化进程扫清了障碍。

ADSL（Asymmetric Digital Subscriber Line）的全称是非对称数字式用户线路，之所以称之为非对称，是由于其实现的速率是上行小于 1Mbit/s，下行小于 8Mbit/s。它是一种利用家庭或小型企业现有的电话网，通过采用高频数字压缩方式，进行宽带接入的技术。它的这种接入方式是一种非对称的方式，即从 ISP 端到用户端（下行）需要大带宽来支持，而从用户端到 ISP 端（上行）只需要小量带宽即可。

ADSL 是在普通电话线上传输高速数字信号的技术。通过采用新的技术在普通电话线上利用原来没有使用的传输特性，在不影响原有语音信号的基础上，扩展了电话线路的功能。

2. ADSL 的工作原理

ADSL 用其特有的调制解调硬件来连接现有电话双绞线连接的各端，并创建具有三个信道的管道，如图 8-10 所示。

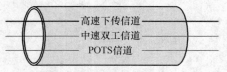

图 8-10　ADSL 信道

该管道具有一个高速下传信道（到用户端），一个中速双工信道和一个 POTS 信道（4kHz）。其中 POTS 信道用于保证语音通信的正常运转。高速和中速信道均可以采用多路复用方法创建多个低速通道。

ADSL 的调制技术是 ADSL 的关键所在。一直以来，ADSL 具有无载波调幅/调相（Carrierless Amplitude/Phase Modulation，CAP）和离散多音（Discrete Multi-Tone，DMT）两种标准，其区别在于发送数据的方式不同。DMT 已经成为国际标准，而 CAP 则大有没落之势。近来 G. Lite 标准很被看好，不过 DMT 和 G. Lite 两种标准各有所长。DMT 是全速率的 ADSL 标准，要求用户端安装 POTS 分离器，比较复杂，代价较高；而 G. Lite 标准虽然速率较低，但省去了复杂的 POTS 分离器。就适用领域而言，DMT 可能更适用于单位，G. Lite 则更适用于普通家庭用户。

3. ADSL 服务组成

（1）ATM 主干（ATM Backbone）　它是 ISP 提供宽带服务的核心主干网络，是所有数据的交汇点。它不仅提供高带宽，而且由于 ATM 自身具有的优越性，使得信道的利用和数据的交换更加有效。

（2）DSL-ATM 多路复用器　它是提供 ADSL 服务的局端设备，类似于局端的程控交换机。

（3）电话线路　目前 ADSL 通过普通模拟电话线同时承载话音和数据服务。

（4）话音、数据分离/整合器　这是一个重要的部分，在局端 DSL-ATM 输出 ADSL 线路时与局端的话音线路通过该设备整合在一条线路传输。到了用户端再通过类似的设备分离，形成一条数据线，一条话音线。

（5）ADSL 用户前端设备　这是由用户自行购买或向局端租用的设备。通常是 ADSL Modem 或 ADSL Router。

8. 3. 5　VDSL

1. VDSL 概述

甚高速数字用户线（Very-high-speed Digital Subscriber Line，VDSL）是 xDSL 技术中

的一种，是目前传输带宽最高的一种 xDSL 接入技术，也是继 ADSL 之后的另一个热点技术。简单地说，VDSL 就是 ADSL 的快速版本。使用 VDSL，短距离内的最大下传速率可达 55 Mbit/s，上传速率可达 2.3 Mbit/s。VDSL 将成为高速、低价网络的佳选。与 AD-SL 一样，VDSL 主要用于实时视频传输和高速数据访问。

2. VDSL 的工作原理

VDSL 目前有两大互不兼容的技术标准：一种是离散多音频调制（DMT），一种是无载波调幅/调相（CAP）和正交调幅（Quadrature Amplitude Modulation，QAM）。

DMT 把信号分成 247 个独立的信道，每个信道的带宽是 4kbit/s，可以同时获得并联的 247 个 4kbit/s 线路所带来的带宽。

CAP 通过把电话线上的信号分为三个不同的频带。语音通话占 0 ~ 4kbit/s 带宽的频带，上行通道占 25 ~ 160kbit/s 带宽的频带，下行通道占 240kbit/s ~ 1.5Mbit/s 带宽的频带，从而最大限度地减小了信道之间在一条线路上和不同线路上的干扰。QAM 是一种调制技术可以把 3 ~ 4 倍的信息在一条线路中高效地传送出去。

在 QAM、CAP 和 DMT 三种调制方式中，就技术性能和应用灵活性来说，DMT 技术更具吸引力，但是它的灵活性和高性能是靠设备复杂性换取的。就成本而言，DMT 技术目前还是比较昂贵的。

VDSL 的体系结构就像高速的 ADSL。VDSL 可以通过复用上传和下传管道以获取更高的传输速率，它也使用了内置纠错功能以弥补噪声等干扰。VDSL 适于短距传输。

8.3.6　Cable-modem

线缆调制解调器（Cable-modem），是一种允许用户通过有线电视网进行高速数据接入的设备，起到连接有线电视同轴电缆与用户计算机的作用，可以为用户提供 30 ~ 40Mbit/s 的数据通信速率。通过使用 Cable-modem 可以发挥有线电视同轴电缆的带宽优势，利用一条电视信道实现高速数据传输。由于 Cable-modem 利用了已有的有线电视电缆线路，所以成本相对较低。

由于有线电视网采用的是模拟传输协议，因此网络需要用一个 Modem 来协助完成数字数据的转化。Cable-modem 将数据进行调制后在电缆的一个频率范围内传输，接收时进行解调，传输机理与普通 Modem 相同，不同之处在于它是通过有线电视 CATV 的某个传输频带进行调制解调的。

Cable-modem 连接方式可分为两种：即对称速率型和非对称速率型。前者的上传速率和下载速率相同，都在 500kbit/s ~ 2Mbit/s 之间；后者的数据上传速率在 500kbit/s ~ 10Mbit/s 之间，数据下载速率为 2 ~ 40Mbit/s。由于 Cable modem 模式采用总线型网络结构，这就意味着网络用户共同分享有限带宽。图 8-11 所示为通过 Cable-modem 接入 Internet。

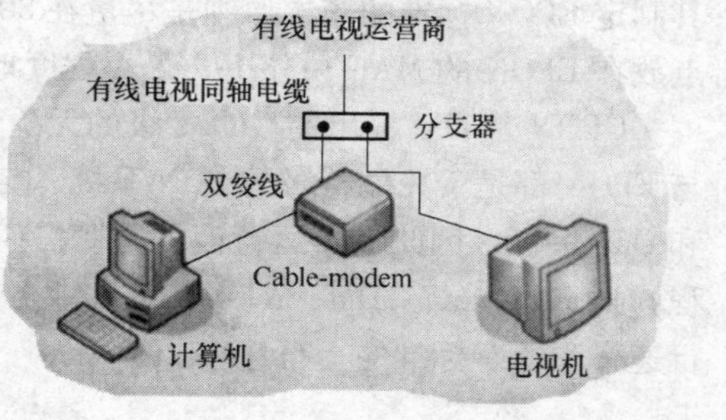

图 8-11　通过 Cable-modem 接入 Internet

8.3.7　PON 技术

由于光纤的大量铺设，主干网络在几年之内已经有了突破性的发展。同时由于以太网技术的进步，由其主导的局域网带宽也从 10Mbit/s、100Mbit/s 发展到 1Gbit/s 甚至 10Gbit/s。而最需要突破的地方就在于连接网络主干和局域网以及家庭用户之间的一段，即常说的"最后一公里"瓶颈。PON 技术就是为突破这一瓶颈而研究出来的一种质优价廉的宽带接入技术。

无源光网络（Passive Optical Network，PON）是一种点到多点的光纤接入技术，它由局侧的 OLT（光线路终端）、用户侧的 ONU（光网络单元）以及 ODN（光分配网络）组成。一般其下行采用 TDM 广播方式，上行采用 TDMA（时分多址接入）方式，而且可以灵活地组成树形、星形、总线型等拓扑结构。

所谓"无源"，是指 ODN 中不含有任何有源电子器件及电子电源，全部由光分路器（Splitter）等无源器件组成，因此其管理维护的成本较低。

PON 网络的突出优点是消除了户外的有源设备，所有的信号处理功能均在交换机和用户宅内设备完成。

PON 的复杂性在于信号处理技术。在下行方向上，交换机发出的信号采用广播方式发给所有的用户。在上行方向上，各 ONU 必须采用某种多址接入协议，如时分多路访问（Time Division Mutiple Access，TDMA）协议才能共享传输通道。

目前用于宽带接入的 PON 技术主要有：APOM（ATM PON）、EPON（Ethernet PON）和 GPON。

APON 是 FSAN（Full Service Access Network）于 20 世纪 90 年代中期开发完成的。当时为了制定一个基于光纤能够为商业用户和居民用户提供包括 IP 数据、视频、以太网等服务的标准，选择 ATM 和 PON 分别作为网络协议和网络平台。APON 可以通过利用 ATM 的集中和统计复用，再结合无源分路器对光纤和光线路终端的共享作用，使成本比传统的、以电路交换为基础的 PDH/SDH 接入系统低 20% ~ 40%。APON 的最高速率为 622Mbit/s。

尽管 APON 经过多年的发展，但仍没有真正进入市场。主要原因是 ATM 协议复杂，相对于接入网市场来说设备还较昂贵。同时由于以太技术的高速发展，使得 ATM 技术完全退出了局域网。

EPON 可以支持 1.25Gbit/s 对称速率，将来速率可达 10Gbit/s。EPON 的标准化工作主要由 IEEE 的 802.3ah 即第一英里以太网（Ethernet For the First Mile，EFM）工作组来完成，其制定 EPON 标准的基本原则是尽量在 802.3 体系结构内进行 EPON 的标准化工作，工作重点放在 EPON 的 MAC 协议上，最小程度地扩充以太网 MAC 协议。

GPON 是 ITU 提出的 Gbit/s 级的无源光网络，FSAN 与 ITU 已对其进行了标准化。GPON 与 EPON 都是千兆比特级的 PON 系统，与 EPON 力求简单的原则相比，GPON 更注重多业务和 QoS 保证，因此更受运营商的青睐。GPON 在二层采用 ITU-T 定义的 GFP（通用成帧规程）对 Ethernet、TDM、ATM 等多种业务进行封装映射，能提供 1.25Gbit/s 和 2.5Gbit/s 下行速率和所有标准的上行速率。

8.3.8　LMDS 接入

1. LMDS 概念

本地多点分配业务接入系统（Local Multipoint Distribute Service，LMDS），在一些国家也称

为本地多点通信系统（Local Multipoint Communication System，LMDS），是宽带无线接入系统的代表，是一种提供容量接近于有线光纤的新型无线通信技术，被业界称为"无线光纤"。

LMDS 工作于 24～38GHz 以上的频段，可用频谱往往达到 1GHz 以上，采用宽带无线点对多点接入技术，能够实现从 64kbit/s～2Mbit/s，甚至高达 155Mbit/s 的用户接入速率，具有很高的可靠性。"本地"是指单个基站所能够覆盖的范围，单个基站在城市环境中所覆盖的半径通常小于 5km；"多点"是指信号由基站到用户端是以点对多点的广播方式传送的，而信号由用户端到基站则是以点对点的方式传送；"分配"是指基站将发出的信号分别分配至各个用户；"业务"是指系统运营者与用户之间的业务提供与使用关系，即用户从 LMDS 网络所能得到的业务完全取决于运营者对业务的选择。

2. LMDS 系统组成与工作原理

一个完善的 LMDS 网络是由四部分组成的：基础骨干网络、基站、用户端设备以及网管系统，如图 8-12 所示。

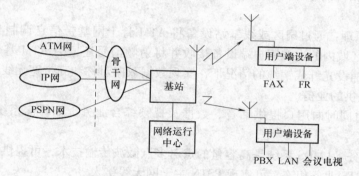

图 8-12　LMDS 系统组成

（1）基础骨干网络　又称为核心网络。为了使 LMDS 系统能够提供多样化的综合业务，该核心网络可以由光纤传输网、ATM 交换或 IP 交换或 IP + ATM 架构而成的核心交换平台以及与 Internet、公共电话网（PSTN）的互连模块等组成。骨干网络作为基础设施，由电信服务商建设，基站直接进入电信骨干网络或核心网络。

（2）基站　实现从光纤网络向无线传输的转换，包括光终端网络接口、调制解调功能及通常位于房顶的微波发送与接收设备。基站直接进入电信骨干网络或核心网络，负责进行用户端的覆盖，并提供骨干网络的接口。基站实现信号在基础骨干网络与无线传输之间的转换。

LMDS 系统的基站采用多扇区覆盖，使用在一定角度范围内聚焦的天线来覆盖用户端设备。根据采用天线的不同，最少可划分为 4 个，最多为 24 个扇区，每个扇区提供的通信速率可达 200Mbit/s。基站的容量取决于以下技术因素：可用频谱的带宽、扇区数、频率复用方式、调制技术、多址方式及系统可靠性指标等；系统支持的用户数则取决于系统容量和每个用户所要求的业务。基站覆盖半径的大小与系统可靠性指标、微波收发信机性能、信号调制方式、电波传播路径以及当地降雨情况等许多因素密切相关。

（3）用户端设备　用户端（远端）设备包括室外安装的设备（含定向天线和微波收发设备）和室内数字设备（含调制解调模块及网络接口），采用时分多址（TDMA），频分多址（FDMA）或码分多址（CDMA）接入网络。LMDS 系统可提供多种类型的用户接口，包括电话、交换机、图像和帧中继和以太网等，目前常见的业务都可直接接入。

LMDS 无线收发双工方式大多数为频分双工（FDD）。下行链路一般通过时分复用（TDM）的方式由基站到用户端设备进行复用；通过上行链路，多个用户端设备可以用时分多址（TDMA）、频分多址（FDMA）等多址方式与基站进行通信。LMDS 运营者应根据用户业务的特点及分布来选取适合的多址方式。LMDS 系统可以采用的调制方式为相移键控 PSK 和正交幅度调制 QAM。

（4）网管系统　网管系统负责完成报警与故障诊断、系统配置、计费、系统性能分析和安全管理等功能。与传统微波技术不同的是，LMDS 系统还可以组成蜂窝网络的形式运作，向特定区域提供业务。当由多基站提供区域覆盖时，需要进行频率复用与极化方式规划、无线链路计算、覆盖与干扰的仿真与优化等工作。

网络管理系统可以对所有的点到多点网络设备进行控制。网络管理系统由支持管理和控制功能的最新的硬件和软件组成。网络管理系统支持网络检测操作，选择的变量能够被传送到中心相关的数据库，利用网络拓扑和配置，可以保证所有设备处于最新配置状态。

LMDS 工作原理：通过扇区或线基站设备将 ATM 骨干网基带信息调制为射频信号发射出去，在其覆盖区域内的许多用户端设备接收并将射频信号还原为 ATM 基带信号，在无需为每个用户专门铺设光纤或铜缆的情况下，实现数据双向对称和高带宽无线传输。

3. LMDS 提供的业务

LMDS 系统可同时向用户提供话音、数据及视频综合业务，如蜂窝系统或 PCS/PCN 基站之间的传输等。

（1）话音业务　LMDS 系统是高容量的点对多点微波传输技术，可提供高质量的话音服务；与传统的 POTS 业务相连，可实现 PSTN 主干网无线接入。

（2）数据业务　LMDS 系统的数据业务包括低速数据业务、中速数据业务和高速数据业务。

（3）视频业务　LMDS 能提供模拟和数字视频业务，如远程医疗、高速会议电视、远程教育、远程商务及用户电视和 VOD 等。

8.3.9　DDN 专线

数字数据网（Digital Data Network，DDN）是利用数字信道提供永久或半永久性连接电路，以传输数据信号为主的通信网。它的主要作用是提供点对点、点对多点的透明传输的数据专线电路，用于传送数字化传真、数字话音、数字图像信号或其他数字化信号。它将数字通信技术、计算机技术、光纤通信技术以及数字交叉连接技术有机地结合在一起，提供了高速度、高质量的通信环境，可以向用户提供点对点、点对多点透明传输的数据专线出租电路。

DDN 主干网传输介质有光纤、数字微波、卫星信道等，用户端多使用普通电缆和双绞线。

DDN 专线是指向电信部门租用的 DDN 线路，按传输速率可分为 14.4kbit/s、28.8kbit/s、64kbit/s、128kbit/s、256kbit/s、512kbit/s、768kbit/s、1.544Mbit/s（T1 线路）及 44.763Mbit/s（T3 线路）九种。DDN 不仅可以为用户提供专用的数字传输通道，还能为用户建立自己的专用数据网提供条件。

DDN 由数字传输电路和相应的数字交叉复用设备组成。组成 DDN 的基本单位是节点，各节点间通过光纤连接，构成网状的拓扑结构。数据终端设备（DTE）通过数据服务单元（DSU）与就近的节点机相连。DDN 网络结构如图 8-13 所示。

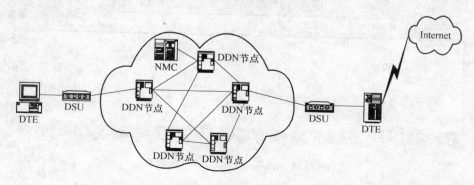

图 8-13　DDN 网络结构

DTE 是接入 DDN 的用户端设备，它既可以是普通计算机或局域网服务器，也可以是一般的传真机、电传机、电话机等。

DSU 既可以是调制解调器或基带传输设备，也可以是时分复用、语音/数字复用等设备。

NMC 表示网管中心，通过它可以方便地进行网络结构和业务的配置，实时监视网络运行情况，进行网络信息、网络节点报警、线路利用等情况的收集和统计工作。

DDN 的主要特点如下：

1）数据传输速率高、质量好。

2）数据传输时延小、带宽利用率高。

3）连接方式简单、灵活。

4）DDN 为全透明网，可支持网络层以及其上的任何协议。

DDN 网络业务分为专用电路、帧中继和压缩话音/G3 传真三类业务。DDN 的主要业务是向用户提供中、高速率，高质量的点到点和点到多点数字专用电路（简称专用电路）；在专用电路的基础上，通过引入帧中继服务模块（FRM），提供永久性虚电路（PVC）连接方式的帧中继业务；通过在用户入网处引入话音服务模块（VSM）提供压缩话音/G3 传真业务。在 DDN 上，帧中继业务和压缩话音/G3 传真业务均可看做在专用电路业务基础上的增值业务。

【实训一】　Internet 应用

1. Internet Explorer 浏览器的基本操作

（1）启动 IE 6.0　双击桌面上的 Internet Explorer 图标启动 IE 6.0，出现图 8-14 所示的窗口。该窗口由标题栏、菜单栏、工具栏、地址栏、主窗口和状态栏等组成。

1）标题栏：标题栏左侧显示当前浏览页面的标题，右侧排列着"最小化"、"最大化"和"关闭"3 个按钮。

2）菜单栏：菜单栏中包含 IE 6.0 的若干命令，有"文件"、"编辑"、"查看"、"收

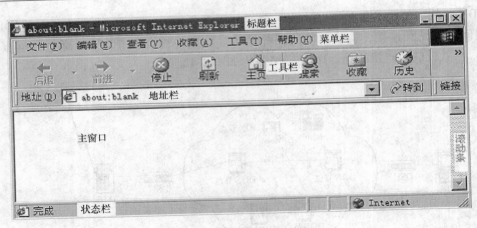

图 8-14　Internet Explorer6.0 的窗口

藏"、"工具"和"帮助"。单击某命令可出现相应菜单。

3）工具栏：工具栏提供 IE 6.0 中使用频繁的功能按钮，利用这些工具可以快速执行 IE 6.0 的命令，如后退、前进、停止、刷新、主页、搜索、收藏和历史等。

4）地址栏：地址栏用于输入 URL 地址。URL 由 3 个部分组成：协议（HTTP）、WWW 服务器的域名（如 www. sohu. com）和页面文件名。

5）主窗口：主窗口用于浏览页面，右侧的滚动条可拖动页面，使其显示在主窗口中。

6）状态栏：状态栏显示 IE 6.0 链接时一些动态信息，如页面下载的进度状态。

（2）浏览网站主页面

1）直接输入网址：在地址栏中直接输入想要访问的网页地址 URL。例如，若需要访问"搜狐"网站，则可在地址栏中输入"http：//www. sohu. com"，然后按"回车"键。

2）利用地址栏下拉菜单：单击地址栏下拉菜单中相应的 URL 地址，可直接进入想要访问的网页。

（3）设置浏览器主页　浏览器主页是指每次启动 IE6.0 时默认访问的页面。如果希望在每次启动 IE6.0 时都进入"搜狐"的页面，则可以把该页设为主页。具体操作如下：

1）在菜单中选择"工具"→"Internet 选项"命令。

2）在"常规"选项卡的主页地址中输入"http：//www. sohu. com"后，单击"确定"按钮，如图 8-15 所示。

（4）浏览网页　浏览网页的方

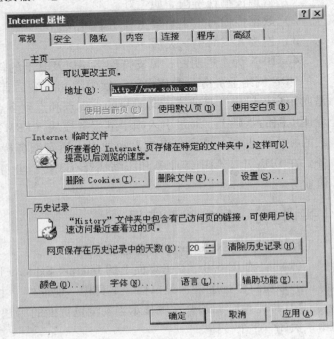

图 8-15　设置浏览器主页

式通常有：

1）使用超链接浏览网页。

2）直接输入网页地址。

（5）浏览器工具栏的使用　使用浏览器工具栏可以使操作更快捷方便。

1）使用"前进"和"后退"按钮在已浏览过的网页之间跳转。

2）在访问某页面时，按"停止"按钮可以停止当前正在进行的操作。

3）"刷新"按钮。该按钮的作用是重新下载正在访问的页面。

4）"主页"按钮。该按钮的作用是立即访问设置好的浏览器主页面。

（6）使用收藏夹　利用收藏夹功能，可以将某个需要的页面地址保存下来，以便下次能方便地浏览。

1）进入一个需要保存的网页。

2）在菜单中选择"收藏"→"添加到收藏夹"命令。

3）在"添加到收藏夹"对话框中输入页面命名。浏览器默认把当前网页的标题作为收藏夹名称，单击"确定"按钮。

4）单击工具栏中的"收藏"按钮或菜单栏中的"收藏"命令。

5）单击相应的名称项。打开收藏夹中收藏的网页。

（7）保存整个网页　当需要将整个网页的信息完整地保存下来，可以使用多种方法。

1）在菜单中选择"文件"→"另存为"命令。

2）也可选择相应的路径和文件名，单击"保存"命令。

（8）保存页面中的部分信息　如果保存的内容为常规文字内容，则可按以下步骤进行：

1）用鼠标选定要保存的常规文字内容。

2）在菜单中选择"编辑"→"复制"命令，将选定的文字内容复制到 Windows 的剪贴板中。

3）在 Windows 中的文字处理软件中，将复制的内容进行粘贴。

如果保存的内容为图片，则可按以下步骤进行：

1）将鼠标移动到页面中希望保存的图片上。

2）单击右键，在快捷菜单中选择"图片另存为…"命令。

3）在"保存图片"对话框中，键入或选定文件名和保存位置。

（9）使用历史记录　用户在使用 IE 6.0 浏览页面以后，这些页面信息都会被保存在 IE 6.0 的"历史记录"文件夹中（系统默认的保存时间是 20 天），从而可以利用这一点来访问原来访问过的页面。具体操作如下：

1）单击 IE6.0 工具栏中的"历史"按钮，浏览器会分成两个部分，左边显示的是历史记录，右边显示的是页面内容。

2）通过单击左边的历史记录项，可在右边快速访问相应页面。

2. Outlook Express 收发电子邮件

（1）设置邮件账号　添加邮件账号之前，需要从 ISP 或 LAN 网络管理员处获得邮件账号信息，包括账号名、密码、邮件服务器类型以及接收和送邮件服务器的名称。

1）在菜单中选择"工具"→"账号"命令，弹出"Internet 账户"对话框，如图 8-16 所示。

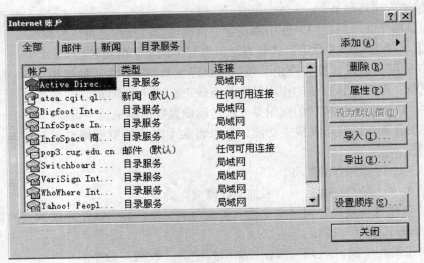

图 8-16　"Internet 账户"对话框

2）单击"邮件"选项卡上的"添加"按钮，弹出"Internet 连接向导"对话框。按照向导的提示逐项填写"姓名"、"电子邮件地址"、"邮件服务器类型"、"接收邮件服务器"和"发送邮件服务器"的名称。

（2）阅读邮件

1）单击 Outlook Express 窗口的"收件箱"图标，所有收到的邮件将出现在"收件箱"栏中。新下载的邮件项用粗体字显示，阅读以后则恢复正常字体。

2）双击相应邮件，则可在窗口中阅读全文。

（3）发送邮件

1）单击工具栏中"新邮件"按钮，出现"新邮件"窗口，如图 8-17 所示。

2）在"收件人"框中输入收件人的电子邮件名称。输入多个收件人的电子邮件名称时，中间用逗号或分号隔开。"抄送"框的输入方法类似。"主题"框中输入邮件标题。

3）在文本区键入要发送的正文，单击"发送"按钮，即可发送。

（4）邮件中插入附件　利用电子邮件的"附件"形式，可以传送可执行文件、数据文件、图像文件和声音文件等，接收方启动相应的软件即可处理。

1）单击工具栏中"新邮件"按钮，出现"新邮件"窗口。

图 8-17　"新邮件"窗口

2）在"收件人"框中输入收件人的电子邮件名称。在文本区键入要发送的正文。

3）在菜单中选择"插入"→"文件"命令，弹出"插入文件"对话框。

4）在"插入文件"对话框中选择要插入的文件，单击"插入"按钮。在邮件正文下方会出现一个新的附件框，其中显示插入附件的图标。

（5）删除邮件　清理邮箱时往往需要删除文件，具体操作如下：

1）在收件箱的邮件列表中，单击要删除的邮件。

2）单击工具栏中的"删除"按钮；或者单击右键，在快捷菜单中选择"删除"命令，则可删除选定的邮件。

需要注意，此时邮件并未真正被删除，只是被移到"已删除邮件"文件夹中。

3. 文件的下载

CuteFTP 是一个非常优秀的上传、下载工具。在目前众多的 FTP 软件中，CuteFTP 因其使用方便、操作简单而备受网上冲浪者的青睐。在 CuteFTP 中建立了站点管理后，就可以添加一些常用的网站，并可以往这些网站上传和下载文件了。

（1）运行 CuteFTP，打开"FTP 站点管理"。

（2）在弹出的站点管理器窗口中，单击"新建（N...）"命令，就会弹出一个如图 8-18 所示的对话框。填写好相应项目。

1）在"Lable"文本框中输入 FTP 站点的名称。

2）在"Host"文本框中输入站点的地址。

3）在"User"和"Password"文本框中分别输入登录所需要的用户名和密码。

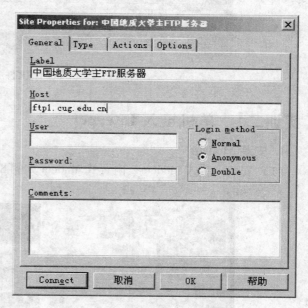

图 8-18　新建 FTP 站点

4）如果登录站点不需要密码，则在"Login method"区域中选择"Anonymous"单选钮。

（3）上传和下载文件　添加了站点之后，在站点管理窗口中选择一个 FTP，与之建立连接。连接到服务器以后，CuteFTP 的窗口被分成左右两个窗格，如图 8-19 所示。左边的窗格显示本地硬盘的文件列表，右边的窗格显示远程硬盘上的文件列表。上传和下载都可以通过拖拽文件或者文件夹的图标来实现。将右侧窗格中的文件拖到左侧窗格中，就可以下载文件；将左侧窗格中的文件拖动到右侧窗格中，就可以上传文件。

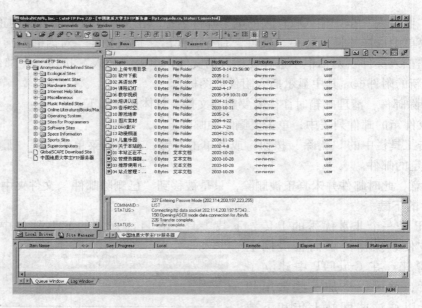

图 8-19　CuteFTP 文件上传和下载

【实训二】　单机接入 Internet

1. 安装 Modem

（1）安装内置式 Modem　内置式 Modem 如图 8-20 所示。

图 8-20　内置式 Modem

1）将 Modem 插入空 PCI 槽，开机，系统自动检测到新硬件。

2）插入随卡附带的驱动光盘，安装相应的驱动程序。

3）将电话线接至 Modem 的 Line 插孔，再将原来的电话接至调制解调器的 Phone 插孔。

（2）安装外置式 Modem　外置式 Modem 的安装步骤如下：

1）将线路连接到主机背面的 RS-232（串行口）接口上，打开 Modem 的电源，打开计算机，系统自动检测到新硬件。

2）插入随卡附带的驱动光盘，安装相应的驱动程序。

3）将电话线接至 Modem 的 Line 插孔，再将原来的电话接至调制解调器的 Phone 插孔。

2. 新建拨号连接

下面以 Windows 2000 系统为例，介绍新建 Internet 连接。已知 ISP 的拨入方电话号码为 163，要求建立一个名为"163 拨号"的连接：

1) 右键单击"网上邻居"图标，在弹出的快捷菜单中选择"属性"命令。

2) 在出现的窗口中右键单击"新建连接"，选择"新建连接（N）"。

3) 选择"拨号到专用网络"。

4) 在"电话号码"栏中填入 ISP 提供的拨入方电话号码。

5) 选择使用者的权限。

6) 输入该连接的名称，创建过程即告完成。

3. 拨号连接

1) 双击"163 拨号"，系统弹出"拨号连接"对话框，如图 8-21 所示。

2) 输入用户名和密码，并单击"连接"按钮，系统将自动完成拨号上网。

3) 当系统正确连接上网以后，在桌面状态栏中会出现如图 8-22 所示的状态，这时用户便可以访问 Internet 了。

4) 如果想断开 Internet 连接，可以双击状态栏中的连接图标，这时会弹出拨号连接状态窗口，如图 8-23 所示。单击"断开"按钮，即可断开连接。

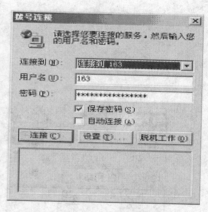

图 8-21　"拨号连接"对话框

图 8-22　拨号连接状态

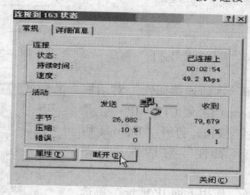

图 8-23　连接到 163 状态窗口

【实训三】　局域网接入 Internet

1. 实验准备

实验前，应做好足够长的直通双绞线，并获得局域网联入 Internet 必需的 IP 地址、子网掩码、网关地址、DNS 服务器地址等信息。

2. 计算机连入局域网

1) 关闭计算机电源，拔掉电源线，打开计算机主机箱，安装并固定网卡。

2) 合上主机箱，使用直通双绞线连接网卡 RJ-45 接口和局域网集线器（或交换机）

RJ-45 接口，实现计算机与局域网的物理连通。

3）开机，放入网卡驱动程序盘，安装网卡驱动程序。

4）打开控制面板，双击"网络和拨号连接"图标，打开"网络和拨号连接"窗口，如图 8-24 所示。

5）右击"本地连接"图标，在弹出菜单中选择"属性"命令，打开"本地连接属性"对话框，如图 8-25 所示。

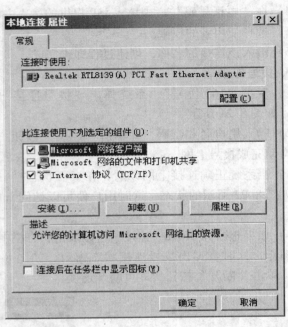

图 8-24 "网络和拨号连接"窗口　　　　　图 8-25 "本地连接属性"对话框

6）选择"本地连接属性"对话框中组件"Internet 协议（TCP/IP）"，并单击"属性"按钮，打开"Internet 协议（TCP/IP）属性"对话框，如图 8-26所示。

7）选择"使用下面 IP 地址"单选框，并在"IP 地址（I）"、"子网掩码（U）"、"默认网关（D）"、"首选 DNS 服务器（P）"后面的文本框中填入从网络管理员处获得的各项 IP 参数，然后单击"确定"按钮，关闭对话框。

8）至此，计算机连接局域网完成。

3. 接入 Internet

局域网的计算机要连入 Internet，只需正确设置 IP 参数即可。这时计算

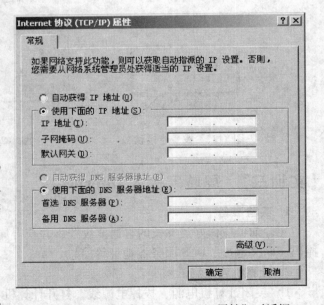

图 8-26 "Internet 协议（TCP/IP）属性"对话框

机就成为一台 Internet 主机，能够获得完全的 Internet 主机功能。

本 章 小 结

　　Internet 起源于美国国防部高级计划研究局的 ARPANet。从 1969～1983 年是 Internet 形成的第一阶段，主要是作为网络技术的研究和试验。从 1983～1994 年是 Internet 的实用阶段，作为用于教学、科研和通信的学术网络。与此同时，世界上很多国家相继建立本国的主干网，并接入 Internet。随着规模的扩大，Internet 开始了商业化服务，使 Internet 得到迅速发展。Internet 对社会的发展产生了巨大的影响，它几乎渗透到人们生活、学习、工作、交往的各个方面。

　　本章介绍了 Internet 的定义、起源及发展现状，Internet 的基本结构及组成部分，Internet 提供的网络服务，Internet 的接入设备及使用方法，并以实训的方式介绍了 Internet 的应用及局域网接入 Internet 的方法。

习 题 8

1. Internet 的核心协议是（　　　）。
A. X. 25　　　　　B. TCP/IP　　　　C. ICMP　　　　D. UDP
2. SMTP 是（　　　）。
A. 简单邮件管理协议　　　　　　B. 简单网络管理协议
C. 分组话音通信协议　　　　　　D. 地址解析协议
3. ARP 协议的主要功能是（　　　）。
A. 将 IP 地址解析为物理地址　　　　B. 将物理地址解析为 IP 地址
C. 将主机名解析为 IP 地址　　　　　D. 将解析 IP 地址为主机名
4. 域名与（　　　）一一对应。
A. 物理地址　　　　B. IP 地址　　　　C. 网络　　　D. 以上都不是
5. 请说明 Internet 的基本结构与组成部分。
6. Internet 的基本服务功能有哪些？它们各有什么特点？
7. 简述电子邮件服务的工作过程。
8. 电子邮件的应用程序有哪些？举例说明如何进行邮件的设置与管理。
9. 匿名 FTP 的用户名是什么？当要求输入口令时应输入什么？
10. 拨号连接 Internet 需要哪些设备？
11. 简述 WWW 的运行机制。
12. 请说明 Telnet 服务的基本工作原理？
13. Internet 接入技术主要有哪几种？对于个人用户哪一种比较合适？
14. 为什么说 ADSL 是方便、快捷的连接方式？
15. Internet 接入网的未来发展趋势是什么？
16. 接入网建设时，接入技术的选择应考虑哪些因素？

第 9 章

计算机网络安全

【学习目标】

1）了解计算机网络面临的安全问题。

2）掌握网络安全的层次。

3）简单掌握计算机网络安全技术。

4）了解防火墙的安装与调试方法。

9.1 网络安全问题概述

9.1.1 网络所面临的安全威胁

计算机网络所面临的安全威胁是指某些实体（人、事件、程序等）对某一网络资源的机密性、完整性、可用性及可靠性等可能造成的危害。目前，对于网络所面临的威胁主要有以下三种：

（1）人为的无意失误 如操作员安全配置不当、用户安全意识不强、用户口令选择不慎、用户将自己的账号随意转借他人或与别人共享等，都会对网络安全带来威胁。

（2）人为的恶意攻击 这是计算机网络所面临的最大威胁，敌人的攻击和计算机犯罪就属于这一类。此类攻击又可以分为以下两种：一种是主动攻击，它以各种方式有选择地破坏信息的有效性和完整性；另一类是被动攻击，它是在不影响网络正常工作的情况下，进行截获、窃取、破译以获得重要机密信息。这两种攻击均可对计算机网络造成极大的危害，并导致机密数据的泄露。

（3）网络软件的漏洞 网络软件不可能是无缺陷和无漏洞的，而这些漏洞和缺陷却是黑客进行攻击的首选目标。

9.1.2 网络安全的内容

国际标准化组织（ISO）对网络安全的定义是：为数据处理系统建立和采用的技术和管理的安全保护，保护计算机硬件、软件和数据不因偶然和恶意的原因遭到破坏、更改和泄露。简单地说，安全的目的是保证网络数据的三个特性：可用性、完整性和机密性。由此可以将计算机网络的安全理解为：通过采用各种技术和管理措施，使网络系统正常运行，从而确保网络数据的可用性、完整性和保密性。所以，建立网络安全保护措施的目的是确保经过网络传输和交换的数据不会发生增加、修改、丢失和泄露等。

从用户角度看，网络安全主要是保障个人数据或企业的信息在网络中的保密性、完整性和不可否认性，防止信息的泄露和破坏，防止信息资源的非授权访问。对于网络管理者来说，网络安全的主要任务是保障合法用户正常使用网络资源，避免病毒、拒绝服务、远程控制等安全威胁，及时发现安全漏洞，制止攻击行为等。可见，网络安全的内容是十分广泛的，不同的人群对其有不同的理解。

9.1.3　网络安全的层次模型

1. 安全体系框架

为了系统地、科学地分析网络安全所涉及的各种问题，人们从安全服务特性、系统单元、开放系统互连参考模型安全特性三个方面研究网络安全，并提出了一个三维的安全体系框架，如图 9-1 所示。

2. 安全服务特性

（1）身份认证　身份认证是访问控制的基础。身份认证必须做到准确无误地将对方辨别出来，同时还应该提供双向的认证，即互相证明自己的身份。

（2）访问控制　控制不同用户对信息资源访问的权限，防止非授权使用资源或以非授权的方式使用资源。

（3）数据保密性　为保证数据安全，

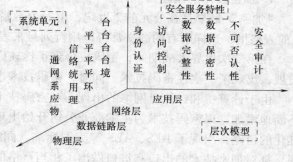

图 9-1　三维安全框架体系

一般在数据存储和传输时进行加密，防止数据在传输过程中被窃听。

（4）数据的完整性　指防止数据在传输过程中被篡改、删除、插入、替换或重发，以保证合法用户接收和使用该数据的真实性。

（5）不可否认性　可防止发送方企图否认所发送的信息，同时也可防止接受方企图否认接收到信息。

（6）安全审计　设置安全、可靠的审计记录措施，便于事后的分析审计。

3. 系统单元

（1）通信平台　信息网络的通信设备、通信网络平台。

（2）网络平台　信息网络的网络系统。

（3）系统平台　信息网络的操作系统平台。

（4）应用平台　信息网络各种应用的开发、运行平台。

（5）物理环境　信息网络运行的物理环境及人员管理。

4. 层次模型

（1）物理层　在通信线路上采用电磁屏蔽技术、干扰及跳频等技术，来防止电磁辐射造成的信息外泄，保证在线路上不被搭线偷听，或者轻易地检测出信息。但由于网络分布广，物理层的安全很难得到保证。

（2）数据链路层　点对点的链路可以采用数据通信保密机制，对数据采用加密和解密，保证通信的安全。

（3）网络层　采用加密、路由控制、访问控制、审计、防火墙技术和 IP 加密传输信道技术，保证信息的机密性。防火墙被用来处理信息在内外网络边界的流动，它可以确定来自哪些地址的信息可以或者禁止访问哪些目的地址的主机。IP 加密传输信道技术是在两个网络节点间建立透明的安全加密信道。这种技术对应用透明，可提供主机对主机的安全服务，适用于在公共通信设施上建立的虚拟专用网。

（4）应用层　针对用户身份进行认证并建立起安全的通信信道。

9.2　计算机网络安全技术

9.2.1　加密技术

1. 加密技术的概述

"加密"最早是在公元前 2 世纪，由一个希腊人提出来的。他将 26 个字母放在一个 5 × 5 的表格里，这样所有的源文都可以用行列号来表示。

在第二次世界大战期间，密码机得到了比较广泛的应用，同时破译密码的技术也得到了发展，出现了一次性密码技术。同时，密码技术也促进了计算机的发展。

由于计算机和计算机网络的出现，对密码技术提出了更高的需求。密码学的论文和会议不断地增加，以密码技术为主的商业公司开始出现，密码算法层出不穷，并开始走向国际标准化的道路，出现了 DES、AES 等美国标准。同时各个国家和政府对密码技术也越来越重视，都对加密技术的出口和进口做出了相当严格的规定。

（1）密码系统的基本概念　一个密码系统包括了明文空间、密文空间、密钥空间和算法。所谓明文是指需要加密的信息；而明文的集合，则称为明文空间。密文是指被加密后的信息；而密文的集合，则称为密文空间。由明文变成密文的过程称作加密；由密文变成明文的过程称作解密。在加密运算和解密运算中，需要一些参数来完成变换，不同的参数又分别代表不同的算法，被称作密钥；而密钥的集合，则称为密钥空间。密码系统的通信模型如图 9-2 所示。

发送方用加密的密钥，通过加密设备或算法，将信息加密变成密文，然后发送出去。接收方在收到密文后，用解密的密钥将密文解密成明文。

图 9-2　密码系统的通信模型

（2）密码技术的分类　从不同的角度、根据不同的标准，可以把密码分成若干类。

1）按密钥方式可划分为：①对称式密码。收发双方使用相同密钥的密码。传统的密码都属此类。②非对称式密码。收发双方使用不同密钥的密码，叫做非对称式密码。如现代密码中的公共密钥密码就属此类。

2）按应用技术可划分为：①手工密码。以手工完成加密作业，或者以简单器具辅助操作的密码。第一次世界大战前主要是这种作业形式。②机械密码。以机械密码机或电动密码机来完成加解密作业的密码。这种密码从第一次世界大战出现，直到第二次世界大战才得到普遍应用。③电子机内乱密码。通过电子电路，以严格的程序进行逻辑运算，以少量制乱元素生产大量的加密乱数。因为其制乱是在加密或解密过程中完成的，所以不需预先制作。这种密码从 20 世纪 50 年代末期出现到 20 世纪 70 年代广泛应用。④计算机密码。以计算机软件编程进行算法加密为特点，适用于计算机数据保护和网络通信等广泛用途的密码。

3）按保密程度可划分为：①理论上保密的密码。不管获取多少密文和有多大的计算能力，对明文始终不能得到唯一解的密码。如客观随机一次一密的密码就属于这种密码。②实际上保密的密码。在理论上可破，但在现有客观条件下，无法通过计算来确定唯一解的密码。③不保密的密码。在获取一定数量的密文后可以得到唯一解的密码。如早期单表代替密码，后来的多表代替密码，以及明文加少量密钥等密码，现在都成为不保密的密码。

2. 对称密码技术

对称算法，又称为传统密码算法。这种算法的加密密钥能够从解密密钥中推算出来，同时解密密钥也可以从加密密钥中推算出来。在大多数的对称算法中，加密密钥和解密密钥是相同的，因此也称为秘密密钥算法或单密钥算法，并把这种密钥称为秘密密钥。由于使用秘密密钥加密，在加密与解密的过程中，双方采用相同的单一密钥来进行处理。这种密码系统的运算方式较为简单，处理速度较快。但对称算法的安全性依赖于密钥，泄漏密钥就意味着任何人都可以对他们发送或接收的消息解密，所以密钥的保密性对通信性至关重要。常见的对称密钥标准有 DES、AES、IDEA、SKIPJACK 等。

秘密密钥的安全核心是通信双方秘密密钥的建立，当用户数增加时，密钥分发变得越来越困难，同时秘密密钥也不能满足日益膨胀的数字签名的需要。

3. 非对称密码技术

非对称加密，又称为公开密钥算法。这种加密算法是这样设计的：用作加密的密钥不同于用作解密的密钥，而且解密密钥不能根据加密密钥计算出来。之所以又叫做公开密钥算法是由于加密密钥可以公开，即任何人可以用它来加密信息，但只有用相应的解密密钥才能解密信息。在这种加密算法中，加密密钥称为公开密钥，而解密密钥称为私有密钥。常见的非对称密钥标准有 RSA、椭圆曲线加密等。

公开密钥加密和解密过程，如图 9-3 所示。

1）网络中的每个用户都产生一对用于信息加密和解密的密钥。

2）用户将自己的公开密钥公布在一个登记本或文件中，自己保留着私有密钥。

3）如果用户 A 想给用户 B 发送一个信息，他就用用户 B 的公开密钥加密这个信息。

4）用户 B 收到这个密文后就用他的私有密钥解密。其他所有收到这个密文的人都无法解密，因为只有用户 B 才有私有密钥。

图 9-3　公开密钥加密和解密过程

9.2.2　数字签名

对文件进行加密只是解决了传送信息的保密问题，如何防止他人对传输的文件进行破坏、如何确定发信人的身份还需要采用其他的手段，这一手段就是数字签名。一个完整的数字签名应该具有不可抵赖性、不可伪造性、不可重用性等。

1. 数字签名的概述

所谓数字签名，就是附加在数据单元上的一些数据或是对数据单元所作的密码变换。这种数据或变换允许数据单元的接收者用以确认数据单元的来源和数据单元的完整性，并保护数据，防止被人（如接收者）进行伪造。

目前主要是基于公钥密码体制的数字签名，包括普通数字签名和特殊数字签名。普通数字签名算法有 RSA 数字签名算法、美国的数字签名标准/算法（DSS/DSA）等。特殊数字签名方法主要有盲签名、双联签名、团体签名等，与具体应用环境密切相关。

2. 数字签名的工作原理

数字签名的加密解密过程和私有密钥的加密解密过程正好相反，使用的密钥对也不同。数字签名使用的是发送方的密钥对，发送方用自己的私有密钥进行加密，接收方用发送方的公开密钥进行解密。任何拥有发送方公开密钥的人都可以验证数字签名的正确性。

目前常用的方法是使用单向散列函数。它将取任意长度的消息作为自变量，结果产生规定长度的消息摘要。它发生在签名后、加密前，对邮件传输或存储都有节省空间的好处。其工作过程如图 9-4 所示。

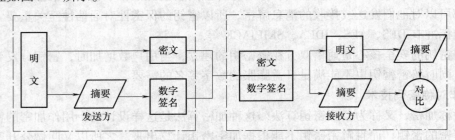

图 9-4　数字签名的工作过程

9.2.3　防火墙技术

防火墙技术是一种成熟可靠的网络安全技术，应用于内部网络与外部网络之间，是保护内部网络不受到侵入的一道屏障。目前，防火墙产品是世界上使用最多的网络安全产品之一，其功能也在不断地增加。

1. 防火墙的概念

防火墙是指建立在内外网络边界上的过滤封锁机制。其作用是防止未经授权的通信进入被保护的网络内部，以保证内部网络的安全性。防火墙逻辑位置如图 9-5 所示。

图 9-5　防火墙逻辑位置

2. 防火墙的分类

防火墙的种类很多，一般来说可以分为包过滤、应用级网关和代理服务器等几大类型。

（1）包过滤型防火墙　包过滤（Packet Filtering）技术是在网络层使数据包有选择地通过，根据系统内设置的过滤逻辑（即访问控制表），检查数据流中每个包的包头信息，以确定该数据包是否允许通过。使用包过滤技术的防火墙叫做包过滤型防火墙，如图 9-6 所示。这种防火墙逻辑结构简单，价格便宜，易用安装和使用，通常安装在路由器上。

使用包过滤的优点是不用改动客户机和主机上的应用程序，因为它工作在网络层和传输层，与应用层无关。但其弱点也是明显的：一是非法访问一旦突破防火墙，即可对主机上的软件和配置漏洞进行攻击；二是数据包的源地址、目的地址以及 IP 的端口号都在数据包的头部，很可能被窃听或假冒。

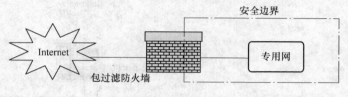

图 9-6　包过滤型防火墙

（2）应用级网关防火墙　应用级网关（Application Level Gateways）是在网络应用层上建立协议过滤和转发功能，如图 9-7 所示。它针对特定的网络应用服务协议使用指定的数据过滤逻辑，并在过滤的同时，对数据包进行必要的分析、登记和统计，并形成报告。

数据包过滤和应用网关防火墙有个共同的特点，即它们都是依靠特定的逻辑判定是否允许数据包通过。一旦满足逻辑，则防火墙内外的计算机系统建立直接联系，防火墙外部的用户便有可能直接了解防火墙内部的网络结构和运行状态，这有利于实施非法访问和攻击。

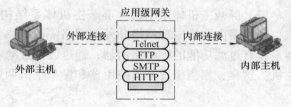

图 9-7　应用级网关

（3）代理服务型防火墙　代理服务（Proxy Service）也称链路级网关，是针对数据包过滤和应用网关技术存在的缺点而引入的防火墙技术。其特点是将所有跨越防火墙的网络通信链路分为两段，如图 9-8 所示。对于客户机来说，它像一台真的服务器，而对于外网的服务器来说，它又是一台客户机。由于外部网络与内部网络之间没有直接的数据通道，从而起到了隔离防火墙内外计算机系统的作用。

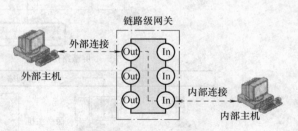

图 9-8　代理服务型防火墙

此外，代理服务也可对过往的数据包进行分析、注册登记，并形成报告，当发现被攻击迹象时会向网络管理员发出警报，并保留攻击痕迹。

3. 防火墙的体系结构

在一个网络系统中，防火墙可以是一台计算机，也可以是多种设备的组合，因此防火墙的体系结构也多种多样。常见的防火墙主要有以下三种。

（1）双重宿主主机体系结构　双重宿主主机体系结构围绕双重宿主主机构筑，如图 9-9

所示。双重宿主主机是一台至少有两个网络接口的主机。这样的主机可以充当与这些接口相连的网络之间的路由器，能够在网络之间发送 IP 数据包。然而双重宿主主机的防火墙体系结构禁止这种直接发送。IP 数据包不能直接在内部网络和外部网络之间发送。外部网络只能与双重宿主主机通信，内部网络也只能与双重宿主主机通信，从而达到保护内部网络的作用。

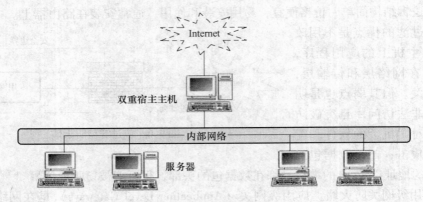

图 9-9　双重宿主主机体系结构

（2）屏蔽主机体系结构　屏蔽主机体系结构防火墙是由一台堡垒主机和一个路由器组成，利用路由器把内部网络和外部网络隔离开，如图 9-10 所示。在这种体系结构中，路由器是具有过滤功能的屏蔽路由器，通过设定过滤功能，使堡垒主机成为外部网络访问的唯一主机。这样，相当于设立了路由器和堡垒主机两道关卡，因此，安全性更好。

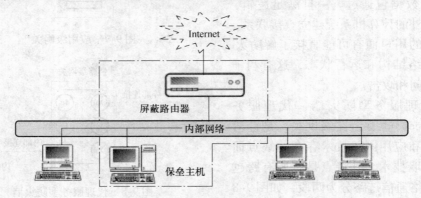

图 9-10　屏蔽主机体系结构

（3）屏蔽子网体系结构　屏蔽子网体系结构在屏蔽主机体系结构上添加额外的安全层，通过添加周边网络把内部网络和外部网络隔离开，如图 9-11 所示。

屏蔽子网体系结构的最简单的形式使用了两个屏蔽路由器，每一个都连接到周边网。一个位于周边网络与内部网络之间，另一个位于周边网络与外部网络之间。这样就在内部网络与外部网络之间形成了一个"隔离带"。如果想侵入用这种体系结构构筑的内部网络，侵袭者必须通过两个路由器。即使侵袭者侵入堡垒主机，他仍然必须要通过内部路由器。

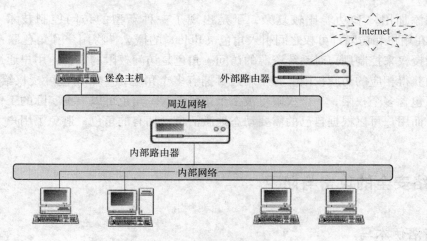

图 9-11　屏蔽子网体系结构

9.2.4　访问控制技术

访问控制是指可以限制对关键资源的访问，防止非法用户进入系统及合法用户对系统资源的非法使用。它是网络安全防范和保护的主要策略，也是安全机制的核心内容。

访问控制是保证对所有的直接存取活动进行授权的重要手段，控制着读出、写入、修改、删除、执行等操作，可以防止非法用户进入计算机系统和合法用户对系统资源的非法使用。实施访问控制是维护系统运行安全，保护系统资源的一项重要技术。

目前的主流访问控制技术有：自主访问控制（DAC）、强制访问控制（MAC）和基于角色的访问控制（RBAC）。

（1）自主访问控制（DAC）　用户可以在系统中自主地规定存取其资源的实体，即用户可以选择能够与其共享资源的其他用户。根据应用的方式不同其又可分为：目录表访问控制、控制表访问控制、矩阵访问控制和权限表访问控制。目前，常用的是控制表访问控制。自主访问控制有一个明显的特点就是其控制是自主的，它能够控制主体对客体的直接访问，但不能控制主体对客体的间接访问（利用访问的传递性，即 A 可访问 B，B 可访问 C，于是 A 可访问 C）。虽然这种自主性为用户提供了很大的灵活性，但同时也带来了严重的安全问题。

（2）强制访问控制（MAC）　强制访问控制是系统给用户和被访问目标分配不同的安全属性，在实施访问时，系统需对客体和主体的安全性进行比较，再决定用户能否访问系统目标。它是一种有条件的访问控制，根据标记实现的级别来限制用户对数据的访问，从而避免了自主访问控制方法中出现的访问传递问题。这种机制的特点就是强制，高级别的权限可以访问低级别的数据。这种策略的缺点在于访问级别的划分不够细致，在同级间缺乏控制机制。

由于强制访问控制是通过无法回避的相互比较的访问限制来防止某些对系统的非法入侵，这显然比任意访问控制要好，因此在目前颇受青睐。美国国防部所定义的多级安全策略，其本质就是一种强制访问控制。

（3）基于角色的访问控制（RBAC）　由于 DAC 和 MAC 安全性的缺陷及其基于用户的

机制，造成添加用户和功能比较复杂，于是出现了一种新型的访问控制技术 RBAC。在 RBAC 中，在用户和访问许可权之间引入角色（Role）的概念，将用户和角色联系起来，通过对角色的授权来控制用户对系统资源的访问。角色是访问权限的集合，用户通过被赋予不同的角色而获得相应的访问权限。一个用户可拥有多个角色，一个角色可授权给多个用户；一个角色可包含多个权限，一个权限可被多个角色包含。角色可以根据实际的工作需要被生成或取消，而用户可以根据自己的需要动态地激活自己拥有的角色，避免了用户无意中危害系统安全。

9.3 网络安全的攻击与防卫

9.3.1 特洛伊木马

"特洛伊木马"（Trojan Horse）简称"木马"。据说这个名称来源于希腊神话《木马屠城记》。如今黑客程序借用其名，有"一经潜入，后患无穷"之意。

完整的木马程序一般由两部分组成：一个是服务器程序，一个是控制器程序。"中了木马"就是指安装了木马的服务器程序，如果计算机被安装了服务器程序，则拥有控制器程序的人就可以通过网络控制这台计算机，这时计算机上的各种文件、程序，以及在这台计算机上使用的账号、密码就无安全可言了。

特洛伊木马可以分成远程访问、密码发送型、键盘记录型和 FTP 型等。黑客主要是通过 E-mail 的附件功能或是通过传送文件将特洛伊木马的服务端发送给用户。有些高明的黑客会将应用程序和特洛伊木马捆绑在一起。当用户启动该软件时，木马也会在本机运行。

现在市面上有很多新版杀毒软件都可以自动清除木马，但它们并不能防范新出现的木马程序。如果发现有木马存在，首先就是马上将计算机与网络断开，防止黑客通过网络进行攻击。

9.3.2 邮件炸弹

邮件炸弹（E-mail Bomb）通过使攻击目标主机收到超量的电子邮件，而令其无法承受，从而导致邮件系统崩溃。它是黑客常用的一种攻击手段。现在网上的邮件炸弹程序很多，虽然它们的安全性不尽相同，但基本上都能保证攻击者不被发现。任何一个刚上网的新手利用现成邮件炸弹工具程序，都可以易如反掌地实现这种攻击。

由于接收邮件信息需要系统来处理，而且邮件的保存也需要一定的空间，因此，传统的邮件炸弹是向邮箱投入大量的垃圾邮件，从而大大加剧网络连接负担、消耗大量的存储空间，甚至溢出文件系统。这将会给 Windows、UNIX 等许多操作系统形成威胁，除了操作系统有崩溃的危险之外，由于大量垃圾邮件集中涌来，将会占用大量的处理器时间与带宽，造成正常用户的访问速度急剧下降。而对于个人的免费邮箱来说，由于其邮箱容量是有限制的，邮件容量一旦超过限定容量，系统就会拒绝服务。

当用户收到邮件炸弹后，可以在不影响邮箱内的正常邮件的情况下，把这些大量的垃圾邮件删除掉。此外，还有一些专门的邮件炸弹删除软件，可以帮助用户迅速删除炸弹邮件。另外，各免费邮箱提供商也通过使用邮件过滤器等措施加强了这方面的防护，通过使用系统提供的邮件过滤器系统来拒绝接收此类邮件。但是，目前对于解决邮件炸弹的困扰还没有特别好的方法，还是应该以预防为主。

9.3.3　信息窃取

随着网络技术的发展，利用网络来窃取信息的显现也越来越频繁。虽然窃取手段越来越多，但归结起来本质一样：都是通过程序，寻找或记录种植（程序）者需要的信息，并将其发送到他们手中。

一般对于信息窃取可以分为两种：一种是所谓偷取智能财产；而另一种则是所谓产业谍报活动。这些窃取信息的攻击主要来自于企业外部或企业内部人员，以及程序设计师。程序设计师可以凭借编写程序的便利，在开发应用软件时预留暗门，在使用这套软件的企业未察觉的状态之下，就能不知不觉将公司重要信息全部窃取。

通过安装非法入侵的检测系统，可以补足目前防火墙的功能，使两者达到监控网络、执行立即的拦截动作以及分析过滤封包和内容的动作。这些相关防护措施的应用、可以完全做到在面临攻击或者是信息滥用时，立即做出适当的报警。例如，警告系统管理人员，立即记录下攻击的行为以便作为未来起诉证据，或者只是简单的终止黑客的网络连机。

目前，市面上有很多安全解决方案的服务商都提供了保护信息安全的硬件、软件，同时也有专门的服务将之串联在一起。一般最普通、最基本的安全管理服务可包括有防火墙、入侵侦测及报警系统、远程访问控制、在网络上将使用资料加密以及防毒软件的提供等。

9.3.4　病毒

1. 病毒的定义

计算机病毒是一个程序、一段可执行码。就像生物病毒一样，计算机病毒有独特的复制能力。计算机病毒可以很快地蔓延，又常常难以根除。它们能把自身附着在各种类型的文件上。当文件被复制或从一个用户传送到另一个用户时，它们就随同文件一起蔓延开来。

2. 病毒的特征

（1）传染性　当病毒进入计算机会自动执行，并且会搜寻符合传染条件的程序或存储介质，确定目标后再将自身代码插入其中，达到自我繁殖的目的。

（2）非授权可执行性　由于计算机病毒具有正常程序的一切特性：可存储性、可执行性，因此当用户运行这些程序时，寄生在程序中的病毒伺机窃取到系统的控制权，而此时用户还认为在执行正常程序。

（3）破坏性　所有病毒都存在一个共同的危害就是占用系统资源，降低计算机系统的工作效率。但是，每种病毒的破坏性都不一样，这主要取决于病毒设计者的目的。有些病毒能彻底破坏系统的正常运行，直接使计算机系统崩溃，而有些病毒只是占用磁盘和内存。

（4）潜伏性　一般病毒程序进入系统之后不会马上发作，而是很隐蔽地潜藏在磁盘上，一旦时机成熟，就四处繁殖、扩散，破坏计算机系统。还有一些病毒程序内部设有触发机制，当满足这个触发机制时，就开始破坏系统。

（5）隐蔽性　病毒程序大多数都是短小精悍的可执行文件，通常粘附在正常程序、磁盘引导扇区、磁盘上标为坏簇的扇区中，以及一些空闲概率较大的扇区中，这是它的非法可存储性。病毒想方设法隐藏自身，就是为了防止用户察觉。

（6）可触发性　因某个事件或数值的出现，诱使病毒实施感染或进行攻击的特性称为可触发性。计算机病毒一般都有一个或者几个触发条件。一旦满足其触发条件或者激活病毒的传染机制，就可使之进行传染或者激活病毒的表现部分或破坏部分。

3. 病毒的发展

（1）第一代病毒（1986 年～1989 年）　又称为传统的病毒，主要是引导型的病毒。由于当时计算机的应用软件少，而且大多是单机运行环境，因此病毒没有大量流行，流行病毒的种类也很有限，病毒的清除工作相对来说较容易。

（2）第二代病毒（1989 年～1992 年）　又称为混合型病毒，这一阶段是计算机病毒由简单发展到复杂，由单纯走向成熟的阶段。随着计算机局域网开始应用与普及，计算机应用软件也更加成熟，但由于网络系统尚未有安全防护的意识，给计算机病毒带来了第一次流行高峰。

（3）第三代病毒（1992 年～1995 年）　又称为"多态性"病毒或"自我变形"病毒。这些病毒放入宿主程序中的病毒程序大部分都是可变的，即在搜集到同一种病毒的多个样本中，病毒程序的代码绝大多数是不同的。传统的利用特征码法检测病毒的产品往往不能检测出此类病毒。

（4）第四代病毒（1995 年至今）　随着 Windows95 的应用，出现了 Windows 环境下的病毒。这类病毒的机制更为复杂，它们利用保护模式和 API 调用接口工作，清除方法也比较复杂。

随着互联网的发展，病毒的流行迅速突破地域的限制，各种病毒开始利用互联网进行传播，携带病毒的数据包和邮件越来越多，如果不小心打开了这些邮件，机器就有可能中毒。

这一时期的病毒的最大特点是利用 Internet 作为其主要传播途径，因而，病毒传播快、隐蔽性强、破坏性大。

4. 反病毒技术

计算机病毒的发展必然会促进计算机反病毒技术的发展，也就是说，新型病毒的出现，向以行为规则判定病毒的预防产品、以病毒特征为基础的检测产品，以及根据计算机病毒传染宿主程序的方法而消除病毒的产品提出了挑战，从而使人们认识到现有反病毒产品在对抗新型的计算机病毒方面的局限性，迫使人们在反病毒的技术和产品上进行更新和换代。

9.3.5　实时监视技术

这一技术为计算机构筑起一道动态、实时的反病毒防线，通过修改操作系统，使操作系统本身具备反病毒功能，拒病毒于计算机系统之门外。时刻监视系统当中的病毒活动，时刻监视系统状况，时刻监视软盘、光盘、互联网、电子邮件上的病毒传染，将病毒阻止在操作系统外部。优秀的反病毒软件由于采用了与操作系统底层无缝连接技术，占用的系统资源极小，用户完全感觉不到对机器性能的影响。只要反病毒软件实时地在系统中工作，病毒就无法侵入用户的计算机系统。

9.3.6　自动解压缩技术

为了节省传输时间或节约存放空间，目前用户在互联网、光盘以及 Windows 中接触到的大多数文件都是以压缩状态存放的，这就为计算机病毒的传播提供温床。

　　如果用户从网上下载了一个带病毒的压缩文件包，或从光盘里运行一个压缩过的带毒文件，就会不知不觉地被压缩文件包中的病毒感染。而且现在流行的压缩标准有很多种，相互之间有些还不兼容，要想全面覆盖各种各样的压缩格式，就必须了解各种压缩格式的算法和数据模型，这就要求杀毒软件的生产厂商和压缩软件的生产厂商有很密切的技术合作关系，否则，查杀压缩软件中的病毒就会出问题。

9.4　防火墙的安装调试与设置

　　天网防火墙是由广州众达天网技术有限公司开发的给个人计算机使用的网络安全工具。它根据系统管理者设定的安全规则把守网络，提供强大的访问控制、应用选通、信息过滤等功能。它可以帮用户抵挡网络入侵和攻击，防止信息泄露，保障用户机器的网络安全。天网防火墙把网络分为本地网和互联网，可以针对来自不同网络的信息，设置不同的安全方案，它适合于任何方式连接上网的个人用户。

　　1. 天网防火墙的安装

　　（1）双击安装程序，出现如图 9-12 所示的"欢迎"界面。

　　（2）仔细阅读协议后，选择"我接受此协议"，并单击"下一步"按钮，将会出现"选择安装的目标文件夹"界面，如图 9-13 所示。如果对协议有任何异议可以单击"取消"按钮，安装程序将会关闭。

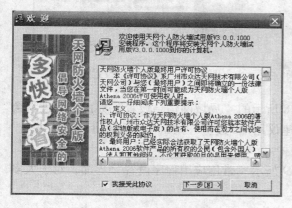

图 9-12　"欢迎"界面

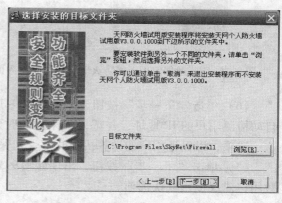

图 9-13　"选择安装的目标文件夹"界面

　　（3）单击"下一步"按钮，出现如图 9-14 所示的"选择程序管理器程序组"界面，用于程序的快捷方式。单击"下一步"按钮，出现如图 9-15 所示的"正在安装"的界面。

　　（4）文件复制基本完成后，系统会自动弹出如图 9-16 所示的"欢迎您使用天网防火墙设置向导"界面。

　　（5）单击"下一步"按钮，出现如图 9-17 所示的"安全级别设置"界面。为了保证您能够正常上网并免受他人的恶意攻击，一般情况下，建议大多数用户选择中等安全级别，对于熟悉天网防火墙设置的用户可以选择自定义级别。

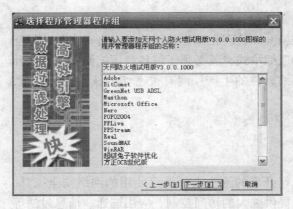

图 9-14 "选择程序管理器程序组"界面　　　　图 9-15 "正在安装"界面

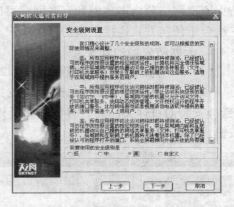

图 9-16 "欢迎您使用天网防火墙设置向导"界面　　图 9-17 "安全级别设置"界面

（6）单击"下一步"按钮，出现如图 9-18 所示的"局域网信息设置"界面，软件将会自动检测用户的 IP 地址，并记录下来。同时建议用户勾选"开机的时候自动启动防火墙"这一选项，以保证用户的计算机随时都受到保护。

（7）单击"下一步"按钮，出现如图 9-19 所示"常用应用程序设置"界面，对于大多数用户建议使用默认选项。

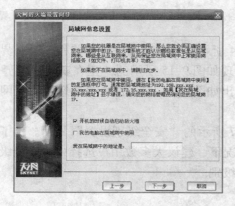

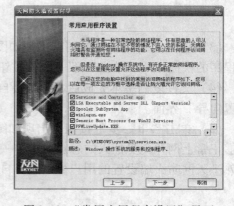

图 9-18 "局域网信息设置"界面　　　　图 9-19 "常用应用程序设置"界面

（8）单击"下一步"按钮，出现"向导设置完成"界面，如图9-20所示，至此天网防火墙的基本设置已经完成，单击"结束"按钮，完成安装过程。保存好正在进行的其他工作，重新启动计算机使防火墙生效。

2. 防火墙的设置

（1）系统设置 在防火墙的控制面板中单击"系统设置"按钮，即可展开防火墙系统设置面板。天网个人版防火墙系统设置界面如图9-21所示。在这里可以对系统进行设置，包括：①基本设置：设置启动方式、局域网地址报警声音。②管理权限设置：设置和清除管理员密码以及应用程序的权限。③在线升级设置：提供了在设定的时间段内不提示和有新的升级包就提示两种选择，通常习惯使用第二种。④日志管理：设置是否保存日志以及保存的路径和大小。⑤入侵检测设置：设置是否启动入侵检测功能以及检测到之后是否进行提示。

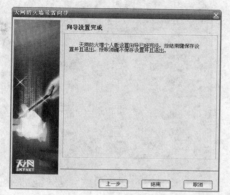

图9-20 "向导设置完成"界面

图9-21 系统设置

（2）IP规则设置 设置IP的规则，是一条非常严格的规则，一般不要随意改动。当需要对外公开一些特定的端口时，可以选择增加规则，通常把所增加的规则放在最后。

增加规则的方法如下：①单击图9-22中的"增加规则"图标，出现"增加IP规则"对话框，如图9-23所示。②在新建IP规则的说明部分，可以取有代表性的名字，如"打开

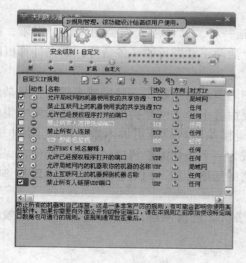

图9-22 IP规则设置

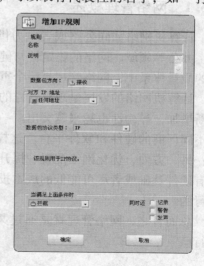

图9-23 "增加IP规则"对话框

FTP20-21 端口"，说明要详细点；数据包方向分为接收，发送，接收和发送三种，可以根据具体情况决定。③对方 IP 地址，在任何地址，局域网内地址，指定地址和指定网络地址四种中选择。④数据包协议类型包括 IP、TCP、UDP、ICMP 和 IGMP 五种协议，可以根据具体情况选用并设置。

（3）应用程序规划设置　设置应用程序是否可以访问网络，如图 9-24 所示。

（4）查看日志记录　通过查看日志了解程序访问网络的记录，以及网上被 IP 扫描端口的情况，以便采取相应的对策，如图 9-25 所示。

图 9-24　应用程序设置

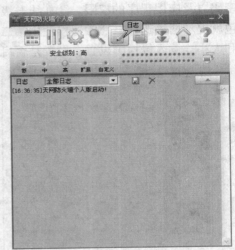

图 9-25　日志

9.5　网络管理

9.5.1　网络管理概述

计算机网络如同公路或者电力供应等基础设施一样，已经渗入人类的沟通、娱乐、商务、办公等领域。网络的稳定性与健壮性成为以上活动正常进行的必备条件，而在计算机网络的质量体系中，网络管理是一个重要的环节。

计算机网络的发展呈现出这样的趋势：网络中的节点越来越多，规模越来越大，复杂性不断增加，异构性也越来越突出。一个网络往往要由若干个子网来构成，在这些子网中集成了不同厂商的硬件和软件平台。这样做一方面使得排除网络故障更加困难，增加了维护成本；另一方面，优化网络配置、提升网络性能也成为一个迫切需要解决的问题。如何在保持原有硬件基础或者尽可能低的成本投入下获得优秀的网络性能，网络管理的技术手段是势在必行的。

总而言之，网络管理就是通过某种方式对网络状态进行调整，使网络能正常、高效地运行。

9.5.2　网络管理功能

网络管理是对网络上的通信设备及传输系统进行有效的监视、控制、诊断和测试所采用的技术和方法。ISO 在 ISO/IEC 7498-4 文档中定义了网络管理的五大功能，并被广泛接受。这五大功能是：故障管理、配置管理、计费管理、性能管理和安全管理。

1. 故障管理

故障管理是网络管理中最基本的内容之一。故障管理的日常工作包含对所有节点动作状态的监控、故障记录的追踪与检查，以及对网络系统的日常测试。

故障管理功能以监视网络设备的运行情况和网络链路的工作状态为基础，包括对网络设备状态和报警数据的采集、存储，可以实现报警信息通知、故障定位、信息过滤、报警显示、报警统计等功能。通常网络故障产生的原因比较复杂，特别是当故障的产生是由多个因素共同引起时。因此，故障的检测要求网络管理员具备较高的技术水平及业务能力，同时还应该具备较丰富的实践经验，某些情况下还需要配备相应的测试工具。故障排除后必须认真分析网络故障产生的原因，以防止类似故障的再次发生。网络故障管理包括故障检测、隔离和纠正三个方面，主要包括以下内容。

（1）网络监控及错误日志检查

1）使用多种网络故障监控方式监控网络的整体运行情况。

2）对网络中运行的关键设备和线路作重点监控。

3）分析网络设备的错误日志，检查出错误发生的真实原因。

（2）网络故障报告

1）通过各种途径报告网络故障，包括使用颜色、声音、日志、触发机制等。

2）网络故障自动报警，具有自动通知的手段，包括手机短信、电子邮件、声音提示等方法。

（3）接收错误检测报告并做出响应

1）分析设备故障情况，并制定排错方案。

2）启用备用线路或设备，进行故障隔离，尽量降低故障带来的损害。

（4）跟踪、辨认故障

1）进行故障追踪定位。

2）确认故障类型及性质。

（5）执行诊断测试　使用各种故障诊断工具，分析故障性质。

（6）错误纠正　根据故障分析结果，制定并实施解决方案。

（7）故障分析预测　根据网络系统故障的类型及发作频度，分析故障产生的原因，预测将来网络故障的发作趋势。

（8）历史报警查询统计　建立故障报警数据库，通过对历史故障警报资料的统计分析，寻找网络故障发生的规律，建立故障预防体系。

网卡与通信电缆的安装质量对于网络的影响也是不可忽视的。例如，网卡工作不正常或电缆接口接触不良，都会出现大量的重发和丢包现象。在日常的网络故障测试中可以使用像 Fluke 68X 这样的网络测试仪，它的简单易用的特性在解决网络故障问题上远远超过网络分析手段。图 9-26 所示为 Fluke 68X 企业级网络测试仪。这种产品不但能够解决简单的网络问题，例如检测哪台主机正在发送广播报文，还能作为一个调试工具进行网络性能的优化，但这类工具对使用者的技术水平要求较高。

2. 配置管理

图 9-26　　Fluke 68X
企业级网络测试仪

配置管理负责监控网络的配置信息，使网络管理人员可以生成、查询和修改软件和硬件的运行参数和条件，确保网络的正常运行。网络配置管理的目的在于维护和优化网络。网络并不是固定的，它往往随企业内用户数目、业务流程、系统应用、设备变更等因素的变化做相应的参数调整。

网络配置的内容，包括配置节点和集中器数量、分布和互连情况、配置线路的数量和速率、配置设备的通信模板和端口个数等。

1）网络资源的自动发现和图形化表示。

2）网络资源的管理，被管对象和被管对象组的命名管理及初始化。

3）软件及硬件资源与版本数据的管理。

4）设备端口状态。

5）IP 地址资源分配与管理，如网络 IP 地址与 MAC 地址对应，IP 地址冲突检测。

6）子网及主机情况。

7）设备路由信息，设置系统中有关路由操作的参数。

8）系统配置信息，更改系统的配置。

3. 计费管理

计费管理实现检测和控制用户对网络操作的费用，记录网络资源的使用情况。网络设计与建设需要资金的投入，网络的运营与维护同样也需要资金，因此需要采取一定的手段统计各入网单位的网络使用情况并进行计费。

以最常见的校园网计费为例。校园网里面的计费通常是以某种形式对用户使用校园网的资源进行度量，然后按照预先定义的单价折算出总费用。度量的标准通常都是时间或流量，目前国内高校中大多数以联网用户的流量作为度量标准。表 9-1 所示为某高校校园网收费标准。

表 9-1　某高校校园网收费标准

收 费 项 目	收 费 标 准	收 费 对 象	说　　明
网费	25 元/月（3GB 流量以内）	所有校园网用户	流量超 3GB 部分：加收 0.01 元/MB

对于校园网的流量的计费在早期是采用基于 IP 的管理方式。在管理控制台端，管理员可以通过记录该用户 IP 上的流量作为计费的依据。这种做法实现起来成本较低，但是这种做法会出现很多弊端，因为盗用 IP 地址的现象相当普遍，对正常的用户上网带来的影响很大。虽然管理员还可以做到在一些功能较为强大的交换机中把 IP 地址与用户的网卡物理地址进行绑定，从而在一定的程度上减少盗用 IP 的现象，但是还不能从根本上杜绝，因为同样有较为简单的手段可以实现本机物理地址的改动。另外，基于 IP 地址进行流量的统计使得用户只能限制在本机上使用网络资源，而不能在其他的机器上使用网络资源，管理手段缺乏灵活性。

还有一种校园网计费手段是采用基于用户的管理方式。具体的做法是，校园网用户被分配到自己的账号和密码。用户需要在校园网物理范围内通过拨号程序或者页面验证正确地输入账号和密码，只有通过验证后，才可以正常使用校园网网络资源。基于用户验证的手段采集用户流量的做法是比较科学的，用户的流量与所使用的机器无关，上网地点可以不受限制，计费的方式也可以统一处理，从而有效地避免了盗用 IP 地址的现象，大大减轻了网络管理员的工作负担。图 9-27 所示为基于身份验证的计费管理过程。

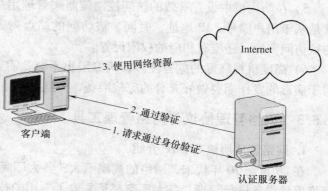

图 9-27 基于身份验证的计费管理过程

4. 性能管理

网络资源是有限的。性能管理的目标是力求在使用最少的网络资源和最小的通信费用的前提下，让网络提供持续可靠的应用服务，达到网络状态最优化。

网络性能管理主要是对网络系统运行及通信效率等进行评价，功能包括网络运行监控、状态数据采集及分析。根据性能分析的结果，网络管理员可以有目的地进行某些方面的测试诊断工作，然后通过重新修改网络结构或者配置网络的相关参数对网络性能进行调整。

由于网络的性能不仅与网络的规模有关，也与网络中的用户数据量、各个节点的处理能力和网络当前负载有关，因此网络性能管理还要考虑网络的流量管理、用户管理，以及负载平衡等网络运行过程中的动态因素。

5. 安全管理

安全管理强调的是保证网络中的资源的安全性，避免信息、IT 基础设施、服务和产品受到威胁或不正当地使用。网络中主要有以下几大安全问题：

1）网络数据的私有性（保护网络数据不被侵入者非法获取）。

2）授权（防止入侵者在网络中发送错误信息）。

3）访问控制（控制对网络资源的访问）。

相应地，网络安全应包括对授权机制、访问控制列表、加密和加密关键字的管理，另外还要维护和检查安全日志。安全保护可以从以下几个方面入手：

1）对于关键的网络设备，如核心交换机、防火墙等，应该妥善安置在专门的机柜中，确保防盗、防火、防雷击、防潮等物理安全。核心网络设备的配置文件也应做好备份。

2）对于重要数据的载体——服务器，也应该做好相应的保护措施。另外，对于数据库的访问应该设计良好的权限机制，以确保普通用户对指定的数据资源只具备读取的权限。

3）电缆设备也是安全的薄弱环节之一，对于核心层设备间的链路需要作冗余链路设计，防止唯一的线缆故障引起全网瘫痪。另外，电缆系统也是信息泄漏的途径。铜线容易被分接，还会造成电磁辐射，通过电磁感应的方法就可以获得网络信息。相比之下，光纤在这方面就安全多了，因为它的传输介质不是金属。

4）逻辑上的安全措施。网络操作系统通常都提供对逻辑访问的管理：一是控制用户对网络的访问；二是保护文件不被未授权的用户访问，更加不能被随便修改和删除。网络操作系统应该更新最新的补丁包，以防止不法之徒利用利用网络系统固有的漏洞提升普通账号的权限，损害系统与数据的安全。

5）在防火墙中设置有效的访问控制策略来管理用户对网络资源的访问。限制的条件通常是基于用户账号、IP 地址、时间、被访问的站点列表、被访问的资源等。当然对于指定的被访问资源，还应有相应的权限设置。

6）高度重视病毒的危害性。新病毒层出不穷，需要网络管理人员跟上 IT 维护的节拍，对于病毒的发作期要做好充分的应战准备，并且平常培养用户良好的使用网络习惯。

9.5.3　网络管理协议与网络管理工具

1. 网络管理协议 SNMP 介绍

在 20 世纪 70 年代末，网络的规模不大，各大厂商都推出自己的专用网络。为了对特定网络里的设备进行管理，各大厂商都是采取了专用的技术。随着 TCP/IP 一统天下，网络的规模越来越大，为了在统一的环境内对不同厂商的设备进行管理，厂商们呼唤网络管理协议标准的出现。

简单网络管理协议（SNMP）是最早提出并且投入使用的网络管理协议之一。它一推出就得到了广泛的应用和支持，特别是因为其所具备的简洁性与良好的扩展性很快得到了大多数著名 IT 厂商的支持，其中包括非常著名的 IBM、HP、Sun 等著名厂商。时至今日，SNMP 已经成为 TCP/IP 领域网络管理中事实上的工业标准，并被广泛地运行于各种网络管理系统平台中。

SNMP 之所以能够流行于全球是因为它有着特定的优势：

1）SNMP 与其他网络管理协议相比更具简洁性。SNMP 结合 MIB（管理信息库）框架可以广泛用于客户机、网络服务器、网络设备等，并且 SNMP 代理不需要占用大量的内存，也不需要占用很多的系统资源。在目标系统上能够快速构建 SNMP 应用程序，加快了市场上 SNMP 产品的出现与更新换代。

2）SNMP 是公开的并且可以免费获得，因此得到了各大 IT 厂商的大力支持，推动了 SNMP 的快速发展。

3）SNMP 是开放的协议，它独立于协议之上，虽然它支持目前互联网事实标准 TCP/IP，但是 SNMP 是能够运行在其他厂商的网络协议之上的，如 IPX/SPX、AppleTalk 等。

4）SNMP 拥有完善的帮助文档资源，包括 RFC 文档、在线帮助等，广受业内人士的欢迎和接受。

SNMP 工作过程中涉及三个基本的工作要素，它们分别是管理者（Manager）、代理（Client）和管理信息库（MIB）。SNMP 工作模型定义为管理者-代理模式（Manager-Agent），这种工作方式与客户机/服务器（Client/Server）模式相类似。管理者的管理软件运行于网管工作站，实现对代理者的操作与控制，代理的管理软件运行于被管理的设备上，以达到实时地把设备当前状态报告给管理者的目的。其中每个代理都具有自己的管理信息库（MIB），MIB 中的变量对应着相应的管理对象。管理者可以采取轮询的方式向代理获得设备的信息。图 9-28 所示为 SNMP 管理网络组件及其相互关系。

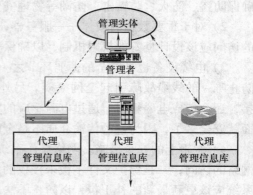

图 9-28　SNMP 管理网络组件及其相互关系

SNMP 是管理者与代理对话的语言，SNMP 中仅仅定义了非常有限的几个操作命令和响应。它们分别是 set、get、get-next、trap 和 traversal，它们构成了 SNMP 的核心。其命令的动作含义与方向见表 9-2。

表 9-2　SNMP 命令的动作含义与方向

命　令	动　作　含　义	方　　向
set	网管者控制被管理设备，改变在被管设备中变量的值	网管者→被管理设备
get	网管者监测被管理设备状态，检查被管设备的变量值	网管者→被管理设备
get-next	请求消息的扩展类型，可用于浏览整个管理对象树。在为特定对象处理 get-next 请求时，代理返回逻辑上紧随对象请求的对象值和身份。get-next 请求对于动态表（如内部 IP 路由表）是很有用的	网管者→被管理设备
trap	当某种类型的事情发生时，被管理设备异步地向网管者报告事件	被管理设备→网管者
traversal	决定被管理设备支持哪一个变量值，并不断为参数表收集信息，如路由表信息	网管者→被管理设备

一个网络管理者可以通过命令 get 或者 set 命令向驻留在被管理设备的代理请求进行读取，或者设置一个（或多个）MIB 变量的值；SNMP 代理需要通过通告报文进行应答，这是一种双向交流的交互式工作方式。此外，SNMP 代理也可以通过另外一种被称为陷阱方式（Trap）直接向网管者通报自身的当前状态。这两种工作方式对应网络管理者从被管理设备中收集管理信息的手段，前者称为轮询（Polling-only）的工作方式；后者是基于中断（Interrupt-based）的方法。基于轮询的工作方式如图 9-29 所示。

如果只使用轮询的方法，那么被管设备总是在被控制之下。管理者需要"定期"去获取被管理设备的状态或者参数。这种方法的缺陷在于缺乏信息的实时性，尤其是故障报告的实时性不能得到满足。另外，使用这种工作方式需要多久轮询一次，在轮询的过程中以什么次序轮询也是值得考虑的问题。因为如果轮询的间隔太短，那

图 9-29　基于轮询的工作方式

么在同一个网络中产生的不必要的流量会很大，就会阻碍网络用于正常业务的宝贵网络资源；但是，如果轮询的间隔太大，或者次序安排不当，那么对于某些灾难性的故障事件的通知又会传达得太慢，使网管控制中心对被管设备的状态难以做到实时监控。

基于 Trap 的工作方式，如图 9-30 所示。在这种方式下，传送 MIB 信息的方法是单向传递的，被管设备在某个预先被设定的边界值达到要求后主动向管理者发送 Trap 信息。与交互式通告相比，Trap 通知方式为不可靠传输，因为网管者在收到一

图 9-30　基于 Trap 的工作方式

条 Trap 信息后不需要任何的回应确认，从而使发送者无法知道 Trap 通知是否已经被正确接收。

对于以上两种获得被管设备 MIB 库的方式，在多数的情况下，采用 Trap 通知方式。因为轮询这种交互通告方式会耗用许多的网络通信资源和设备计算资源。与 Trap 通知方式不同的是，被管理设备不能在发送后立即把一条轮询的通告报文丢弃，它需要把通告报文保存在系统主存中，等到收到相应的确认应答或直到设备规定的计时器超时才有所行动。因此一个 Trap 通知只会被发送一次，而通告报文可能会被重复发送多次。两种获取 MIB 的工作方式对比，见表 9-3。

表 9-3　两种获取 MIB 的工作方式对比

网管者获取 MIB 方式	基于轮询方式	基于中断方式
消息报文发送方式	通告报文	Trap 报文
报文方向	双向	单向
采集 MIB 机制	轮询（定期）	中断（发生了特定的事件）
消耗的网络资源	高	低
消耗被管设备资源	高	低
报文可靠性	高	低
适应场合	对消息通告传送的可靠性要求较高	节省网络流量与网络设备资源消耗的场合

2. 网络管理工具

网络管理工具发展到如今已经是百花齐放、种类繁多，既有著名 IT 行业厂商的产品，如 HP OpenView 、CA Unicenter TNG 、IBM Tivoli，也有像 CiscoWorks、LinkManager 等由设备制造商推出的网络管理软件；另外，还包括有像美萍网络管理大师、Pubwin 之类的网吧管理软件。

下面对其中的一些典型产品进行简单介绍：

（1）HP OpenView　HP（惠普）是最早开发网络管理产品的强大 IT 厂商之一，其著名的 HP OpenView 已经得到了广泛的应用。OpenView 集成了网络管理和系统管理各自的优点，形成一个单一而完整的管理系统。目前 HP 网络和系统管理工具可以涉及系统资源和资产管理、数据库管理、故障和事件管理、Internet 业务管理、应用管理、PC 桌面管理、性能管理、网络结构管理、存储管理、用户账号管理、安全管理、软件分发管理等许多方面。OpenView解决方案实现了网络运作从被动无序到主动控制的过渡，使 IT 部门及时了解整个网络当前的真实状况，实现主动控制，而且 OpenView 解决方案的预防式管理工具——临界值设定与趋势分析报表，可以让 IT 部门采取更具预防性的措施，管理网络的健全状态。HP OpenView网管工具采用开放式网络管理标准，不仅 OpenView 内部各个产品可以相互集成、共同操作，而且目前有近几百家网络和软件系统厂商提供在 HP OpenView 上的集成产品。

目前该产品主要应用在金融、电信、交通、政府、公用事业、制造业等领域。

（2）CA Unicenter TNG　CA 公司认为，真正的企业管理必须超越传统边界并集成影响业务进程的任何设备。通过一系列集成的解决方案和不同的可选应用系统，Unicenter TNG 可以管理复杂的 Web 网络、系统、桌面系统、应用程序和数据库。此外，Unicenter TNG 还能管理非信息技术设备，如销售点（POS）、自动柜员机（ATM）、制造设备、环境设备、医院设备和电源线等，从而能够提供真正的端到端的企业管理。

Unicenter TNG 体系结构构筑于开放、集成、全面的企业管理解决方案。其管理者/代理器多层体系结构能够从最简单的桌面系统应用扩展到大型复杂的网络，能够在整个企业实现管理控制的分布，从而减轻网络流量，提高网络的可伸缩性和效率。

通过 Unicenter TNG，用户可以获得的功能和特性包括：Web 服务器管理、改进服务水平、全面的企业安全管理、实现网络智能化、简化桌面系统和服务器管理、将可管理性用于应用等。

目前该产品主要应用在电力、政府、制造业、汽车、邮政、电信、金融、保险等领域。

（3）IBM Tivoli　Tivoli 管理环境是一个用于网络计算机管理的集成的产品家族，可以为各种系统平台提供管理。Tivoli 是一个跨越主机系统、客户机/服务器系统、工作组应用、企业网络、Internet 服务的端到端的解决方案，而且它将系统管理包含在一个开放的、基于标准的体系结构中。Tivoli 包含了较全面的企业资源管理功能，包括：

1）平台：是一个统一的管理平台。

2）可用性：包括网络管理软件、分布式系统监控功能、事件处理和自动化管理。

3）安全性：具有跨平台的用户管理功能和全面的企业安全管理功能。

4）配置：包括软件分发管理和自动信息仓储管理。

5）可操作性：具有远程用户支持与控制功能。

6）应用管理：包括全面的 Domino/Notes 管理和各种大型数据库系统的管理。

7）工作组产品：可把局域网与 Tivoli 企业管理系统连接起来。

（4）Cisco Works 2000 网管方案　Cisco Works 2000 是 Cisco 公司的网络维护产品系列，它将路由器和交换机管理功能与 Web 的最新技术结合在一起。共包括四个解决方案：LAN 管理方案、Routed WAN 管理方案、服务管理方案和 VPN/安全方案，它们都提供了与现有网络管理系统（NMS）之间进行"独立部署"或"联合部署"的灵活性。这样，它不仅利用了现有工具和设备中内置的管理数据资源，同时为快速变化的企业网络提供新的网络维护工具。尤其重要的是，Cisco Works 2000 还包括用于管理关键工具和产品的基于 Web 的 RME（Resource Manager Essentials）、管理交换机和网络业务的 CWSI 园区网、建立管理内部网的 Cisco 管理连接、Cisco View 图形设备管理工具，以及将来增加功能时可插入的模块，让管理员更方便、更容易地管理好自己的网络。在面向 Internet 的网络维护方面，Cisco Works 2000 拥有用于管理功能和应用集成的浏览器用户接口以及基于标准的结构；在管理效率及灵活性上，Cisco Works 2000 产品有着通过诸如库存、拓扑结构及改变管理等应用程序对多种设备进行管理一体的特性。

Cisco 的产品主要应用在互联网、公安、金融、民航、海关、新闻、商业等领域。

采用网管软件的目的在于辅助日常网络管理，提高管理效率，所以选择的软件应该体现有效管理原则。可以参考表 9-4 进行网管工具的选择。

表 9-4　网络管理工具分类参考

产品类型	优　点	缺　点	适用场合	典型产品
免费、共享软件	价格低廉	只能解决简单的问题，缺乏在线帮助与技术支持	小型的企业网络	Ethereal、MRTG
网元管理软件	可深入到设备底层进行配置	不能很好地支持其他网络设备厂商的设备管理	使用单一的厂商推出的硬件解决方案	CiscoWorks 2000、Link Manager
第三方软件厂商	开放性和扩展性好，功能全面	有些功能不够细致、价格昂贵	企业网中包含多家厂商设备	HP　OpenView、IBM Tivoli、CA Unicenter TNG

【实训】　常见网络故障诊断与维护命令

使用操作系统自带的命令行进行网络故障的诊断与网络维护是最简便的一种方法。作为一个网络管理员，需要熟练掌握这些命令，在处理网络实务中力求节省时间、提高效率。对于不同的操作系统平台，网络管理的命令可能有所不同，不过它们实现的功能都是雷同的。下面以在 Windows 2000 Server 中部分常用的命令为例，说明如何使用它们进行网络故障的诊断与维护。不同操作系统的网络管理命令，见表 9-5。

表 9-5　不同操作系统的网络管理命令

Windows 2000 Server	UNIX（Solaris）命令	Linux 命令	路由器诊断命令
ping	ping	ping	ping
ipconfig	ifconfig	ifconfig	show interface
route	route	route	show ip route
netstat	netstat	netstat	debug
tracert	traceroute	traceroute	trace
arp	arp	arp	arp

1. ping 命令

ping 命令用于从一个主机向另一个主机发送 Internet 控制消息协议（ICMP）数据包。ping 使用 ICMP 请求报文传送数据包，并且对每一个传送的数据包期望得到一个 ICMP 响应报文。其工作原理其实是"投石问路"，当把请求报文发送到被测试的远程主机后，通过获取返回的报文状态判断是否发生故障。

（1）命令格式　ping 命令是 Windows 系统自带的程序，可以在 MS-DOS 提示符下或在"运行"对话框中通过键入命令来执行。格式为：

ping 目的主机 [-t] [-a] [-n count] [-l size]

其中，目的主机可以是 IP 地址、主机名和域名。

（2）主要功能　通过 ICMP 报文的往返，测试两个节点之间的网络路径的可达性。

（3）常用参数含义

1）-t：不停地向目标主机发送数据报文，直到用户通过组合键"Ctrl+C"才停止发送。

2）-a：将地址解释为计算机名。

3）-n count：指出要发送多少个报文，默认数值是 4。

4）-l size：指出发送给目标主机的数据包的大小，默认值为 32KB，最大值略小于 64KB。

ping 命令支持多种参数选项，用户可以通过命令"ping /?"获得该命令的完整参数列表解释。

```
C：\ Documents and Settings \ Harold > ping /?
Options：
-t                    Ping the specified host until stopped.
-a                    Resolve addresses to hostnames.
-n count              Number of echo requests to send.
-f                    Set Don't Fragment flag in packet.
```

（4）常见的命令执行信息解释

1）正常的连通。请求者向目的主机发送回应请求，如果请求者成功收到目的主机的一个应答，则表明，①目的主机（或路由器）可以到达。②源主机与目的主机（或路由器）的 ICMP 软件和 IP 软件工作正常。③回应请求与应答 ICMP 报文经过的中间路由器的路由选项功能正常。

```
C：\ Documents and Settings \ Harold > ping 192. 168. 1. 254
Pinging 192. 168. 1. 254 with 32 bytes of data：
Reply from 192. 168. 1. 254：bytes = 32 time < 1ms TTL = 64
Reply from 192. 168. 1. 254：bytes = 32 time < 1ms TTL = 64
Reply from 192. 168. 1. 254：bytes = 32 time < 1ms TTL = 64
Reply from 192. 168. 1. 254：bytes = 32 time < 1ms TTL = 64
Ping statistics for 192. 168. 1. 254：
    Packets：Sent = 4, Received = 4, Lost = 0 (0% loss)，
Approximate round trip times in milli- seconds：
    Minimum = 0ms, Maximum = 0ms, Average = 0ms
```

2）Time out（超时）。与远程主机的连接超过了 TTL（Time To Live）值，数据包全部丢失。产生这种原因的情况有很多：路由器连接问题、网络延迟、远程主机离线、远程主机的防火墙或者操作系统配置了关掉 ping 的功能。

3）Network unreachable（网络不可达）。这种情况则表明路由错误。可以结合以下介绍的 tracert 和 netstat- an 命令查看路由表情况，以找出错误的路由表项。

2. ipconfig 命令

ipconfig 可用于显示当前的 TCP/IP 配置的设置值。这些信息一般用来检验人工配置的 TCP/IP 设置是否正确。如果当前操作的主机属于通过 DHCP 服务器获得 IP 地址的情形，那么该命令的意义则显得更为重大。因为它能显示出该主机是否成功租用到合法的 IP 地址，还能看到该 IP 地址相关联的子网掩码、默认网关、租用时间等信息。

（1）命令格式　在命令提示符下面键入

ipconfig［- option］。

（2）主要功能　显示 IP 协议的具体配置信息。

（3）常用参数含义

C：\ Documents and Settings \ Harold > ipconfig /?

Options：

/?   Display this help message //显示帮助信息

/all   Display full configuration information.
      //显示全部配置信息

/release   Release the IP address for the specified adapter.
      //在 DHCP 服务中为指定的网卡释放 IP

/renew   Renew the IP address for the specified adapter.
      //在 DHCP 服务中为指定的网卡更新 IP

/flushdns Purges the DNS Resolver cache.
      //刷新和重置客户端解析程序缓存的命令

/registerdns Refreshes all DHCP leases and re- registers DNS names
      //初始化计算机上配置的 DNS 名称和 IP 地址的手工动态注册

/displaydns Display the contents of the DNS Resolver Cache.
      //提供了查看 DNS 客户端解析程序缓存内容的方法

（4）常见的命令执行信息解释（以 ipconfig/all 为例）

C：\ Documents and Settings \ Harold > ipconfig /all

Windows IP Configuration

  Host Name . . . . : HAROLD

  Primary Dns Suffix . . . . :

  Node Type . . . . : Unknown

  IP Routing Enabled. . . . . . . : No

  WINS Proxy Enabled. . . . . . . : No

Ethernet adapter adsl：

  Connection- specific DNS Suffix . :

  Description . . . . : Realtek RTL8139 Family PCI Fast Ethernet NIC

  Physical Address. . . . . : 00- 0A- EB- 0B- 1B- 44

  Dhcp Enabled. . . . . : No

  IP Address. . . . . : 192. 168. 1. 100

  Subnet Mask . . . . : 255. 255. 255. 0

  Default Gateway . . . . : 192. 168. 1. 254

  DNS Servers . . . . : 211. 66. 184. 33

               202. 96. 128. 86

  NetBIOS over Tcpip. . . . . . . : Disabled

3. route 命令

route 命令主要用来操作路由表，包括显示、建立、删除路由表项。

（1）命令格式

route［command［ - option］］

其中，command 包括：

1）print：显示路由表信息。

2）add：添加一条路由记录。

3）delete：删除一条路由记录。

4）change：更改某条已存在的路由记录。

例如，要添加一条静态路由表项，如果已知到达的目的网络地址为 202. 116. 32. 0，需要通过的跳数（Hop）为 5 个路由器，数据包首先被投递到的路由器端口 IP 是 192. 168. 1. 254，那么可以用以下命令实现：

route add　202. 116. 32. 0 mask 255. 255. 255. 0 192. 168. 1. 254 metric 5

如果需要删除某条路由表记录，如删除到达网络 211. 66. 0. 0 的路由表项，可以通过下面的命令实现：

route delete 211. 66. 0. 0

（2）主要功能　操作路由表。包括显示、删除、建立路由表记录。

（3）常用参数含义

1）-f：清空所有路由表的网关条目。如果与某个 route 命令一起使用，则会在执行该命令前先清空路由表。

2）-p：这个选项与 add 命令一起使用时用于添加永久的静态路由表条目。如果没有这个参数，则添加的路由表条目在系统重启后会丢失。如果其他命令使用这个选项，则此选项会被忽略。因为其他命令对路由表的影响总是永久的。在 Windows 95 系统中 route 命令不支持这个选项。

3）destination、gateway 、netmask、metric 和 interface 参数：分别定义路由表记录中的目标网络地址，使用网关，子网掩码、度量值和网络接口。

（4）常见的命令执行信息解释

1）route print ：显示当前活动路由表中的信息。

```
C：\ Documents and Settings \ Harold > route print
=======================================================
===================Interface List
0x1 . . . . . . . . . . . . . . . . . . . . . . . MS TCP Loopback interface
0x10003 . . . 00 0a eb 21 c6 fe . . . . . . Realtek RTL8139 Family PCI Fast Ethernet NIC#3
Active Routes：
```

Network Destination	Netmask	Gateway	Interface	Metric
0. 0. 0. 0	0. 0. 0. 0	192. 168. 1. 254	192. 168. 1. 100	1
127. 0. 0. 0	255. 0. 0. 0	127. 0. 0. 1	127. 0. 0. 1	1
192. 168. 1. 0	255. 255. 255. 0	192. 168. 1. 100	192. 168. 1. 100	20
192. 168. 1. 100	255. 255. 255. 255	127. 0. 0. 1	127. 0. 0. 1	20
192. 168. 1. 255	255. 255. 255. 255	192. 168. 1. 100	192. 168. 1. 100	20
224. 0. 0. 0	240. 0. 0. 0	192. 168. 1. 100	192. 168. 1. 100	20

255. 255. 255. 255	255. 255. 255. 255	192. 168. 1. 100	192. 168. 1. 100	1

Default Gateway：　　　192. 168. 1. 254

其中，0. 0. 0. 0 为目标网络地址的路由表项表明的是默认路由，表示当该主机接收到一个目的网络地址不在本地网络的数据报文时，它将该报文投递到 192. 168. 1. 254（某个路由器的端口）处理。

目的网络地址类似 202. 116. 0. 0 的都是代表网络地址或者子网网络地址，是否为子网的网络地址可以通过掩码判断出来。

2）route add 命令。使用时目的网络地址与子网掩码必须要能够符合规则：（目的网络地址）&（子网掩码）=目的网络地址，否则会出现错误提示。

命令：route add 172. 16. 55. 0 mask 255. 255. 123. 0 172. 16. 55. 16

执行的出错提示：The route addition failed：The specified mask parameter is invalid. （Destination & Mask）！ = Destination.

4. netstat 命令

（1）命令格式

Netstat［- option］

（2）主要功能　显示当前的 TCP/IP 网络连接情况。例如显示当前的所有连接及监听端口、显示路由表等。

（3）常用参数含义

1）- s：按协议显示统计信息。在默认情况下，显示 TCP、UDP、ICMP 和 IP 的统计信息。如果安装了 IPv6，就会显示 IPv6 上的 TCP、IPv6 上的 UDP、ICMPv6 和 IPv6 的统计信息。可以使用- p 参数指定协议集。

2）- e：用于显示关于以太网的统计数据。它列出的项目包括传送的数据报的总字节数、错误数、删除数、数据报的数量和广播的数量。这些统计数据既有发送的数据报数量，也有接收的数据报数量。这个选项可以用来统计一些基本的网络流量。

3）- r：显示关于路由表的信息，除了显示有效路由外，还显示当前有效的连接。该命令与"route print"等价。

4）- a：显示一个所有的有效连接信息列表，包括连接的协议的名称、内部地址、外部地址和 TCP 连接的状态。

5）- n：显示所有已建立的有效连接。

（4）常见的命令执行信息解释

1）要同时显示以太网统计信息和所有协议的统计信息：

netstat - e - s

2）要仅显示 TCP 的统计信息，即根据协议类型进行过滤统计：

netstat- s- p TCP

3）要每 8s 显示一次活动的 TCP 连接和进程 ID：

netstat - o 8

5. tracert 命令

（1）命令格式

tracert IPaddress［- d］

tracert URL［- d］

该命令返回到达 IP 地址所经过的路由器列表。通过使用 - d 选项，将更快地显示路由器路径，因为 tracert 不会尝试解析路径中路由器的名称。

（2）主要功能　当数据报从本机经过多个网关传送到目的地时，tracert 命令可以用来跟踪数据报使用的路由（路径）。该程序追踪的路径是源计算机到目的地的一条路径，以及每个跳点所需的时间。如果数据包不能传递到目的地，则 tracert 命令将显示成功转发数据包的最后一个路由器。通常利用此命令来验证路由表设定是否准确。

（3）常用参数含义

C：\ Documents and Settings \ Harold > tracert /?

Usage：tracert［- d］［- h maximum_ hops］［- j host- list］［- w timeout］target_ name

Options：

- d	Do not resolve addresses to hostnames.
- h maximum_ hops	Maximum number of hops to search for target.
- j host- list	Loose source route along host- list.
- w timeout	Wait timeout milliseconds for each reply.

（4）常见的命令执行信息解释

tracert 命令执行结果：

C：\ Documents and Settings \ Harold > tracert - d www. gznet. com

Tracing route to www. gznet. com［202. 104. 94. 3］

over a maximum of 30 hops：

1	<1 ms	<1 ms	<1 ms	192. 168. 1. 254
2	*	*	*	Request timed out.
3	21 ms	9 ms	9 ms	218. 19. 193. 12
4	28 ms	11 ms	11 ms	61. 144. 0. 25
5	11 ms	10 ms	9 ms	61. 144. 0. 81
6	10 ms	10 ms	55 ms	61. 144. 59. 251
7	9 ms	9 ms	35 ms	202. 104. 94. 3

Trace complete.

6. arp 命令

（1）命令格式

arp［- a［inet_ addr］［- N eth_ addr］］［- g［inet_ addr］［- N eth_ addr］］［- d inet_ addr［eth_ addr］］［- s inet_ addr eth_ addr］

其中，inet_ addr 代表 IP 地址，必须使用点分十进制表示法表示（如 211. 66. 184. 31）；eth_ addr 代表物理地址，由六个字节组成，这些字节用十六进制记数法表示并且用连字符隔开（如 00- AA- 00- 4F- 2A- 9C）。

（2）主要功能　显示和修改缓存中的地址映射表项目。arp 缓存中包含一个或多个表，它们用于存储 IP 地址及其经过解析的以太网或令牌环物理地址。计算机上安装的每一个以太网或令牌环网络适配器都有自己单独的表。如果在没有参数的情况下使用，则 arp 命令将显示帮助信息。

（3）常用参数含义

1）-a 或-g：用于显示当前主机高速缓存（内存）中的所有 arp 项目。对于参数-a 与-g 执行的效果都是一样的，通常在 Windows 平台下都用-a 。

2）-a inet_ addr：如果在参数后面加入 inet_ addr，即 IP 地址，则表明在多宿主（多网卡）的主机中，查看指定的网络适配器的 arp 缓存项目。

3）-s inet_ addr eth_ addr：通过该命令格式手工向主机添加一条地址映射表记录。通过 -s 参数添加的项属于静态项，它们不会 arp 缓存超时。如果终止 TCP/IP 后再启动，这些项会被删除。

4）-d inet_ addr：手工删除一个静态项目。要删除所有项，可使用星号（＊）通配符代替 inet_ addr。

（4）常见的命令执行信息解释

1）要显示所有接口的 arp 缓存表。

arp - a

```
C：\ Documents and Settings \ Harold > arp - a
Interface：192. 168. 1. 100 - - -0x10003
    Internet Address        Physical Address        Type
    192. 168. 1. 1          00-08-5c-4e-63-b7        dynamic
```

2）添加将 IP 地址 192. 168. 3. 21 解析成物理地址 00- AA-00-35-2A-8b 的静态 arp 缓存项：

arp - s 192. 168. 3. 21 00- AA-00-35-2A-8b

3）要删除 IP 地址 192. 168. 3. 21 对应的 arp 缓存记录：

arp - d 192. 168. 3. 21

本 章 小 结

随着计算机网络在全世界爆炸式的增长，互联网上的各种新业务诸如电子商务、实时信息交换等正在改变人们的生活方式。在体验到了网络所带来的诸多便利的同时，人们也时常为一些安全问题所困扰。比如。用户的计算机被攻击了、银行的存款被盗取了等。如何保障网络的安全成为目前一个亟待解决的问题。网络管理是计算机网络发展中的一项重要技术，随着网络规模的扩大、复杂性的增加，网络管理在网络系统中的地位也越来越重要。网络管理技术已经成为确保网络可靠、安全、高效运行的有力保障。

本章介绍了计算机网络面临的安全问题、网络安全的层次、计算机网络安全技术及防火墙的安装与调试方法。还介绍了网络管理的基本概念，包括网络管理的定义、网络管理的目标和内容、简单网络管理协议（SNMP）与网络管理工具。

习 题 9

1. 在 OSI 网络管理标准中定义了网络管理的 5 大功能是 _____、_____、_____、

_____和_____。

2. SNMP 即_____，这种协议运行在 TCP/IP 模型中的_____，它赖以工作的传输层协议是_____。

3. SNMP 定义的工作方式是一种基于_____模式的服务，其中网络管理者从被管理设备中收集管理信息库（MIB）的手段有两种，分别是_____和_____。

4. 网络安全层次模型有哪几部分？功能分别是什么？

5. 什么是对称加密技术？什么是非对称加密技术？

6. 简述数字签名的工作原理。

7. 防火墙有哪些类型？分别说明其运作方式与优缺点。

8. 如何在天网防火墙中增加 IP 规则？

9. 校园网计费可以通过什么方式进行？它们分别有什么优缺点？

10. SNMP 为什么能够流行？

11. SNMP 中有哪几类管理操作？其作用分别是什么？

第 10 章

交换机、路由器配置基础

【学习目标】

1）掌握交换机的配置途径及基本配置方法。

2）掌握路由器配置基础。

3）了解 RIP、OSPF 路由协议。

10.1 交换机配置基础

10.1.1 交换机 IOS 简介

交换机相当于一台特殊的计算机，由硬件和软件两部分组成。软件部分主要是 IOS 操作系统，硬件主要包含 CPU、端口和存储介质。交换机的端口主要有以太网端口和控制台端口。存储介质主要有 ROM、Flash、NVRAM 和 DRAM 存储器构成。其中 ROM 相当于 PC 的 BIOS，交换机加电启动时，将首先运行 ROM 中的程序，以实现对交换机硬件的自检并引导启动 IOS。在系统掉电时该存储器中的程序不会丢失。FLASH 是一种可擦写、可编程的 ROM，FLASH 包含 IOS 及微代码。Flash 相当于 PC 的硬盘，但速度要快得多。NVRAM 用于存储交换机的配置文件，该存储器中的内容在系统掉电时不会丢失。DRAM 是一种可读写存储器，相当于 PC 的内存。

Cisco Catalyst 系列交换机所使用的操作系统是互联网络操作系统（Internetwork Operating System，IOS）或 COS（Catalyst Operating System），其中以 IOS 使用最广泛，该操作系统和路由器所使用的操作系统都基于相同的内核。Cisco 公司生产的交换机产品中，大部分是基于 IOS 软件的。Cisco IOS 操作系统可以通过命令行或 Web 界面对交换机进行配置和管理，也可以通过交换机的控制端口（Console）或 Telnet 会话来登录连接访问交换机。管理交换机时提供有用户模式和特权模式两种命令执行级别，并提供有全局配置、接口配置和 VLAN 配置等多种级别的配置模式，以允许用户对交换机的资源进行配置。还支持命令简写、命令行帮助等功能。

10.1.2 交换机的配置途径

在对交换机进行配置之前，可通过交换机的控制端口（Console）连接或通过 Telnet 登录来实现，也可通过 Web 浏览器登录连接到交换机。

1. 通过 Console 口连接交换机

对于首次配置交换机，必须采用 Console 口连接交换机的方式来配置交换机。对交换机设置管理 IP 地址后，就可采用 Telnet 登录方式来配置交换机。

对于可管理的交换机一般都提供一个控制台端口（或称配置口），该端口采用 RJ-45 接口，是一个符合 EIA/TIA-232 异步串行规范的配置口，通过该控制端口，可实现对交换机的本地配置。交换机一般都随机配送了一根控制线，它的一端是 RJ-45 水晶头，用于连接交换机的控制台端口，另一端提供了 DB-9 针（也有 DB-25 针转换）串行接口插头，用于连接 PC 的 COM1 或 COM2 串行接口。通过该控制线将交换机与 PC 相连，并在 PC 上运行超级终端仿真程序，即可实现将 PC 仿真成交换机的一个终端，从而实现对交换机的访问和配置。

Windows 系统一般都默认安装了超级终端程序，单击"通信"群组下面的"超级终端"，即可启动超级终端。首次启动超级终端时，会要求输入所在地区的电话区号，输入后将显示电话和调制解调器选项对话框，直接进入下一连接描述对话框，如图 10-1 所示，在"名称"框中输入该连接的名称，然后单击"确定"按钮。

此时将弹出对话框，要求选择连接使用的 COM 端口，根据实际连接使用的端口进行选择，例如 COM1，然后单击"确定"按钮。交换机控制台端口默认的通信波特率为 9600bit/s，因此需将 COM 端口的通信波特率设置为 9600，如图 10-2 所示。设置好后，单击"确定"按钮，此时就开始连接登录交换机了，如图 10-2 所示。对于新购或首次配置的交换机，没有设置登录密码，因此不用输入登录密码就可成功连接，并进入交换机的命令行状态（Switch＞），此时就可通过命令来操控和配置交换机了。图 10-3 所示为 Cisco 2950 交换机的命令行状态。

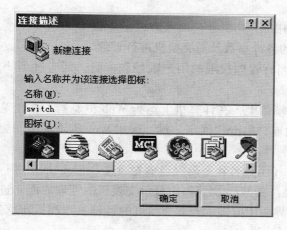

图 10-1　"连接描述"对话框

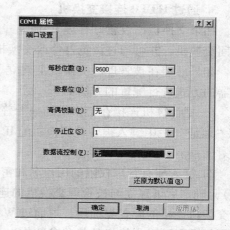

图 10-2　设置 COM1 端口属性

2. 通过 Telnet 连接交换机

在首次通过 Console 控制口完成对交换机的配置，并设置交换机的管理 IP 地址和登录密码后，就可通过 Telnet 会话来连接登录交换机，从而实现对交换机的远程配置。

进入 Windows 的 MS-DOS 方式，然后在 MS-DOS 方式下执行"telnet 交换机 IP 地址"

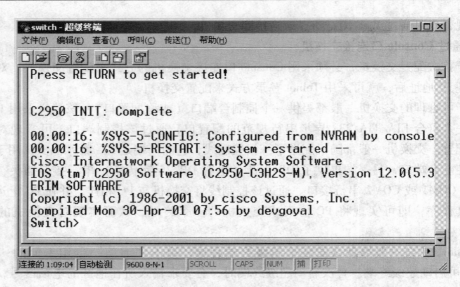

图 10-3　Cisco 2950 交换机的命令行状态

命令来登录连接交换机。假设交换机的管理 IP 地址为 56.128.7.47，利用网线将交换机接入网络，然后在 DOS 命令行执行命令"telnet 56.128.7.47"，此时将要求用户输入 Telnet 登录密码，密码输入时不会回显，校验成功后，即可登入交换机，出现交换机的命令行提示符。若要退出对交换机的登录连接，可执行"exit"命令。对于华为交换机，则需执行"quit"命令。

　　另外，也可在利用超级终端登入一台交换机后，执行"telnet 56.128.7.48"命令，来登录和访问 IP 地址为 56.128.7.48 的交换机。

　　3. 通过 HTTP 连接交换机

　　如果交换机已设置好管理 IP 地址并启用 HTTP 服务，则可通过支持 Java 的 Web 浏览器访问交换机，并可通过浏览器修改交换机的各种参数及对交换机进行管理。

　　如果已经在被管理的交换机上建立了拥有管理权限的用户账号和密码，则通过 Web 浏览器的方式进行配置的方法如下：

　　1）把计算机连接在交换机的一个普通端口上，在计算机上运行 Web 浏览器。在浏览器的"地址"栏中键入被管理交换机的 IP 地址，单击"回车"键，弹出 Web 浏览器访问交换机对话框。

　　2）键入拥有管理权限的用户名和密码（用户名和密码应当事先通过 Console 端口进行设置），确定后可建立与被管理交换机的连接，在 Web 浏览器中显示交换机的管理界面。进入与交换机连接的配置界面后，可通过 Web 界面中的提示查看交换机的各种参数和运行状态，并可根据需要对交换机的某些参数作出必要的修改。

10.1.3　交换机的命令配置模式

　　1. 交换机的启动与首次配置

　　交换机加电后，即开始了启动过程。首先运行 ROM 中的自检程序，对系统进行自检，然后引导运行 FLASH 中的 IOS，并在 NVRAM 中寻找交换机的配置，然后将其装入内存中运行，其启动过程信息将在终端屏幕上显示。

C2950 Boot Loader（CALHOUN-HBOOT-M）Version 12.0（5.3）WC（1），MAINTENANCE INTERIM

SOFTWARE

Compiled Mon 30-Apr-01 07：56 by devgoyal

WS-C2950-24 starting...

....

....

###

C2950 INIT：Complete

At any point you may enter a question mark '？' for help.

Use ctrl-c to abort configuration dialog at any prompt.

Default settings are in square brackets '[ ]'.

Continue with configuration dialog? [**yes/no**]：

　　对于还未配置的交换机，在启动时会询问是否进行配置，此时可键入"yes"进行配置，在任何时刻，可按"Ctrl + C"组合键终止配置。若不想配置，则可键入"no"。

　　下面设置交换机的管理 IP 地址，以实现用 Telnet 会话来连接访问交换机。因此回答"yes"，继续配置对话。

　　Enter IP address：**192.168.8.2**

　　Enter IP netmask：**255.255.255.0**

　　Would you like to enter a default gateway address? [yes]：**yes**

　　IP address of default gateway：**192.168.8.1**

　　Enter host name [Switch]：

　　The enable secret is a one-way cryptographic secret used

　　Instead of the enable password when it exists.

　　Enter enable secret：cisco

　　上面所输入的密码是以后进入特权模式时的密码，"secret"表示该密码将采用加密方式进行保存。

　　Would you like to configure a Telnet password? [yes]：

　　Enter Telnet password：**123**

　　上面所输入的密码是以后利用 Telnet 会话连接访问交换机时，必须输入的登录密码。只有设置了 Telnet 密码，才允许利用 Telnet 登录交换机。

　　下面是询问是否要激活启用集群模式，通常回答 no，即不启用。

　　Would you like to enable as a cluster command switch? [yes/no]：**no**

　　The following configuration command script was created：

　　ip subnet-zero

　　interface VLAN1

　　ip address 192.168.8.2 255.255.255.0

　　ip default-gateway 192.168.8.1

hostname switch

enable secret 5 $ 1 $ EATL $ 0VSaQiLfk4NnWa6fEeYls.

line vty 0 15

password 123

snmp community private rw

snmp community public ro

!

end

Use this configuration？[yes/no]：**yes**

Building configuration...

[OK]

Use the enabled mode 'configure' command to modify this configuration.

Press RETURN to get started.

switch >

到此为止，交换机启动与配置成功。在设置交换机的管理 IP 地址时，对于 2 层交换机，一般设置为该交换机以后所在 VLAN 的地址，可选择该段内靠前或靠后的地址，以便尽量不与网段内的客户机的 IP 地址相冲突。

2. 交换机的命令模式

Cisco IOS 提供了用户 EXEC 模式和特权 EXEC 模式两种基本的命令执行级别，同时还提供了全局配置、接口配置、Line 配置和 VLAN 数据库配置等多种级别的配置模式，以允许用户对交换机的资源进行配置和管理。交换机的配置模式见表 10-1，提示符中的 Switch 为交换机的主机名称。

表 10-1 交换机的配置模式

模　式	提　示　符	说　明
用户 EXEC 模式	Switch >	一般用户，查看交换机设置，无权改变设置
特权 EXEC 模式	Switch#	可以使用交换机支持的配置、管理等所有命令
全局配置模式	Switch（config）#	配置交换机的全局参数
接口配置模式	Switch（config-if）#	配置接口
Line 配置模式	Switch（config-line）#	对控制台、远程登录进行配置
VLAN 数据库配置模式	Switch（vlan）#	对 VLAN 参数进行配置

（1）用户 EXEC 模式　开始登录到交换机时所处的模式就是用户 EXEC 模式，此时只能执行有限的一组命令，这些命令通常用于查看显示系统信息、改变终端设置等。用户 EXEC模式的命令状态行为"Switch >"，其中的 Switch 是交换机的主机名。

（2）特权 EXEC 模式　在用户 EXEC 模式下，执行"enable"命令，系统提示输入用户密码，密码校验通过后，将进入到特权 EXEC 模式。在该模式下，用户能够执行 IOS 提供的所有命令。特权 EXEC 模式的命令状态行为"Switch #"。若进入特权 EXEC 模式的密码未设置或要修改，可在全局配置模式下，利用"enable secret"命令进行设置。执行"exit"或"disable"命令将返回用户模式。

（3）全局配置模式　在特权模式下，执行"configure terminal"命令，即可进入全局配置模式。该模式下的配置命令的作用域是全局性的，对整个交换机起作用。只要输入一条有效的配置命令并回车，内存中正在运行的配置就会立即改变生效。

switch#config terminal

Enter configuration commands, one per line. End with CNTL/Z.

switch（config）#

其中，Switch 是交换机名，表示已经进入了全局配置模式，在此模式中还可进入接口配置、line 配置等子模式。从子模式返回，需执行"exit"命令。若要退出任何配置模式，直接返回特权模式，则需输入"end"命令或按"Ctrl + Z"组合键。

对配置进行修改后，为了使配置在下次关机重启后仍生效，需要将新的配置保存到 NVRAM 中，其配置命令为

switch（config）#exit

switch#write

（4）接口配置模式　要对某个具体的接口进行配置就必须进入接口配置模式。在全局配置模式下，执行"interface［type］［module/port］"命令，即可进入接口配置模式，命令行提示符为"switch（config-if）#"。其中，type 参数是端口类型，它可以是 Ethernet（十兆以太网）、Fastethernet（百兆以太网）、Gigabitethernet（千兆以太网）、Tengigabitethernet（万兆以太网）。module/port 为模块和端口，例如：fastethernet0/1 表示选定的接口为百兆以太网，对 0 模块的 1 号端口进行配置。

例如，若要把 Cisco Catalyst 2950 交换机的 0 号模块上的第 3 个快速以太网端口的通信速度设置为 100Mbit/s，全双工方式，则配置命令为

switch（config）#interface fastethernet 0/1

switch（config-if）#speed 100

switch（config-if）#duplex full

switch（config-if）#end

switch#write

（5）线路配置模式　线路配置模式主要用于对虚拟终端和控制台端口进行配置，其配置主要是设置虚拟终端和控制台的用户级登录密码。

在全局配置模式下，执行"line vty"（虚拟终端）或"line console"（控制台端口）命令，将进入 Line 配置模式。Line 配置模式的命令行提示符为"switch（config-line）#"。

交换机有一个控制端口，其编号为 0，通常利用该端口进行本地登录，以实现对交换机的配置和管理。为安全起见，应为该端口的登录设置密码，设置方法为

switch#config terminal

switch（config）#line console 0

switch（config-line）#password 123　　//设置控制台登录密码为 123，并启用该密码

switch（config-line）#login

switch（config-line）#end

switch#write

设置该密码后，以后在利用控制台端口登录访问交换机时，就会首先询问并要求输入该

登录密码，只有在密码校验成功后，才能进入到交换机的用户 EXEC 模式。

交换机支持的虚拟终端数一般为 16 个（0～15）。设置了密码的虚拟终端，允许登录，没有设置密码的，则不能登录。如果对 0～4 条虚拟终端线路设置了登录密码，则交换机就允许同时有 5 个 Telnet 登录连接，其配置命令为

switch（config）#line vty 0 4

switch（config-line）#password purelove

switch（config-line）#login

switch（config-line）#end

switch#write

若要设置不允许 Telnet 登录，则取消对终端密码的设置即可，为此可执行"no password"和"no login"命令来实现。

在 Cisco IOS 命令中，若要实现某条命令的相反功能，只需在该条命令前面加"no"，并执行前缀有"no"的命令即可。

为了防止空闲的连接长时间的存在，通常还应给通过 Console 口的登录连接和通过 vty 线路的 Telnet 登录连接设置空闲超时的时间，默认空闲超时的时间是 10min。设置空闲超时时间的配置命令为"exec-timeout 分钟数 秒数"。

例如，若要将 vty 0～4 线路和 Console 的空闲超时时间设置为 5min 0s，则配置命令为

switch#config t

switch（config）#line vty 0 4

switch（config-line）#exec-timeout 5 0

switch（config-line）#line console 0

switch（config-line）#exec-timeout 5 0

switch（config-line）#end

switch#

（6）VLAN 数据库配置模式　在特权 EXEC 模式下执行"vlan database"配置命令，即可进入 VLAN 数据库配置模式，此时的命令行提示符为"switch（vlan）#"。

在该模式下，可实现对 VLAN（虚拟局域网）的创建、修改或删除等配置操作。退出 VLAN 配置模式，返回到特权 EXEC 模式，可执行"exit"命令。

10.1.4　交换机的基本配置

1. 帮助功能和命令简化

（1）帮助　在 EXEC 会话中，"?"可以为用户提供帮助，获得相应模式下所支持的命令列表。除此之外，可以在问号前加上特殊字母，获得更详细的命令列表。例如，在提示符下输入"S?"交换机将显示以字母"S"开头的所有命令。

switch#　S?

*s = show　send　setup　show　systat

当对某个命令的使用方法不熟悉时，"?"也可以为用户提供帮助。

Switch#　show?

（2）命令简化　在对交换机进行操作时可以将命令简化。例如"Show interface"可简

化为 "sh int"，"write" 可简化为 "wr"。还有一种简化命令输入的方法，即使用 "Tab" 键，当输入了命令的一部分字母时，此键可帮助命令补全，如输入 "switch#w" 后，使用 "Tab" 键，则得到

　　switch#write

2. 设置主机名与管理 IP 地址

（1）设置主机名　设置交换机的主机名可在全局配置模式下，通过 "hostname" 配置命令来实现。默认情况下，交换机的主机名为 "Switch"。当网络中使用多个交换机时，可以根据交换机的应用特点，为其设置一个具体的主机名以示区别。例如，若要将交换机的主机名设置为 switch1，则设置命令为

　　switch（config）#hostname switch1

　　switch1（config）#

（2）配置交换机管理 IP 地址　在 2 层交换机中，IP 地址仅用于远程登录管理交换机，若没有配置管理 IP 地址，则交换机只能采用控制端口进行本地配置和管理。默认情况下，交换机的所有端口均属于 VLAN 1，VLAN 1 是交换机自动创建和管理的。对 VLAN 1 接口的 IP 地址即为交换机管理 IP 地址。可以利用 "ip address" 配置命令设置管理 IP 地址，其配置命令为

　　interface vlan vlan-id

　　ip address address netmask

其中，"vlan-id" 代表要选择配置的 VLAN 号；"address" 为要设置的管理 IP 地址；"netmask" 为子网掩码。"interface vlan" 配置命令用于访问指定的 VLAN 接口。例如，若要设置或修改交换机的管理 IP 地址为 192.168.66.1，则配置命令为

　　switch（config）#interface vlan 1

　　switch（config-if）#ip address 192.168.66.1 255.255.255.0

　　switch（config）#exit

若要取消管理 IP 地址，可执行 "no ip address" 配置命令。

（3）配置默认网关　为了使交换机能与其他网络通信，需要给交换机设置默认网关。网关地址通常是某个 3 层接口的 IP 地址，该接口充当路由器的功能。设置默认网关的配置命令为

　　ip default-gateway gatewayaddress

在实际应用中，2 层交换机的默认网关通常设置为交换机所在 VLAN 的网关地址。假设 Switch 交换机为 192.168.8.0/24 网段的用户提供接入服务，该网段的网关地址为 192.168.8.1，则设置交换机的默认网关地址的配置命令为

　　switch（config）#ip default-gateway 192.168.8.1

　　switch（config）#exit

　　switch#write

对交换机进行配置修改后，别忘了在特权模式执行 "write" 或 "copy run start" 命令，对配置进行保存。若要查看默认网关，可执行 "show ip route default" 命令。

（4）设置 DNS 服务器　为了使交换机能解析域名，需要为交换机指定 DNS 服务器。

1）启用与禁用 DNS 服务。

启用 DNS 服务，配置命令：ip domain-lookup

禁用 DNS 服务，配置命令：no ip domain-lookup

默认情况下，交换机启用了 DNS 服务，但没有指定 DNS 服务器的地址。启用 DNS 服务并指定 DNS 服务器地址后，在对交换机进行配置时，对于输入错误的配置命令，交换机会试着进行域名解析，这会影响配置，因此，在实际应用中，通常禁用 DNS 服务。

2）指定 DNS 服务器地址。配置命令为 ip name-server serveraddress1〔serveraddress2…serveraddress6〕

交换机最多可指定 6 个 DNS 服务器的地址，各地址间用空格分隔，排在最前面的为首选 DNS 服务器。

例如，若要将交换机的 DNS 服务器的地址设置为 61.128.128.68 和 61.128.192.68，则配置命令为

switch（config）#ip name-server 61.128.128.68 61.128.192.68

（5）启用与禁用 HTTP 服务　对于运行 IOS 操作系统的交换机，启用 HTTP 服务后，还可利用 Web 界面来管理交换机。在浏览器中键入"http：//交换机管理 IP 地址"，此时将弹出"用户认证"对话框，用户名可不指定，然后在密码框中输入进入特权模式的密码，之后就可进入交换机的管理页面。

交换机的 Web 配置界面功能较弱且安全性较差，在实际应用中，主要还是采用命令行来配置。交换机默认启用了 HTTP 服务，因此在配置时，应注意禁用该服务。

启用 HTTP 服务，配置命令：ip http server。

禁用 HTTP 服务，配置命令：no ip http server。

例　现有一台 Cisco Catalyst 2950-24 交换机，要求配置该交换机的主机名为 Myswitch，管理 IP 地址为 192.168.8.3，默认网关为 192.168.8.1，禁用 DNS 服务和 HTTP 服务。

配置步骤与方法：

1）将控制线的 RJ-45 头插入交换机的控制端口，DB-9 插头插入计算机的 COM1，并在计算机上配置并运行超级终端程序，然后接通交换机电源，交换机开始加电启动。

2）在超级终端中，对交换机进行配置，配置命令如下所示：

```
Switch > enable
Switch#config t
Switch（config）#hostname Myswitch
Myswitch（config）#no ip domain-lookup
Myswitch（config）#no ip http server
Myswitch（config）#interface vlan 1
Myswitch（config-if）#ip address 192.168.8.3 255.255.255.0
Myswitch（config-if）#ip default-gateway 192.168.8.1
Myswitch（config-if）#end
Myswitch#write
Myswitch#exit
Myswitch >
```

3）查看交换机信息。对交换机信息的查看，使用"show"命令来实现。

要查看交换机的配置信息，需要在特权模式运行"show"命令，其查看命令为

show running-config　　　　　　//显示当前正在运行的配置

show startup-config　　　　　　//显示保存在 NVRAM 中的启动配置

例如，若要查看当前交换机正在运行的配置信息，则查看命令为

switch#show run

若要查看某一端口的工作状态和配置参数，可使用"show interface"命令来实现，其用法为

show interface type mod/port

其中，type 代表端口类型，通常有 Ethernet（以太网端口，通信速度为 10Mbit/s）、FastEthernet（快速以太网端口，100Mbit/s）、GigabitEthernet（吉比特以太网端口，1000Mbit/s，如千兆光纤端口）和 TenGigabitEthernet（万兆以太网端口）。这些端口类型通常可简约表达为 e、fa、gi 和 tengi。mod/port 代表端口所在的模块和在该模块中的编号。

例如，若要查看 Cisco Catalyst 2950-24 交换机 0 号模块的 24 号端口的信息，则查看命令为

switch#show interface FastEthernet 0/24

在实际配置中，该命令通常可简约表达为

switch#show int f0/24

10.2　路由器配置基础

路由器是网络中进行网间连接的关键设备，是互连网络的枢纽，它能将不同网络或网段之间的数据信息进行"翻译"，以使它们能够相互"读"懂对方的数据，从而构成一个更大的网络，也可以说，路由器构成了 Internet 的骨架。在园区网、地区网，乃至整个 Internet 研究领域中，路由器技术始终处于核心地位，其发展历程和方向成为整个 Internet 研究的一个缩影。如果把 Internet 的传输线路看做一条信息公路的话，组成 Internet 的各个网络相当于分布于公路上各个信息城市，它们之间传输的信息（数据）相当于公路上的车辆，而路由器就是进出这些城市的大门和公路上的驿站，它负责在公路上为车辆指引道路和在城市边缘安排车辆进出。与交换机类似，路由器也是由硬件和软件两部分组成的。路由器的硬件主要由中央处理器、存储介质和一些接口所组成。路由器中的接口是非常重要的，它与网络直接连接，其接口有多种，不同的接口对应不同的接入方式。

10.2.1　路由器的初始配置及命令执行模式

路由器的配置途径与交换机相同，首次配置也必须通过 Console 口进行配置，在设置了路由器的 IP 地址后，也可通过 Telnet 登录的方式来实现远程配置和管理。通过 Console 口连接路由器和通过超级终端程序仿真路由器一个终端的方式与交换机配置完全相同。相关内容可参考 10.1 节交换机配置。

1. 路由器的启动过程

系统自举，检测路由器的硬件，装载 ROM 中的启动代码，启动系统 IOS 镜像文件，如果闪存中有多个 IOS，要由 NVRAM 中的配置文件来决定加载哪个镜像文件，寻找装载配置

文件，系统启动运行。

2. 路由器的初始配置

路由器的配置文件保存在 NVRAM 中，如果 NVRAM 中没有配置文件或一台新路由器开机时，会进入 Setup 模式，通过对话的方式来实现对路由器的基本配置。对话框中的大多数提示在方括号中都有默认答案，直接按"回车"键就可以使用这些默认值。

这个过程可以被"Ctrl + C"组合键终止，返回用户 EXEC 模式。如果想再次启动对话框配置，可以在特权 EXEC 模式下执行"Setup"命令启动配置过程。

3. 路由器的命令执行模式

通过命令行对路由器配置，只有先进入特权 EXEC 模式，才具有对路由器进行配置的权限。

（1）用户 EXEC 模式　登录连接路由器成功后，所处的模式为用户 EXEC 模式，只能运行一些有限的命令，其命令提示符为

router >

（2）特权 EXEC 模式　在用户 EXEC 模式下，执行"enable"命令即可进入特权 EXEC模式，该模式能运行所有的命令。

router > enable

router#

退出特权模式，执行"exit"或"disable"命令。

router# exit

router >

（3）全局配置模式　在特权模式运行"configure terminal"命令，进入全局配置模式，可以对路由器进行配置，其配置命令影响整个路由器。

router#configure terminal

router（config）#

（4）端口配置模式　在全局配置模式下，要对某个具体的端口进行配置，就必须进入端口配置模式。用"interface［type］［module/port］"命令。其中，type 表示端口类型，它可以是 Ethernet（十兆以太网）、Fastethernet（百兆以太网）、Gigabitethernet（千兆以太网）、Serial（串口）；module/port：该参数用于指定端口的模块和端口号，例如 fastethernet0/0 表示路由器快速以太网接口的第 0 模块的第一个端口。

其命令提示符为

router（config）# interface fastethernet 0/0

router（config-if）#

另外，还有线路配置模式、路由配置模式。路由器主要配置模式见表 10-2。

表 10-2　路由器主要配置模式

模　式	提　示　符	说　明
用户 EXEC 模式	router >	一般用户，查看路由器设置，无权改变设置
特权 EXEC 模式	router #	可以使用路由器支持的配置、管理等所有命令
全局配置模式	router（config）#	配置路由器的全局参数

（续）

模　式	提　示　符	说　　明
端口配置模式	router（config-if）#	配置接口
Line 配置模式	router（config-line）#	对控制台、远程登录进行配置
路由协议配置模式	router（config-router）#	对路由协议进行配置

与交换机一样，在 EXEC 会话中，"？"可以为用户提供帮助，获得相应模式下所支持的命令列表。除此之外，还可以在问号前加上特殊字母，获得更详细的命令列表。

在对路由器进行操作时可以将命令简化，如"Show interface"可简化为"sh int"，"interface fastethernet 0/0"可简化为"int fa0/0"。

当输入了命令的一部分字母时，可利用"Tab"键帮助命令补全。如输入"router #w"后，使用"Tab"键则命令显示为"router #write"。

命令行历史缓冲区记录了最近使用过的命令，可以使用"↑"键浏览以前使用过的命令，也可以使用"↓"键将命令重新翻回去。

10.2.2　命令行配置路由器

1. 设置路由器名

配置主机名在全局配置模式下，使用"hostname"命令。

router > enable

router#configure terminal

router（config）#hostname router2621

router2621（config）#

2. 设置进入特权模式的密码

配置命令：enable password password

　　　　　　enable secret password

设置此密码后，进入特权模式时必须先输入密码。密码要求为 5 ~ 8 个字符，区分大小写。该命令在全局配置模式下运行，enable password 在配置文件中是以明文方式显示的，出于安全考虑，建议用户配置 enable secret password，此方式设置的密码采用加密方式保存。

router > enable

router#configure terminal

router（config）# enable password cisco

或者

router（config）# enable password cisco

其中，cisco 为密码。

3. 关闭和启用端口

路由器启动后的所有端口默认都是开启的，"shutdown"命令用于关闭端口。如果用户要启用某个被关闭的端口，则可以使用"no shutdown"命令。

router#configure terminal

router（config）# interface fastethernet 0/0

router（config-if）# shutdown

router（config-if）# no shutdown

4. 配置端口的 IP 地址

为端口配置 IP 的命令为 "ip address ipaddress subnetmask"。其中，ipaddress 是要为端口配置的 IP 地址；subnetmask 是其子网掩码。

router#configure terminal

router（config）# interface fastethernet 0/0

router（config-if）# ip address 192.168.8.1　255.255.255.0

router（config-if）# no shutdown

5. 配置串口的速率

对于路由器的 Serial 端口，只有两个对接的端口线路速率相同才能通信，所以对 Serial 端口要设置连接的速率，其配置命令为 "clock rate"，配置速率的范围是 9600、14400、19200、28800、直到 8000000 等值。

router（config）# interface serial0/0

router（config-if）# ip address 192.168.8.1　255.255.255.0

router（config-if）# clock rate 9600

6. 线路配置模式

（1）配置虚拟终端　为了提供远程登录，可以在路由器（或交换机）上虚拟出一些端口，将虚拟出来的这端口称为虚拟终端或虚拟端口。下面以配置 5 个虚拟终端为例，加以说明。

router# configure terminal

router（config）# line vty 0 4

router（config-line）# login

router（config-line）# password cisco

配置命令 "line vty 0 4" 中 "0 4" 定义了可以同时进行 5 个 vty 终端会话（0~4），一般路由器（或交换机）支持 5 个虚拟终端，Cisco2610 可支持 16 个虚拟终端。通过 Login 设置用户对路由器进行连接时，路由器会提示用户输入密码。"password cisco 中" 的 "cisco" 为远程登录的密码。

（2）配置控制台 Console 端口　配置命令为

router# configure terminal

router（config）# line console 0

router（config-line）# password　cisco

router（config-line）# exec-timeout 5 0

"line console 0" 命令设置进入控制台线路配置模式，"password cisco" 命令设置 Cisco 控制台密码，当再次使用超级终端进入控制台时，就必须输入控制台密码。"exec-timeout 5 0" 命令定义控制台会话超时时间为 5min，如果用户在 5min 之内没有操作，路由器会自动将用户注销。

7. 启用与禁用 DNS

启用 DNS，配置命令为 "ip domain-lookup"；禁用 DNS 配置命令为 "no ip domain-lookup"。例如

router（config）# ip domain- lo

router（config）#no ip domain- lo

8. 设置路由器的 DNS 服务器地址

配置命令为"ip name- server［address］"。例如

router（config）# ip name 192. 168. 1. 1

9. 设置主机的域名

配置命令为"ip domain- name host"。例如

router（config）# ip domain- name www. wyq. com

10. 设置域名与 IP 地址的映射表

配置命令为"ip host domain_ name ip_ address"。例如

router（config）# ip host www. wyq. com 192. 168. 1. 1

11. 查看路由器配置

查看路由器配置主要由"show"命令来完成。

（1）show version 命令　show version 命令显示系统硬件信息、软件版本、配置文件信息及路由器正常工作的信息。

（2）Show running- config 命令　它可以显示路由器活动的配置文件，包括路由器的名称、密码、端口配置情况等。

（3）Show interface 命令　显示路由器所有端口的配置统计情况。

（4）Show CDP neighbors 命令　Cisco 为自己的设备开发了 Cisco 发现协议，可以自动找到网络中运行 CDP 的 Cisco 设备。

例：

router# configure terminal

router（config）# line console 0

router（config- line）# password cisco

router（config- line）# exec- timeout 5 0

Show ip int

10. 2. 3　路由协议

1. 路由原理

当 IP 子网中的一台主机发送 IP 分组给同一 IP 子网的另一台主机时，它只要直接把 IP 分组送到网络上，对方就能收到。而要送给不同 IP 子网上的主机时，它要选择一个能到达目的子网上的路由器，把 IP 分组送给该路由器，由路由器负责把 IP 分组送到目的地。如果没有找到这样的路由器，主机就把 IP 分组送给"默认网关（Default Gateway）"的路由器上。"默认网关"是每台主机上的一个配置参数，它是同一个网络上的某个路由器端口的 IP 地址。

路由器转发 IP 分组时，只根据 IP 分组目的 IP 地址的网络号部分，选择合适的端口，把 IP 分组送出去。同主机一样，路由器也要判定端口所接的是否是目的子网，如果是，就直接把分组通过端口送到网络上，否则，也要选择下一个路由器来传送分组。路由器也有默认

网关，用来传送不知道往哪儿送的 IP 分组。这样，通过路由器把知道如何传送的 IP 分组正确转发出去，把不知道的 IP 分组送给"默认网关"路由器。通过这样一级级地传送，IP 分组最终被送到目的地，送不到目的地的 IP 分组则被网络丢弃。

路由动作包括两项基本内容：寻径和转发。寻径即判定到达目的地的最佳路径，由路由选择算法来实现。由于涉及不同的路由选择协议和路由选择算法，要相对复杂一些。为了判定最佳路径，路由选择算法必须启动并维护包含路由信息的路由表，其中路由信息因依赖于所用的不同路由选择算法而不尽相同。路由选择算法将收集到的不同信息填入路由表中，根据路由表可将目的网络与下一站的关系告诉路由器。

2. 常用路由协议简介

路由器间通过互通信息进行路由更新，使之正确反映网络的拓扑变化，并根据量度来决定最佳路径，这就是路由选择协议（Routing Protocol），如路由信息协议（RIP）、开放式最短路径优先协议（OSPF）和边界网关协议（BGP）等。

典型的路由选择方式有两种：静态路由和动态路由。静态路由和动态路由有各自的特点和适用范围，在网络中动态路由通常作为静态路由的补充。当一个分组在路由器中进行寻径时，路由器首先查找静态路由，如果查到则根据相应的静态路由转发分组；否则，查找动态路由。

静态路由是在路由器中设置的固定的路由表。除非网络管理员干预，否则静态路由不会发生变化。由于静态路由不能对网络的改变作出反应，一般用于网络规模不大、拓扑结构固定的网络中。静态路由的优点是简单、高效、可靠。在所有的路由中，静态路由优先级最高。当动态路由与静态路由发生冲突时，以静态路由为准。

动态路由是网络中的路由器之间相互通信，传递路由信息，利用收到的路由信息更新路由表的过程。它能实时地适应网络结构的变化。如果路由更新信息，则表明发生了网络变化，路由选择软件就会重新计算路由，并发出新的路由更新信息。这些信息通过各个网络，引起各路由器重新启动其路由算法，并更新各自的路由表以动态地反映网络拓扑变化。动态路由适用于网络规模大、网络拓扑复杂的网络。当然，各种动态路由协议会不同程度地占用网络带宽和 CPU 资源。

（1）RIP　路由信息协议（Routing Information Protocols，RIP）是使用最广泛的距离向量协议，它是由施乐（Xerox）公司在 20 世纪 70 年代开发的。当时，RIP 是施乐网络服务（Xerox Network Service，XNS）协议簇的一部分。TCP/IP 版本的 RIP 是施乐协议的改进版。RIP 最大的特点是，无论实现原理还是配置方法都非常简单。

RIP 采用距离向量算法，度量值基于跳数，从源到目标的路径中，每经过一跳（一个路由器）RIP 中度量值就会增加一个跳数值，然后存入自己的路由表。RIP 支持的最大跳数值是 15，跳数值为 16 的网络 RIP 认为不可达。

RIP 路由协议通过定时广播实现路由的更新，默认情况下，路由器每隔 30s 向与它相连的网络广播自己的路由表，接到广播的路由器将收到的信息添加至自身的路由表中。每个路由器都如此广播，最终网络上所有的路由器都会得知全部的路由信息。

RIP 使用非常广泛，它简单、可靠、便于配置。由于它允许的最大跳数是 15，超过跳数 15 的网络均不可达，所以 RIP 只适用于小型的同构网络 RIP 每隔 30s 一次的路由信息广播是造成网络广播风暴的重要原因。RIP 的另一个不足是选择路径没有考虑连接速度，例如当路由器同时有 2Mbit/s、10Mbit/s 和 100Mbit/s 三条链路连接到另外的网络时，RIP 可能会选择 2Mbit/s 的连接作为最佳路径。

（2）OSPF　RIP 不能适应大规模异构网络的互连，OSPF 随之产生。与 RIP 不同，OSPF 的工作是有层次的，OSPF 是一种典型的链路状态（Link-state）的路由协议，一般用于同一个路由域内。在这里，路由域是指一个自治系统（Autonomous System，AS），它是指一组通过统一的路由政策或路由协议互相交换路由信息的网络。在这个 AS 中，所有的 OSPF 路由器都维护一个相同的描述这个 AS 结构的数据库，该数据库中存放的是路由域中相应链路的状态信息，OSPF 路由器正是通过这个数据库计算出其 OSPF 路由表的。作为一种链路状态的路由协议，OSPF 将链路状态广播数据包（Link State Advertisement，LSA）传送给在某一区域内的所有路由器，这一点与距离矢量路由协议不同。

一个 AS 可以分为多个区域（Area），其拓扑结构如图 10-4 所示。在一个 AS 中，拥有多个接口的路由器可以加入多个区域，这些路由器称为区域边缘路由器或边界路由器，分别为每个区域保存其拓扑数据库，相互间的两个区域通过 OSPF 边界路由器相连。拓扑数据库实际上是与路由器有关联的网络的总图，包含从同一区域所有路由器收到的 LSA 的集合。因为同一区域内的路由器共享相同的信息，所以它们具有相同的拓扑数据库。区域的划分产生了两种不同类型的 OSPF 路由，根据源和目的是否在相同的区域内，路由可分为区域内路由和跨区域路由。OSPF 主干负责在区域之间分发路由信息，包含所有的边界路由器、非全部属于某区域的网络及其相连的路由器。

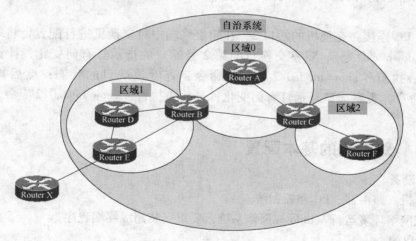

图 10-4　自治系统网络拓扑结构

路由器只能在相同区域内交换子网信息，不同区域间不能交换路由信息。另外，区域 0 为主干 OSPF 区域。不同区域交换路由信息必须经过区域 0。所有的普通区域必须和区域 0（骨干区域）进行物理连接，而且区域 0 只能有一个，不能逻辑分开。

在一个路由器中，可同时配置静态路由和一种（或多种）动态路由。它们各自维护的路由表都提供给转发程序，但这些路由表的表项间可能会发生冲突。这种冲突可通过配置各路由表的优先级来解决。通常静态路由具有默认的最高优先级，当其他路由表表项与它矛盾时，均按静态路由表转发。

【实训一】　交换机的配置途径

1. 实训设备

1）Cisco Catalyst 2950-24 交换机一台，控制线一根。

2）PC 一台，运行 Windows 操作系统，要求安装有超级终端程序。

3）T568B 标准的 3m 网线一根。

2. 实训目的

了解交换机的启动过程，掌握交换机的配置途径和交换机的基本配置方法。

3. 实训内容

1）控制线连接交换机与 PC。

2）配置超级终端。

3）接通交换机的电源，注意在超级终端中观察交换机的加电启动过程。

4）启动成功后，键入"?"，观察在用户 EXEC 模式下，允许运行的命令。

5）配置交换机的主机名为"C2950"，并设置管理地址为"192.168.8.5"，设置登录密码为"cisco"。

6）关闭交换机的电源，然后重新接通电源，以重启交换机，注意查看配置文件有何变化。

7）利用网线将交换机与 PC 的网卡相连，即将 PC 接入到交换机的某个快速以太网端口上。

8）假设 PC 连接在交换机的端口 2，在超级终端中对交换机进行配置，将端口 2 关闭（使用"shutdown"命令），观察交换机的第 2 号端口的指示灯有何变化，计算机网络连接有何变化；执行"show int fa0/2"配置命令，查看该端口的状态；然后再执行"no shutdown"命令，观察端口指示灯有何变化；最后再执行"show int fa0/2"命令，查看该端口的状态。

【实训二】　路由器的基本配置

1. 实训设备

1）交换机、路由器、PC 和控制线。

2）局域网络环境运行 Windows 操作系统，要求安装超级终端程序。

2. 实训目的

1）熟悉和掌握路由器的基本配置。

2）了解路由器的原理。

3）了解路由器的配置方式。

4）熟悉和掌握对路由器的端口配置和查看端口信息。

3. 实训原理及内容

（1）路由器的原理及作用　　路由器（Router）用于连接多个逻辑上分开的网络。所谓逻辑网络是指一个单独的网络或者一个子网。当数据从一个子网传输到另一个子网时，可通过路由器来完成。路由器属于网络层的一种互连设备。一般说来，异种网络互连与多个子网互连都应采用路由器来完成。

（2）路由器的功能

1）在网络间截获发送到远地网段的报文，起到转发的作用。

2）选择最合理的路由，引导通信。

3）路由器在转发报文的过程中，为了便于在网络间传送报文，按照预定的规则把大的数据包分解成适当大小的数据包，到达目的地后再把分解的数据包包装成原有的形式。

4）多协议的路由器可以连接使用不同通信协议的网络段，作为不同通信协议网络段通信连接的平台。

5）路由器的主要任务是把通信引导到目的地网络，然后到达特定的节点站地址。

（3）路由器工作原理举例　工作站 A 需要向工作站 B 传送信息（并假定工作站 B 的 IP 地址为 12.0.0.5），它们之间需要通过多个路由器的接力传递。工作站 A、B 之间的路由器分布如图 10-5 所示。

1）工作站 A 将工作站 B 的地址 12.0.0.5 连同数据信息以数据帧的形式发送给路由器 1。

2）路由器 1 收到工作站 A 的数据帧后，先从报头中取出地址 12.0.0.5，并根据路由表计算出发往工作站 B 的

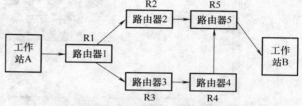

图 10-5　工作站 A、B 之间的路由器分布

最佳路径：R1→R2→R5→B；并将数据帧发往路由器 2。

3）路由器 2 重复路由器 1 的工作，并将数据帧转发给路由器 5。

4）路由器 5 同样取出目的地址，发现 12.0.0.5 就在该路由器所连接的网段上，于是将该数据帧直接交给工作站 B。

5）工作站 B 收到工作站 A 的数据帧，一次通信过程宣告结束。

任务 1　登录路由器

（1）使用 Windows 下的"超级终端"登录路由器　首先，必须使用翻转线将路由器的 Console 口与计算机的串行口连接在一起，并根据串口的类型提供 RJ-45-to-DB-9 或 RJ-45-to-DB-25 适配器，如图 10-6 所示。

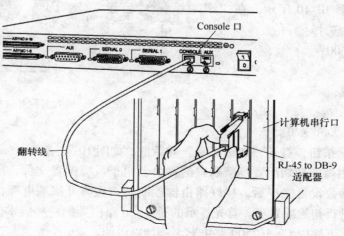

图 10-6　路由器 Console 口与计算机串行口之间的连接

启动 Windows 以后，用鼠标单击"开始"→"程序"→"附件"→"通讯"→"超级终端"，弹出"连接描述"对话框，如图 10-7 所示。

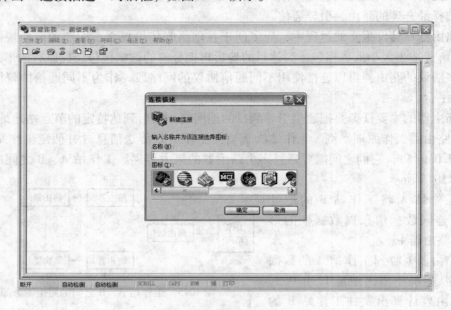

图 10-7 "连接描述"对话框

在对话框中输入名称，并为该连接选择一个图标，如图 10-8 所示。

单击"确认"按钮，弹出"连接到"对话框，如图 10-9 所示。然后在"连接时使用"中选择 COM1 口（即直接与路由器 Console 口相连接的接口）。

单击"确认"按钮，弹出"com1 属性"对话框，如图 10-10 所示。在"端口设置"选项卡中选择：

每秒位数：9600；

数据位：8；

奇偶校验：无；

停止位：1；

数据流控制：Xon/Xoff。

图 10-8 输入名称并选择图标

单击"确认"按钮，打开"超级终端"对话框，如图 10-11 所示。

（2）熟悉路由器的初始配置 新购置的路由器由于没有配置文件，所以需进行初始配置。待终端通信参数设置完毕后，接好路由器控制台，先打开终端电源，后打开路由器电源，然后就可以进行初始配置了。首先显示的是 Cisco 路由器的一些版本信息、版权信息和加载 IOS 的过程。下面以 Cisco 2500 路由器为例加以说明。

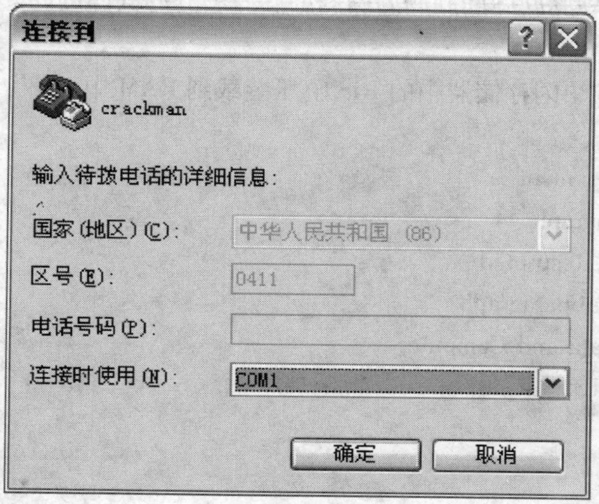

图 10-9　"连接到"对话框　　　　　　　　　图 10-10　"COM1 属性"对话框

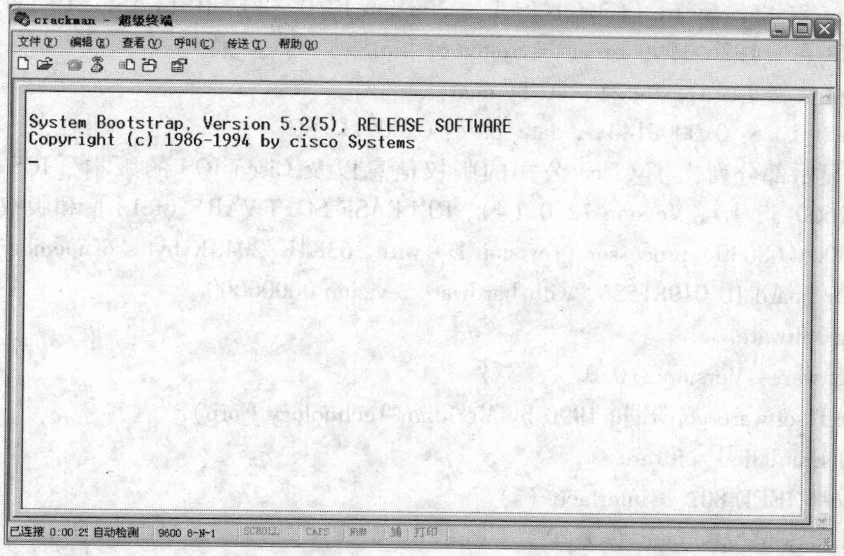

图 10-11　"超级终端"对话框

System Bootstrap，Version 5.2（5），RELEASE SOFTWARE

Copyright（c）1986-1994 by cisco Systems

2500 processor with 16384 Kbytes of main memory

// 上述三行信息是路由器启动最初信息，前两行表示装载了 bootstrap 及其版本和版权信息，第三行所示为路由器的处理器型号（2500 processor）以及内存数量（16384 Kbytes）

Self decompressing the image：

###

```
####################################################################################
####################################################################################
## [OK]
```

　　//上述部分信息表示路由器正在把存储在快闪存储器中的 IOS 解压装载到 RAM 中

Restricted Rights Legend

Use, duplication, or disclosure by the Government is

subject to restrictions as set forth in subparagraph

(c) of the Commercial Computer Software - Restricted

Rights clause at FAR sec. 52. 227-19 and subparagraph

(c) (1) (ii) of the Rights in Technical Data and Computer

Software clause at DFARS sec. 252. 227-7013.

　　　　　　cisco Systems, Inc.

　　　　　　170 West Tasman Drive

　　　　　　San Jose, California 95134-1706

Cisco Internetwork Operating System Software

IOS (tm) 2600 Software (C2600-JS-L), Version 12. 0 (4), RELEASE SOFTWARE (fc1)

Copyright (c) 1986-1999 by cisco Systems, Inc.

Compiled Wed 14- Apr-99 21：40 by ccai

Image text-base：0x0000144C, data-base：0x0091F9FC

　　//上述显示部分列出了 Cisco 公司的版权信息以及 Cisco IOS 的版本 [IOS (tm) 2600 Software (C2600-JS-L), Version 12. 0 (4), RELEASE SOFTWARE (fc1)] 和版权信息

cisco 2500 (68030) processor (revision D) with 16384K/2048K bytes of memory.

Processor board ID 01981586, with hardware revision 00000000

Bridging software.

X. 25 software, Version 3. 0. 0.

SuperLAT software copyright 1990 by Meridian Technology Corp).

TN3270 Emulation software.

1 Ethernet/IEEE 802. 3 interface (s)

2 Serial network interface (s)

32K bytes of non- volatile configuration memory.

8192K bytes of processor board System flash (Read/Write)

　　//这部分启动信息检查并记录了路由器的型号以及每个设备接口的数量和类型，并且还列出了路由器中的内存和闪存的数量

　　然后，当显示如下所示信息时，开始路由器的初始配置过程

Would you like to enter the initial configuration dialog? [yes/no]：y

　　//系统提示是否进入初始化配置对话，键入"N"。（进入路由器的命令行配置模式）

任务 2　路由器操作系统的命令模式

（1）熟悉路由器命令模式　与交换机的配置类似，路由器也有许多命令模式。

router >

路由器处于用户命令状态，这时用户可以查看路由器的连接状态，访问其他网络和主机，但不能看到和更改路由器的设置内容。

router#

在"router＞"提示符下键入"enable"，路由器进入特权命令状态"router#"，这时不但可以执行所有的用户命令，还可以看到和更改路由器的设置内容。在特权模式键入"exit"命令，可退回用户模式。在特权模式下仍然不能进行配置，只有键入"config terminal"命令进入全局配置模式才能实现对路由器的配置。

router（config）#

在"router#"提示符下键入"configure terminal"命令，出现提示符"router（config）#"，此时路由器处于全局设置状态，这时可以设置路由器的全局参数。

router（config-if）#、router（config-line）#、router（config-router）#……

当路由器处于局部设置状态时，可以设置路由器某个局部的参数。路由器上有许多接口，例如多个串行口、多个以太网口，具体到每一接口有许多参数要配置，这些配置不是一条命令能解决的，所以必须进入某一接口或部件的局部配置模式。一旦进入某一接口或部件的局部配置模式，键入的命令就只对该接口有效，而且用户只能键入该接口能接受的命令。常用的设置命令见表 10-3。

表 10-3 常用的设置命令

任 务	命 令
进入特权命令状态	enable
退出特权命令状态	disable
进入全局设置状态	config terminal
退出全局设置状态	end
进入端口设置状态	interface type slot/number
进入子端口设置状态	interface type number. subinterface [point-to-point ｜ multipoint]
进入路由设置状态	router protocol
退出局部设置状态	exit

（2）登录与退出路由器，路由器中各种模式之间的转换 启动路由器，当显示如下信息时，按"回车"键进入到用户模式。

router1 con0 is now available

Press RETURN to get started.

router1 ＞

在用户模式中键入"enable"命令，可以进入到特权模式，显示如下所示。

router1 ＞ enable

router1#

在特权模式中键入"disable"命令，退出到用户模式。

router1#disable

router1 ＞

在用户或者特权模式下键入"logout"命令可以退出路由器。

router1#logout

router1 con0 is now available

Press RETURN to get started.

在特权模式下键入"config terminal"命令，可以进入到全局配置模式。

router1 > enable

router1#config terminal

Enter configuration commands, one per line. End with CNTL/Z.

router1（config）#

从全局配置模式退出到特权模式可以键入"end"命令或者按"Ctrl + Z"组合键。

router1（config）#end

router1#

00：17：12：%SYS-5-CONFIG_ I：Configured from console by console

router1（config）#^z

router1#

00：18：32：%SYS-5-CONFIG_ I：Configured from console by console

在全局配置模式下键入"interface type number"或者"interface type slot/number"命令，进入到端口设置模式，以下以进入以太端口设置模式为例加以说明。

router1（config）#interface f 0/0（or 0/1、1/0、1/1）

router1（config-if）#

使用"exit"命令退出端口设置模式。

router1（config-if）#exit

router1（config）#

如果想从端口设置模式直接退出到特权模式，可以按"Ctrl + Z"组合键。

router1（config-if）#^z

router1#

00：34：22：%SYS-5-CONFIG_ I：Configured from console by console

任务3　基本路由器配置

（1）路由器名字

Router（config）.#hostname routeA

routeA（config）#

（2）配置以太接口

RouterA（config）# interface f 0/1

RouterA（config-if）# ip add 192. 168. 1. 1 255. 255. 255. 0

（3）验证配置

RouterA# show running-config

…

RouterA# show interface

…

RouterA #

任务 4　配置路由器的两个以太口的 IP 地址，互连不同网段的网络

（1）配置以太口

RouterA（config）#interface f 0/0（or 0/1 1/0 1/1）

RouterA（config－if）#ip add 192.168.1.1 255.255.255.0

RouterA（config－if）# no shut（激活路由器以太口）

RouterA（config－if）#interface f 0/1（or 1/0 1/1）

RouterA（config－if）#ip add 192.168.2.1 255.255.255.0

RouterA（config－if）# no shut（激活路由器以太口）

（2）组建两个局域网络　第一组的网段为 192.168.1.0，网关为 192.168.1.1，交换机连接在路由器的第一个以太口（192.168.1.1）；第二组的网段为 192.168.2.0，网关为 192.168.2.1，交换机连接在路由器的第二个以太口（192.168.2.1）。

（3）通过路由器互连网络　从网段为 192.168.1.0 的某台终端 ping 网段 192.168.2.0 的终端，如果能 ping 通，则说明网络互连成功。

本 章 小 结

交换机和路由器是构建大中型网络最核心、最重要的网络设备。只有根据网络应用的需求，进行合理正确的配置，才能使用这些设备。在组建网络时，最重要的是对三层交换机和路由器进行配置。

路由器是网络中进行网间连接的关键设备，是互连网络的枢纽，它能将不同网络或网段之间的数据信息进行"翻译"，以使它们能够相互"读"懂对方的数据，从而构成一个更大的网络。也可以说，路由器构成了 Internet 的骨架。与交换机类似，路由器也是由硬件和软件两部分组成，路由器的硬件主要由中央处理器、存储介质和一些接口所组成，路由器中的接口是非常重要的，它与网络直接连接，其接口有多种，不同的接口对应不同的接入方式。

本章介绍了交换机 IOS、配置途径，交换机、路由器的命令配置模式及基本配置命令，并介绍了路由协议的相关知识。

习 题 10

1．目前绝大多数交换机和路由器使用的是（　　　　　　　　）操作系统。

2．交换机和路由器相当于特殊的计算机，由（　　　　　　）、（　　　　　　）、（　　　　　　）和（　　　　　　）等部分组成。

3．保存在 NVROM 中的配置文件通常称为（　　　　　　），当前生效的正在内存中运行的配置文件称为（　　　　　　）。对交换机或路由器进行配置修改后，其配置修改结果将保存在（　　　　　　）配置文件中，但掉电后会（　　　　　　）。因此，在确定配置正确无误后，应将配置内容复制到（　　　　　　）配置文件中保存。

4．对交换机或路由器的配置，有两种主要途径：一种是通过交换机或路由器的（　　　　　　）口进行本地登录配置；另一种是通过（　　　　　　）进行远程登录配置。首次配置必须通过（　　　　　　）口进行。

5．交换机 Console 口和计算机 COM1 串口的默认通信速率为（　　　　　　）bit/s，因此在配置超级终端时应设置为（　　　　　　）bit/s。对于通信速率的设置，超级终端、计算机 COM1 串口和 Console

口这三者必须保持一致，否则在超级终端中将出现（   ）。

6. Cisco IOS 提供了 6 种命令执行模式，分别是（   ）模式、（   ）模式、（   ）模式、（   ）模式、（   ）模式和（   ）模式。

7. 在用户 EXEC 模式下，执行（   ）命令，将进入到特权 EXEC 模式。

8. 设置进入特权模式的密码，配置命令需要在（   ）模式下执行。

9. 在特权模式下执行（   ）命令即可进入 VLAN 配置模式；退出 VLAN 配置模式，返回到特权模式，执行（   ）命令。

10. 查看当前正在运行的配置文件，Cisco 使用（   ）。查看启动配置文件，Cisco 使用（   ）。

11. 交换机或路由器的网络操作系统在（   ）存储器中。

    A. ROM   B. NVROM   C. Flash   D. DRAM

12. 交换机或路由器的配置文件保存在（   ）存储器中。

    A. ROM   B. NVROM   C. Flash   D. DRAM

13. 若要查看交换机的当前配置，以下命令中，正确的是（   ）。

    A. switch > shoe run   B. < switch > show run

    C. < switch > disp cur   D. switch#diso cur

14. 若要设置交换机的主机名为"student1"，以下配置命令中，正确的是（   ）。

    A. < switch > sysname student1   B. switch#sysname student1

    C. switch（config）#hostname student1   D. switch#hostname student1

15. 新购买回来的交换机进行首次配置时，应采用的配置方式是（   ）。

    A. 通过以太网口，利用超级终端进行配置

    B. 通过 Console 口，利用超级终端进行配置

    C. 通过以太网口，通过 Telnet 登录进行配置

    D. 通过 Console 口，利用 Web 配置页面进行配置

16. Console 口默认的通信波特率为（   ）。

    A. 4800bit/s   B. 9600bit/s   C. 115200bit/s   D. 2400bit/s

17. 交换机或路由器要能进行 Telnet 登录，以下配置项中，不需要的是（   ）。

    A. 配置 vty 虚拟终端的登录密码

    B. 配置进入特权模式的密码

    C. 配置交换机的管理 IP 地址或保证交换机或路由器都有接口地址

    D. 配置主机名

18. 要禁用交换机的 Web 服务，对于 Cisco 交换机，其是实现的命令为（   ）。

    A. no ip domain- lookuo   B. no ip http server

    C. undo ip http shutdown   D. no ip http shutdown

19. 对于 Cisco 交换机，凡是对端口进行的配置操作，应在（   ）模式下进行。

    A. 接口配置   B. 全局配置   C. 特权   D. VLAN 配置

20. 对与 Cisco 交换机，若要同时选中 2~5 号端口进行相同的配置操作，以下选择端口的命令中，正确的是（   ）。

    A. switch#int fa0/2-fa0/5   B. switch（config）#int fa0/2-fa0/5

    C. switch#int range fa0/2-5   D. switch（config）#int range fa0/2-5

参 考 文 献

[1] 谢希仁. 计算机网络 [M]. 5版. 北京：电子工业出版社, 2008.

[2] Keneth D Reed. 网络设计 [M]. 3Com公司, 译. 北京：电子工业出版社, 2001.

[3] 田丰, 田玲. 现代计算机网络实用技术 [M]. 北京：冶金工业出版社, 2003.

[4] 李振银, 等. 网络管理与维护 [M]. 北京：中国铁道出版社, 2005.

[5] 戚文静, 刘学. 网络安全原理与应用 [M]. 北京：中国水利水电出版社, 2005.

[6] 肖德琴. 电子商务安全保密技术与应用 [M]. 广州：华南理工大学出版社, 2003.

[7] 聂真理, 李秀芹, 李啸. 计算机网络基础教程 [M]. 北京：北京工业大学出版社, 2002.

[8] 凌雨欣, 常红. 网络安全技术与反黑客 [M]. 北京：冶金工业出版社, 2001.